国家职业技能鉴定培训教材

网络与信息安全管理员

天津市软件行业协会　编
张亚平　庞晓彤　主编

天津大学出版社
TIANJIN UNIVERSITY PRESS

内容提要

本书是根据《国家职业技能标准》编写的网络与信息安全管理员职业技能鉴定培训用书。全书共分8章,主要内容包括:计算机基础知识,计算机网络技术,网络与信息安全防护,恶意代码及防范,网络与信息安全管理,网络与信息安全处置,网络安全相关法律、法规、标准及职业道德知识,技能训练。每章内容包括网络与信息安全管理员国家职业技能标准所要求的基础理论知识和技能要求内容,各章均提供了一定数量的练习题,并配有答案。

本书主要作为国家职业技能鉴定培训教材,既可作为网络与信息安全管理员职业技能鉴定的培训用书,也可作为从事网络与信息安全管理工作的技术人员的参考资料。

图书在版编目(CIP)数据

网络与信息安全管理员 / 天津市软件行业协会编 ; 张亚平, 庞晓彤主编. -- 天津 : 天津大学出版社, 2025. 6. -- (国家职业技能鉴定培训教材). -- ISBN 978-7-5618-8031-9

Ⅰ. TP393.08

中国国家版本馆CIP数据核字第2025N2A387号

出版发行	天津大学出版社
地　　址	天津市卫津路92号天津大学内(邮编:300072)
电　　话	发行部:022-27403647
网　　址	www.tjupress.com.cn
印　　刷	廊坊市海涛印刷有限公司
经　　销	全国各地新华书店
开　　本	787 mm×1 092 mm　1/16
印　　张	14
字　　数	423千
版　　次	2025年6月第1版
印　　次	2025年6月第1次
定　　价	69.00元

前　言

为规范从业者的从业行为，引导职业教育培训的方向，为职业技能鉴定提供依据，依据《中华人民共和国劳动法》，适应经济社会发展和科学科技进步的需要，人力资源和社会保障部、公安部共同组织有关专家，开发制定了《网络与信息安全管理员职业技能标准》（以下简称《标准》）。

《标准》对网络与信息安全从业人员的技能水平和理论知识水平进行了明确规定，涉及的相关知识内容非常广泛。为了帮助参加鉴定人员和各辅导机构更好地学习、掌握《标准》要求的基本理论和工作要求，天津市软件行业协会组织了本市的部分高等院校和培训机构的专家，编写了这本国家职业技能鉴定培训教材。由于我市开展此"鉴定"的时间较短，还没有全面展开各等级的鉴定工作，因此本教材只涉及了《标准》中"网络与信息安全管理员"所要求的基本理论和工作要求。

本书的总体结构和编写思想由天津市软件行业协会组织本市的部分高等院校和培训机构的教师共同讨论确定，教材编写内容严格遵循《标准》要求，多名从事网络与信息安全研究和教学工作的教师参加了编写工作。

教材共分 8 章，由张亚平、庞晓彤主编，王森、李云芝主审。第一章计算机基础知识由葛怀雨编写；第二章计算机网络技术由陈淑鑫编写；第三章网络与信息安全防护由陈明琴编写；第四章恶意代码及防范由任雁汇、马坡、韩颂编写；第五章网络与信息安全管理由丁柱编写；第六章网络与信息安全处置由王鸿彬编写；第七章网络安全相关法律、法规、标准及职业道德知识由庞晓彤编写；第八章技能训练由张亚平编写。在本书的编写过程中，刘睿负责了教材内容的编辑校对、格式规范及辅助性事务，王保旗、靳展则为本书提供了专业指导与技术支持，在此一并表示感谢。

在教材编写过程中参考了许多相关的书籍和资料，编者在此对这些参考文献的作者表示感谢。同时感谢在教材编写过程中给予支持的高等院校和培训机构。

天津市软件行业协会培训教材编写组

2025 年 1 月

目 录

第一章　计算机基础知识

计算机基础知识不仅是计算机科学领域入门的基石，也是理解和适应现代科技发展的关键。它涵盖了计算机系统概念，计算机系统组成，微型计算机系统的发展、主要性能指标、主要部件，计算机中的数据与编码等多个方面。

1.1　计算机系统

1.1.1　计算机的概念

计算机是指由电子器件组成的具有逻辑判断和记忆能力，能在给定的程序控制下，快速、高效、自动完成信息加工处理、科学计算、自动控制等的现代数字化电子设备。

计算机的特点：数字化；具有记忆和逻辑判断能力；高速度、高精度；自动控制。

1.1.2　计算机系统的发展

1. 世界上第一台计算机

1946 年 2 月美国宾夕法尼亚大学莫尔学院制成的大型电子数字积分计算机（ENIAC），最初是专门用于火炮弹道计算，后经多次改进而成为能进行各种科学计算的通用计算机。其特点是体积大、功耗高、可靠性差。速度慢（一般为每秒数千次至数万次）、价格昂贵，但为以后的计算机发展奠定了基础。

2. 电子计算机的诞生

1）第一代电子管计算机

电子管数字计算机（1946—1958 年），在硬件方面逻辑元件采用真空电子管，主存储器采用汞延迟线、阴极射线示波管静电存储器、磁鼓、磁芯；外存储器采用磁带。在软件方面采用机器语言、汇编语言。应用领域以军事和科学计算为主。特点是体积大、功耗高、可靠性差。速度慢（一般为每秒数千次至数万次）、价格昂贵，但为以后的计算机发展奠定了基础。

2）第二代晶体管计算机

晶体管数字计算机（1958—1964 年），在硬件方面逻辑元件采用晶体管，主存储器采用磁芯，外存储器采用磁盘。在软件方面出现了以批处理为主的操作系统、高级语言及其编译程序。应用领域以科学计算和事务处理为主，并开始进入工业控制领域。特点是体积缩小、能耗降低、可靠性提高、运算速度提高（一般为每秒数十万次，可高达 300 万次），性能与第一代计算机相比有很大的提高。

3. 集成电路时代

1）第三代集成电路计算机

集成电路数字计算机（1964—1970 年），在硬件方面逻辑元件采用中、小规模集成电路（MSI、SSI），主存储器仍采用磁芯。在软件方面出现了分时操作系统以及结构化、规模化程序设计方法。特点是速度更快（一般为每秒数百万次至数千万次），而且可靠性有了显著提高，价格进一步下降，产品走向了通用化、系列化和标准化。应用领域开始进入文字处理和图形图像处理领域。

2）第四代大规模集成电路计算机

大规模集成电路计算机（1970 年至今），在硬件方面逻辑元件采用大规模和超大规模集成电路（LSI 和 VLSI）。在软件方面出现了数据库管理系统、网络管理系统和面向对象语言等。特点是 1971 年世界上第一台微处理器在美国硅谷诞生，开创了微型计算机的新时代。应用领域从科学计算、事务管理、过程控制逐步走向家庭。

4. 现代计算机系统

1）客户端-服务器架构

在当今信息技术飞速发展的时代，客户端-服务器架构（Client-Server Architecture）作为网络应用和分布式系统的基石，扮演着至关重要的角色。

在移动应用中，客户端通常是安装在手机或平板上的 APP（应用程序），服务器则提供后台支持和数据服务。例如，社交媒体应用、即时通信应用和在线购物应用等。

许多企业信息系统采用客户端-服务器架构，如客户关系管理（CRM）系统、企业资源计划（ERP）系统等。客户端通常是企业内部的电脑或终端设备，服务器则负责数据存储和业务逻辑处理。

在线游戏通常也采用客户端-服务器架构，游戏客户端负责图形渲染和用户输入，服务器则处理游戏逻辑、玩家数据同步和多玩家交互。

2）移动计算

移动计算是随着移动通信、互联网、数据库、分布式计算等技术的发展而兴起的新技术。移动计算技术将使计算机或其他信息智能终端设备在无线环境下实现数据传输及资源共享。它的作用是将有用、准确、及时的信息提供给任何时间、任何地点的任何客户。这将极大地改变人们的生活方式和工作方式。

应用范围如下。

移动车辆数据通信系统——机场、港口、军事部门、流动银行、流动售票车等。

大型电子化工业设备的通信系统——工业机器人、自动化立体停车系统、各类装卸设备等。

手持式电脑、笔记本电脑的网络接入系统——学校、医院、办公室、家庭等。

手持式数据读写设备的实时通信系统——仓库、超级市场、机场、港口等。

3）云计算

云计算是一种基于互联网的计算方式，通过网络以按需、易扩展的方式提供所需的资源，包括计算、存储、网络、数据库、大数据计算等。云计算的核心概念是通过互联网提供动态、易扩展且通常虚拟化的资源，使得计算能力可以作为一种商品进行流通。

应用范围如下。

弹性扩展和灾备恢复。用户可以实现数据备份和灾备恢复,确保业务的高可用性和数据的安全性。

高性能计算。用于处理复杂的科学和工程计算任务。

软件开发和部署。用户可以使用云计算来开发和部署各种应用程序。

数据存储和备份。用户可以使用云计算来存储和备份大量的数据。

在线视频和流媒体。提供高质量的流媒体服务,满足用户对内容的实时访问需求。

数据分析和挖掘。处理和分析海量的数据,加速科学研究的过程。

4)物联网

物联网(Internet of Things, IoT)是指通过互联网将各种物理设备、传感器、软件以及其他技术连接在一起,使它们能够相互通信和交换数据的网络系统。简单来说,物联网是一种通过互联网连接和控制各种物理设备的技术,使得这些设备能够自动化、智能化地运行和交互。

应用案例如下。

物联网传感器产品已率先在上海浦东国际机场防入侵系统中得到应用。机场防入侵系统铺设了 3 万多个传感节点,覆盖了地面、栅栏和低空探测,可以防止人员的翻越、闯入、恐怖袭击等攻击性入侵。

ZigBee 路灯控制系统点亮济南园博园。ZigBee 无线路灯照明节能环保技术的应用是济南园博园中的一大亮点。园区所有的功能性照明都采用 ZigBee 无线技术实现了无线路灯控制。

智能交通系统(ITS)是以现代信息技术为核心,利用先进的通信、计算机、自动控制、传感器技术,实现对交通的实时控制与指挥管理。交通信息采集被认为是 ITS 的关键子系统,是发展 ITS 的基础,也是交通智能化的前提。无论是交通控制还是交通违章管理系统,都涉及交通动态信息的采集,交通动态信息采集也就成为交通智能化的首要任务。

5)人工智能

人工智能(Artificial Intelligence, AI)是一个以计算机科学为基础,融合计算机、心理学、哲学等多学科的交叉学科。它研究、开发用于模拟、延伸和扩展人的智能的理论、方法、技术及应用系统,旨在生产出能够以与人类智能相似的方式作出反应的智能机器。人工智能不仅是一个技术概念,更是一个涉及多个学科交叉的综合性领域。它通过模拟人类的智能行为,使机器能够进行复杂的思考和学习,从而在各个领域中发挥重要作用。

应用范围如下。

自动驾驶。在汽车、卡车等交通工具上实现自主导航和自动驾驶,提高交通效率和安全性。这包括智能交通系统,能够优化交通信号控制、车辆调度和路线规划,缓解交通拥堵问题。

智能家居。通过智能化控制和个性化服务,实现家居设备的自动化和智能化管理,提升居民的生活品质。

医疗健康。人工智能在医疗健康领域的应用包括疾病预测与诊断、个性化医疗、医疗影像分析等。通过大数据分析和机器学习算法,可以提高疾病预测和诊断的准确性,制定个性化的治疗方案,并辅助医生进行医疗影像的解读和分析。

金融服务。在金融领域,人工智能被用于风险管理与投资决策、欺诈检测以及客户服务等方面。利用智能算法进行风险评估和投资组合优化,实时监测金融交易以识别潜在的欺诈行为,并提供24小时在线的客户服务。

制造业。在制造业中,人工智能被广泛应用于生产过程优化、质量控制、物流管理以及智能农业管理等方面。通过机器学习和自动化技术,可以提高生产效率和质量,实现智能制造和精准农业。

教育。在教育领域,人工智能能够根据学生的学习习惯和能力水平提供定制化的教学方案,辅助教师进行课堂教学,并提供在线辅导和答疑服务。此外,还可以为学生提供便捷的在线学习途径,打破地域限制。

娱乐。人工智能在娱乐领域的应用包括智能对战系统、虚拟现实(VR)与增强现实(AR)等。结合AI技术,可以提供更加沉浸式的游戏和娱乐体验。

媒体与广告。人工智能在媒体与广告领域的应用主要体现在精准的广告定向、内容推荐和用户分析上。通过分析用户的行为模式和兴趣偏好,可以提高广告效果和用户参与度。

1.1.3 计算机的分类

(1)按处理的信息类型分类可分为模拟计算机、数字计算机和混合计算机。

(2)按功能和使用范围分类可分为专用型计算机和通用型计算机。

(3)按规模分类可分为巨型机、大型机、中型机、微型机。

(4)按照其工作模式分类可分为工作站和服务器。

1.1.4 计算机的应用

1. 信息处理

计算机在信息处理方面发挥着核心作用。无论是企业、政府还是个人,都需要处理大量的数据和信息。计算机可以快速、准确地完成数据的存储、检索、分析和报告,帮助我们作出更好的决策。

2. 科学计算

在科学研究中,计算机被广泛应用于模拟实验、数据分析、预测模型等。例如,在物理学、化学、生物学等领域,计算机模拟实验可以帮助科学家更好地理解自然规律,预测实验结果。

3. 自动化控制

计算机在自动化控制系统中发挥着关键作用。通过编程和传感器技术,计算机可以控制各种设备和机器,实现自动化生产、监测和调节。例如,工业生产线上的机器人、智能家居系统等。

4. 人工智能

随着人工智能技术的发展,计算机在语音识别、图像识别、自然语言处理等领域取得了显著进展。人工智能技术的应用已经渗透到生活的方方面面,如智能手机、智能家居、自动驾驶等。

5. 网络通信

计算机是实现网络通信的关键设备。通过计算机和网络技术,可以实现全球范围内的信息交流和资源共享。例如,电子邮件、社交媒体、在线会议等。

6. 娱乐休闲

计算机在娱乐休闲领域也有广泛的应用。可以使用计算机玩游戏、看电影、听音乐、购物等。此外,计算机还支持各种创意活动,如数字绘画、动画制作、音乐制作等。

1.2　计算机系统的组成

一个完整的计算机系统由硬件系统和软件系统组成。其中硬件系统包括主机和外部设备,软件系统包括系统软件和应用软件。

1.2.1　计算机硬件系统

计算机硬件是指组成计算机的各种物理设备,包括计算机的主机和外部设备。具体由中央处理器、存储器、输入设备和输出设备组成。

1. 中央处理器

中央处理器(Central Processing Unit，CPU)制作在一块集成电路芯片上,也称为微处理器(Micro Processor Unit，MPU)。CPU是计算机硬件的核心,主要包括运算器和控制器两大部分。计算机的性能主要取决于CPU的性能。

(1)运算器又称为算术逻辑单元(Arithmetic Logic Unit, ALU)。操作时,控制器从存储器取出数据,运算器进行算术运算或逻辑运算,并把处理后的结果送回存储器。

(2)控制器的主要作用是使整个计算机能够自动地运行。

2. 存储器

存储器是计算机中的记忆存储部件,分为内存和外存两大类。在计算机系统中,习惯上把内存、CPU合称为主机。

1)内存

内存(Memory)是计算机中的重要部件,也是衡量一台计算机系统性能的重要指标之一。内存的容量越大、工作频率越高,表示在与CPU交换数据的过程中数据通道越宽,时间越短,整体性能就越高。

2)外部存储器

外部存储器种类很多,主要有硬盘、光盘、U盘、移动硬盘等,其中硬盘是容量最大的外部存储器,计算机的软件系统和应用程序都保存在硬盘中。

(1)硬盘。

目前市场上的硬盘有:机械硬盘(HDD)、固态硬盘(SSD)等。硬盘有以下几种接口。

① SATA接口。这是目前主流的接口类型,机械硬盘基本就是这个接口。固态硬盘也一样,采用2.5英寸设计,很方便习惯用笔记本的人进行升级。

② mSATA接口。这个接口就是迷你版SATA接口,这种接口的固态硬盘非常小,常适合轻薄本。mSATA接口固态硬盘虽然小,但是在速度上并不差,和SATA接口的SSD读写速度是基本一致的。

③ NGFF接口。这是Intel为超级本特别做出的一款接口,比mSATA接口的固态硬盘

更加小巧。超级本常用这种类型。在速度上，采用 PCI-E X2 的 NGFF 接口的 SSD 读取最高可达 700 MB/s，写入可达 550 MB/s，相比 mSATA 接口的固态硬盘来说更快。

④ PCLE 接口。苹果笔记本所采用的 PCLE，这是与 PCI-E 总线相联，同时采用 mSATA 接口的 SSD，读写能达到 800 MB/s 左右。

⑤ ATA。采用传统的 40-pin 并口数据线连接主板与硬盘，因为并口线的抗干扰性太差，且排线占空间，不利于计算机散热，将逐渐被 SATA 所取代。

⑥ SCSI。SCSI 是同 IDE(ATA)完全不同的接口， IDE 接口是普通 PC 的标准接口，而 SCSI 并不是专门为硬盘设计的接口，是一种广泛应用于小型机上的高速数据传输技术。因其价格较高，SCSI 硬盘主要应用于中、高端服务器和高档工作站中。

⑦光纤通道。和 SCSI 接口一样，光纤通道最初也不是为硬盘设计开发的接口技术，是专门为网络系统设计的，但随着存储系统对速度的需求增大，才逐渐应用到硬盘系统中。其主要特性有：热插拔性、高速带宽、远程连接、连接设备数量大等。

⑧ SAS。SAS 即串行连接 SCSI，是新一代的 SCSI 技术，和 Serial ATA(SATA)硬盘相同，都是采用串行技术以获得更高的传输速度，并通过缩短连结线改善内部空间等。

SAS 是并行 SCSI 接口之后开发出的全新接口。此接口的设计是为了改善存储系统的效能、可用性和扩充性，并且提供与 SATA 硬盘的兼容性。

(2)光盘。

光盘是以光信息作为存储的载体并用来存储数据的一种物品。分不可擦写光盘，如 CD-ROM、DVD-ROM 等；可擦写光盘，如 CD-RW、DVD-RAM 等。光盘是利用激光原理进行读、写的设备。

(3)U 盘和移动硬盘。

U 盘和移动硬盘属于便携式存储设备。移动硬盘的容量和速度要高于 U 盘，当前主流 U 盘的存储容量大多是：16 GB、32 GB、64GB 等；主流移动硬盘的容量大多是：256 GB、500 GB、1 TB、2 TB 等。两种移动存储设备的接口由于其灵活便携的特点，多采用 USB 接口，当前主流的接口标准为 USB 3.0。

3. 输入设备

常见的输入设备有：鼠标、键盘、扫描仪、手写板等。

4. 输出设备

常见的输出设备有：显示器、打印机、投影仪、音箱等。

1.2.2 计算机软件系统

微型计算机系统由硬件系统和软件系统两部分组成。由硬件组成的计算机通常称作"裸机"。直接在"裸机"上运行程序是十分困难的，为了解决这种困难，可以通过编写程序来实现"裸机"的运行，因此将这样一类程序的集合称为"计算机软件系统"。

1. 软件系统分类

计算机软件按照功能分为：系统软件和应用软件两大类。

系统软件是指控制和协调计算机及其外部设备、支持应用软件的开发和运行的一类计算机软件。常见且典型的系统软件有：操作系统、语言处理程序、数据库系统和网络管理系统。

应用软件是和系统软件相对应的，是用户可以使用的各种程序设计语言，以及用各种程序设计语言编制的应用程序的集合，是为满足用户不同领域、不同问题的应用需求而提供的那部分软件。应用软件分为应用软件包和用户程序。应用软件包是为了利用计算机解决某类问题而设计的程序的集合。有了应用软件可以极大地拓宽计算机系统的应用领域，放大硬件的功能。应用软件按照功能用途可以分为办公软件、互联网软件、多媒体软件、分析软件、协作软件、商务软件等。

2. 操作系统

操作系统是计算机系统中必不可少的系统软件。以下是几种常见的操作系统。

1）Windows 操作系统

Windows11 是微软公司于 2021 年发布的桌面端操作系统，是 Windows10 的后续版本。相较于 Windows10，Windows11 有许多新特性和改进。

Windows 操作系统采用图形用户界面（GUI），通过事件驱动和消息传递机制与用户交互。它使用进程和线程来管理任务，并通过文件系统管理数据存储。Windows 操作系统还包含安全模型，如用户账户控制（UAC），以提供不同级别的访问权限。

主要特点如下。

①广泛的软件兼容性。Windows 是一个广受支持的操作系统，能够运行各种各样的应用程序。

②强大的网络和互联网功能。Windows 提供了强大的网络和互联网功能，这些功能满足了现代用户对于网络通信和信息共享的需求。

③设备和硬件支持。Windows 操作系统支持广泛的硬件设备和驱动程序，用户可以轻松地将 Windows 支持的设备连接到计算机并使用。

④安全性。Windows 操作系统提供了一系列的安全性功能，包括防火墙、反病毒软件和用户账户控制等，以保护用户的计算机和个人信息安全。

应用领域如下。

①个人电脑。Windows 操作系统广泛应用于个人电脑领域，无论是家庭用户还是企业用户，都可以通过 Windows 操作系统完成各种日常计算和娱乐活动。

②笔记本电脑。Windows 操作系统已经成为许多笔记本电脑的预装系统。

③平板电脑。虽然平板电脑市场中有其他操作系统（如 iOS 和 Android），但 Windows 操作系统也推出了适用于平板电脑的版本（如 Windows RT 和 Windows 10/11 for Tablets）。这些版本针对平板电脑的特点进行了优化，提供了更加适合触摸操作的界面和功能。

④服务器。Windows Server 是微软提供的专用于服务器环境的操作系统。它提供了企业级的功能和管理工具，用于构建和管理网络服务器、存储和应用程序。

⑤嵌入式系统。Windows 操作系统还应用于一些嵌入式系统中，如工业控制设备、车载娱乐系统等。

2）Unix 操作系统

Unix 操作系统的主要特点包括多用户、多任务支持，稳定性、安全性高，高度可定制和灵活，以及拥有丰富的命令行工具和软件包。

Unix 操作系统以其稳定性和高效性著称，采用树状目录结构管理文件和目录。它通过进程调度和内存管理来有效利用系统资源。Unix 系统强调多用户和多任务处理，支持使用管道和过滤器模式进行数据处理。

主要特点如下。

①多用户、多任务支持。Unix 系统能够支持多个用户同时登录和使用系统资源，执行多个任务。

②稳定性、安全性高。Unix 系统适合用于关键任务环境和需要高可靠性的场合。

③高度可定制和灵活。Unix 系统可以根据不同的硬件和软件配置进行定制，满足各种应用需求。

④丰富的命令行工具和软件包。Unix 拥有大量的命令行工具和软件包，为用户提供了强大的工作环境。

应用领域如下。

①服务器操作系统。Unix 被广泛用于各种服务器配置中，提供稳定的服务和支持。

②嵌入式系统。由于其轻量级和高效性，Unix 也常用于嵌入式系统中，如路由器和交换机。

③高性能计算。Unix 在科学计算和工程应用中占有一席之地，支持复杂的数据处理和计算任务。

3)Linux 操作系统

Linux 是开源的操作系统，具有安全性、稳定性、可靠性和可移植性等特性，广泛应用于企业级服务器、嵌入式系统、个人电脑和移动设备等领域。

Linux 采用类似 Unix 的文件系统和管理机制。Linux 支持多用户、多任务环境，通过内核空间和用户空间的分离保证系统的稳定性。Linux 提供了强大的网络功能，并通过社区驱动的方式不断更新和改进。

主要特点如下。

①开源。源代码公开，用户可以自由修改和分发。

②多用户。系统资源可以被不同的用户访问和使用。

③多任务。可以同时运行多个程序，提供更好的资源利用率和用户体验。

④支持多种平台。可以运行在从手机到数据中心的各种硬件设备上。

⑤安全性。提供了强大的安全特性，如访问控制、加密等。

⑥可靠的系统更新和修复。通过社区贡献和官方支持获取更新和修复。

应用领域如下。

①企业级服务器。如 Web 服务器、数据库服务器等。

②嵌入式系统。如电视、游戏机、手机等。

③高性能计算。Linux 服务器群用于模拟、机器学习等高性能计算任务。

④数据中心基础设施。大型数据处理、存储和网络任务。

⑤开发和测试。学习和实验 Linux 是开发者的首选操作系统。

4)mac OS

Mac OS 操作系统的特点主要包括直观的用户界面、高稳定性和安全性、与其他苹果设备的无缝集成、丰富的应用程序选择，以及强大的内置工具。

Mac OS 基于 Unix 的核心，采用了类似 Unix 的文件系统和权限管理。它同样拥有强大的多任务处理能力，并通过图形界面为用户提供友好的操作体验。Mac OS 还集成了各种开发工具和应用程序，适用于创意专业人士和普通用户。

主要特点如下。

①直观的用户界面。Mac OS 以其直观的图标、桌面和应用程序设计而闻名，使用户可以快速轻松地找到并打开所需的文件和应用程序。

②高稳定性和安全性。由于苹果公司对硬件和操作系统的严格控制，Mac OS 相比其他操作系统更加稳定和安全。Mac OS 内置了针对恶意软件和网络威胁的安全性能，采用了多层次的安全措施从硬件到操作系统保护用户的隐私和数据安全。

③与其他苹果设备的无缝集成。Mac OS 与其他苹果设备（如 iPhone、iPad 和 Apple Watch）紧密结合，构成了一个完整的生态系统。用户可以通过 iCloud 轻松同步和分享文件、应用程序和数据，同时 Mac OS 允许用户在 Mac 和其他设备之间无缝切换和接续操作，提供了更加便捷的跨设备体验。

④丰富的应用程序选择。苹果应用商店（APP Store）为 Mac 用户提供了大量丰富多样的应用程序选择。此外，苹果还提供了完备的开发者工具，鼓励开发者为 Mac OS 创造更多精彩的应用程序。

⑤强大的内置工具。Mac OS 内置了许多强大的工具，如 Safari 浏览器、iCloud 云服务、Time Machine 备份工具等，为用户提供全面的功能支持。

应用领域如下。

Mac OS 主要应用于创意和媒体行业，例如图像处理、视频编辑、音乐制作等领域。这些领域对操作系统的稳定性和易用性有较高要求，Mac OS 的这些特点使其成为这些领域的优选操作系统之一。

5）银河麒麟桌面操作系统

银河麒麟桌面操作系统是一款适配国产软硬件平台并深入优化和创新的简单易用、稳定高效、安全可靠的新一代图形化桌面操作系统产品；实现了同源支持飞腾、龙芯、申威、兆芯、海光、鲲鹏、Kirin 等国产处理器平台和 Intel、AMD 等国际主流处理器平台；采用全新的界面风格和交互设计，提供更好的硬件兼容性。系统融入更多企业级网络连接场景，增加多种触控手势和统一认证方式，全新设计的自研应用和工具软件，让您的办公更加高效；注重移动设备多屏协同，优化驱动管理，封装系统级 SDK，操作简便，上手快速。

工作原理如下。

麒麟操作系统是国产操作系统的一种，基于 Linux 二次开发。它在保障信息安全的同时，提供了良好的用户体验和应用支持。银河麒麟操作系统的发展反映了国产操作系统在技术创新和市场份额方面的进步。

主要特点如下。

①高安全性。麒麟操作系统符合 GB/T 20272—2019《信息安全技术 操作系统安全技术要求》第四级结构化保护级的要求，是国内通过认证的安全等级最高的操作系统之一。它还集成了多种安全机制，如安全启动、安全沙箱、安全策略管理等，有效防止恶意攻击，保护用户隐私和数据安全。

②高可靠性。首家通过公安部信息安全产品检测中心第四级结构化保护级安全认证、中国人民解放军信息安全测评中心军用 B+级安全认证，展现了极高的稳定性和可靠性。

③高可用性。支持RAID技术、网络冗余和多模式网卡绑定功能,满足不同场景的网络需求,支持全量、增量的备份还原,确保系统的持续运行和数据的安全。

④跨平台兼容性。通过美国自由标准化组织的LSB1.3标准认证,兼容Linux平台上的应用。符合POSIX系列标准,并兼容Linux目标代码,使得大型应用如图形环境、Oracle数据库服务等可以直接运行在麒麟安全操作系统平台上。

⑤中文化。严格遵从国家标准GB18030—2022,达到GB 18030检测规范的最高级别“A+”级产品标准,具有强大的中文处理能力,提供符合国家相关标准的中文字体和打印系统。

应用领域如下。

①政府机构。广泛应用于政府办公系统,保障政务信息安全。

②国防与军工。在国防信息化建设中扮演重要角色,提供安全可靠的系统支撑。

③关键基础设施。应用于电力、金融、交通等关键行业,确保系统稳定和信息安全。

④教育科研。在教育机构和科研单位推广,促进信息技术教育和国产操作系统的研究。

⑤企业市场。越来越多的企业开始采用麒麟操作系统,尤其是在对信息安全有严格要求的行业。

⑥经过近几年的高速发展,我国“信创”领域硕果累累,在软件领域诞生了众多国产操作系统,包括PC机、服务器国产操作系统以及统信UOS和深度操作系统Deepin等。

3. 数据库

数据库作为最重要的基础软件,是确保计算机系统稳定运行的基石。

1)数据模型

数据模型是数据库系统的核心和基础,它描述了数据之间的各种联系,是数据高度结构化的表现。

(1)数据模型的3种基本类型。

①层次模型。将数据组织成一对多关系的结构,用树形结构表示实体及实体间的联系。

②网状模型。用连接指令或指针来确定数据间的网状连接关系,是具有多对多类型的数据组织方式。

③关系模型。以记录组或数据表的形式组织数据,以便于利用各种实体与属性之间的关系进行存储和变换,不分层,也无指针,是建立空间数据和属性数据之间关系的一种非常有效的数据组织方法。

(2)数据模型的组成要素。

数据模型所描述的内容包括3个部分:数据结构、数据操作、数据约束。

①数据结构主要描述数据类型、内容、性质以及数据间的联系等。数据结构是数据模型的基础,数据操作和约束都建立在数据结构的基础上。不同的数据结构具有不同的操作和约束。

②数据操作主要描述在相应的数据结构上的操作类型和操作方式。

③数据约束主要描述数据结构内数据间的语法、词义联系、它们之间的制约和依存关系,以及数据动态变化的规则,以保证数据的正确、有效和相容。

(3)层次类型。

数据模型按不同的应用层次分成3种类型,分别是概念数据模型、逻辑数据模型、物理数据模型。

①概念数据模型（Conceptual Data Model），是一种面向用户、面向客观世界的模型，主要用来描述世界的概念化结构，与具体的数据库管理系统（Database Management System，简称 DBMS）无关。概念数据模型必须换成逻辑数据模型，才能在 DBMS 中实现。在概念数据模型中最常用的是 E-R 模型、扩充的 E-R 模型、面向对象模型及谓词模型。

②逻辑数据模型（Logical Data Model），是一种面向数据库系统的模型，是具体的 DBMS 所支持的数据模型，如网状模型、层次模型、关系模型等。

③物理数据模型（Physical Data Model），是一种面向计算机物理表示的模型，描述了数据在储存介质上的组织结构，它不但与具体的 DBMS 有关，而且还与操作系统和硬件有关。大部分物理数据模型的实现工作由系统自动完成，而设计者只设计索引、聚集等特殊结构。

2）数据独立性

数据独立性是指数据和应用程序之间相互独立，即数据的改变不会影响应用程序的正确性。数据独立性是数据库系统设计中的一个重要概念，是数据完整性、数据安全性、数据恢复和数据操作等方面的基础。

数据独立性包括物理独立性和逻辑独立性。物理独立性是指数据库的物理结构改变不会影响应用程序和数据的逻辑结构。逻辑独立性是指数据库的逻辑结构改变不会影响应用程序和数据的物理结构。数据独立性是数据库系统设计中的核心概念，它使得数据的改变和应用程序的开发可以分别进行，提高了开发和维护的效率。数据独立性还保障了数据的安全性，使得数据的改变不会影响应用程序的正确性，同时也不会对其他程序的数据造成影响。数据独立性是数据库系统设计中的一项基本原则，也是数据库系统中最重要的概念之一，能够确保数据的改变不会对应用程序和系统的性能造成不利影响。

3）典型的关系型数据库

关系型数据库是一种建立在关系模型基础上的数据库管理系统，它使用表格的形式来组织和存储数据，并通过 SQL（Structured Query Language，结构化查询语言）来管理和操作这些数据。

典型的关系型数据库如下。

① Oracle Database。由 Oracle 公司开发和维护的商业关系型数据库，广泛应用于企业级环境，以其高性能、可靠性和丰富的功能集著称。

② MySQL。开源关系型数据库，常用于 Web 应用程序和小型企业应用，以其成本效益和易用性受到青睐。

③ Microsoft SQL Server。由微软公司开发和维护的商业关系型数据库，支持 Windows 和 Linux 平台，提供了强大的数据管理和分析工具。

④ PostgreSQL。开源对象-关系型数据库系统，严格遵循 SQL 标准，以其高度可扩展性和丰富的数据类型而受到好评。

⑤ SQLite。轻量级的关系型数据库，常用于嵌入式系统和移动应用，无须服务器进程，直接以文件形式存储数据。

⑥ IBM DB2。企业级数据库，适合处理大量数据和高并发访问，适用于大规模在线事务处理（OLTP）和数据分析。

⑦ MariaDB。MySQL 的一个分支，由 MySQL 的原创开发者领导开发，旨在保持开源

和社区驱动的精神。

⑧ Teradata。商业关系型数据库,专门用于数据仓库和分析。

⑨ Amazon Aurora。是一种高性能、可扩展、云原生的关系型数据库服务,由亚马逊公司提供,常用于云计算环境。

⑩ Firebird。开源关系型数据库,支持多种操作系统和编程语言。

4)SQL 概念及特点

SQL 是 Structured Query Language(结构化查询语言)的缩写,是关系数据库管理系统的标准语言。一些常见的使用 SQL 的关系数据库管理系统包括 Microsoft SQL Server、MySQL、PostgreSQL、MariaDB 和 Oracle。

SQL 具有以下特点。

①易学易用。SQL 的语法相对简单,易于学习和理解。

②标准化。SQL 是 ISO(国际标准化组织)制定的标准,几乎所有的关系型数据库管理系统都遵循 SQL 标准,保证了 SQL 的通用性和跨平台性。

③高度可扩展性。SQL 支持复杂的查询和连接操作,可以满足不同应用场景下的数据需求。

④灵活性。SQL 可以用于从单一表格中查询数据,也可以实现多个表格之间的连接查询,从而实现更复杂的数据检索和处理。

⑤支持事务处理。SQL 支持事务的原子性、一致性、隔离性和持久性(ACID 特性),确保数据的完整性和一致性。

⑥高度非过程化。用户只需提出“做什么”,无须了解存取路径,系统会自动完成操作过程。

⑦面向集合的操作方式。SQL 的操作对象可以是元组的集合,一次插入、删除、更新操作的对象可以是多个元组。

⑧统一的数据操作符。SQL 使用统一的语法结构提供多种使用方式,既可以独立用于联机交互,也可以嵌入到高级语言程序中。

SQL 因其易学易用、标准化、高度可扩展性和灵活性等特点,成为数据库管理系统中最重要的语言之一,广泛应用于各种数据库操作中。

1.3 微型计算机系统

1945 年,匈牙利物理学家约翰·冯·诺依曼提出了著名的冯·诺依曼体系架构,这一架构对现代计算机的设计产生了深远的影响。他认为,计算机系统应该包括 5 大组成部分:存储器、算术逻辑单元、控制单元、输入输出设备和通信接口。这一体系架构的特点是将程序和数据分开存储,并且通过指令控制计算机的运行。

在冯·诺依曼体系结构的框架下,微型计算机应运而生,成为现代社会中不可或缺的信息处理工具。微型计算机,简称“微机”,是由大规模集成电路组成的、体积较小的电子计算机。微型计算机是通用计算机的一个重要发展分支,自 1981 年美国 IBM 公司推出第一代商用微型计算机以来,微型计算机迅速进入社会各个领域,且技术不断更新、产品快速换代,已成为人们工作和生活中不可缺少的基本工具。

1.3.1 微型计算机的发展

1. 第一阶段(1971—1973 年)

1971 年工程师霍夫发明了世界上第一个商用微处理器 4004,标志着第一代微处理器问世。紧接着,又发明了微处理器 8008，8008 可一次处理 8 位二进制数据,寻址内存空间为 16 KB,共有 48 条指令。

2. 第二阶段(1974—1977 年)

第二代微处理器有 Intel 公司的 8080/8085, Zilog 公司的 Z80 和 Motorola 公司的 M6800,用它们构成的微型计算机已具备典型的计算机体系结构,有中断和直接存储器存取方式(DMA)等功能;软件上除配备了汇编语言外,还有 BASIC、FORTRAN 等语言和简单的操作系统。

3. 第三阶段(1978—1984 年)

第三代微处理器也称 16 位微处理器。1978 年 6 月,Intel 公司推出 4.77 MHz 的 8086 微处理器。第三代微处理器是随着超大规模集成电路(VLSI)的研制成功而出现的,这一代微处理器采用 HMOS 工艺,集成度更高,扩充了指令系统,指令功能大大加强;采用多级中断技术增强了中断功能,采用流水线技术,处理速度加快;寻址方式增多,寻址范围增大(116 MB);配备了磁盘操作系统、数据库管理系统和多种高级语言。

4. 第四阶段(1985—1992 年)

第四代微处理器也称 32 位微机处理器。1985 年 10 月 17 日,Intel 公司划时代的产品 80386DX 正式发布。它的运算模式除了具有实地址模式和保护虚拟地址模式以外,还增加了一种虚拟 8086 模式(简称 V86 模式),可以通过同时模拟多个 8086 微处理器来提供多任务能力。80386 微处理器是一种与 8086 向上兼容的 32 位处理器,具有 32 位的数据线和 31 位的地址线,寻址能力达 4 GB,提供了容量更大的虚拟存储,其执行速度达 34 MIPS，80486 微处理器比 80386 微处理器性能更高,集成度达 120 万只晶体管,采用 64 位的内部数据总线,增加了片内协处理器和一个 8 KB 容量的高速缓冲存储器,它还采用了 RISC 技术,这使它的处理速度大大提高,在相同时钟频率下处理速度比 80386 微处理器快了 23 倍。

5. 第五阶段(1993—2005 年)

第五代微处理器也称奔腾系列微处理器,其内部采用了超标量指令流水线结构,并具有相互独立的指令和数据高速缓存。1993 年,Intel 公司推出了全新的 32 位微处理器 Pentium586,它采用亚微米的 CMOS 技术设计,集成度高达 330 万只晶体管,主频为 60~166 MHz,处理速度达 110 MIPS，Pentium 系列微处理器采用了全新的体系结构,其内核中采用了 RISC 技术,并运用超标量流水线设计。Pentium 系列微处理器共有 3 个执行部件:浮点执行部件和 U、V 两个流水线型的整数执行部件,Pentium 系列微处理器具有 64 位数据总线,但仅有 32 位地址总线,内部主要的寄存器也是 32 位,所以仍称其为 32 位微处理器。

6. 第六阶段(2005 年至今)

第六代微处理器即酷睿(Core)系列微处理器。“酷睿”是一款领先节能的新型微架构,设计的出发点是提供卓然出众的性能和能效,提高每瓦特性能,也就是所谓的能效比。2006 年

8 月,Intel 公司正式发布了 Core 架构的微处理器,产品命名也正式更改,并且第一次采用移动、桌面、服务器三大平台同核心架构的模式。

1.3.2 微机的主要性能指标

微机的主要性能指标是衡量其性能优劣和适用范围的关键参数。

1. 字长

字长是指计算机中一个字所包含的二进制位数,是计算机系统结构中的一个重要特性。作为一个单元的一组二进制码称为字,而一个字中的二进制位的位数就是字长。

字长与字节的关系:字节是计算机中常用的数据单位,1 字节等于 8 位。字节通常用于表示文本、图片等数据的大小,而字长则是更多地涉及计算机内部操作和处理的数据单位。

现代微机通常采用 32 位或 64 位字长。

2. 时钟频率(主频)

时钟频率简称主频,是指计算机处理器(如 CPU)在单位时间内完成的时钟周期数,是衡量处理器性能的重要指标。主频的高低直接影响处理器的运算速度。主频越高,处理器在每个时钟周期内可以完成的操作就越多,从而可以更快地执行指令和处理数据。

主频的常用单位包括 MHz 和 GHz。1 GHz 等于每秒 10 亿次运算,而 1 MHz 等于每秒 100 万次运算。现代 CPU 的主频通常在 2.5 GHz 到 5.0 GHz 之间。

3. 内存容量

内存容量是指计算机内部随机存取存储器(RAM)的存储能力,内存容量决定了计算机在同一时间内能够处理的数据量,是影响计算机性能的关键因素之一。

内存的容量一般都是 2 的整次方倍,比如 64 MB、128 MB、256 MB 等,一般而言,内存容量越大越有利于系统的运行。系统对内存的识别是以字节(Byte)、千字节(KB)、兆字节(MB)、吉字节(GB)或太字节(TB)为单位为单位,每个字节由 8 位二进制数组成,即 8 bit(比特,也称“位”)。

1 Byte=8 bit;1 KB=1 024 Byte;1 MB=1 024 KB;1 GB=1 024 MB;1 TB=1 024 GB;1 PB=1 024 TB;1 EB=1 024 PB;1 ZB=1 024 EB;1 YB=1 024 ZB。

(一个英文字母在内存中占用 1 个字节,而一个汉字占用 2 个字节)

4. 运算速度

运算速度反映了计算机在单位时间内处理指令的能力,即每秒钟可以执行的指令数量,通常以“百万条指令/秒”作为衡量标准。主频越高,意味着计算机的运算速度越快。

5. 存取周期

存储器完成一次读(取)或写(存)信息操作所需要的时间称为存储器的存取时间或访问时间,而连续完成读(或写)所需的最短时间间隔,称为存储器的存取周期。微型计算机的内存大都由大规模集成电路制成,其存取周期一般都很短,大约在 60 ns(十亿分之一秒)。

微机性能指标经常要考虑的还有机器的兼容性,兼容性强有利于计算机的推广;系统的可靠性也是一项重要性能指标,它是指平均无故障工作时间;还有系统的可维护性,它是指故障的平均排除时间;允许配置的外部设备最大数目等。对于国内用户,计算机系统的汉字处理能力也是一个重要的技术性能指标。

1.3.3　微机的主要部件

1. 总线

微机总线是计算机各模块间传递信息的通道，是 CPU 与其他部件之间传送数据、地址和控制信息的公共通道。可分成数据总线 DB、地址总线 AB、控制总线 CB。总线的性能直接影响着计算机的整体性能。

系统总线标准：ISA、EISA、VESA、PCI、PCI-Express 等。

设备总线标准：IDE、AGP、RS-232 C、USB、SATA、SCSI、PCMCIA 等。

2. 主板

主板又叫主机板，是微机最基本的也是最重要的部件之一。主板上面安装了组成计算机的主要电路系统，一般有 BIOS 芯片、I/O 控制芯片、键盘和面板控制开关接口、指示灯插接件、扩充插槽、主板及插卡的直流电源供电接插件等元件。它的类型和档次决定着整个微机系统的类型和档次，主板的性能影响着整个微机系统的性能。

3.CPU

CPU 是微处理器的简称，主要由运算器、控制器、若干个寄存器和高速缓存(Cache)等组成。

4. 存储器

存储器是微型计算机系统中的临时或长期存储设备，用于存放程序和数据。存储器分为主存储器(内存)和辅助存储器(外存)、缓冲存储器等。内存包括随机存取存储器(RAM)和只读存储器(ROM)，外存包括硬盘、光盘、U 盘等，用于长期存储数据和程序。缓冲存储器是位于内存与外存之间的，起缓冲作用的存储器。例如高速缓冲存储器、先进先出缓冲器(FIFO)等。

5. 显示系统

显示系统是微机中用于显示图像和文本信息的部件。主要包括显卡和显示器。显卡负责处理图形数据，将其转换为显示器可以识别的信号；显示器则负责将信号转换为可视化的图像。

6. 键盘和鼠标

键盘和鼠标是微机中常用的输入设备。允许用户与微机进行交互操作，输入指令和数据。

7. 接口

接口是微机与外部设备之间连接和通信的桥梁。常见的接口包括 USB 接口、串行接口、并行接口、网络接口等。这些接口提供了微机与外部设备之间的数据传输和通信功能。

1.4　计算机中的数据

以数字信号为基础的所有计算机设备，有一样东西是共同的，就是信息在其使用之前的基本形式是二进制数(位，bit)，而不管它是指令还是数据 。也就是说，都必须采用二进制数的编码形式。即使是图形、图像、声音等信息，也必须转换成二进制数，才能存储到计算机中进行处理。

1.4.1 数制及其转换

1. 数制

数制也称为“计数制”，是用一组固定的符号和统一的规则来表示数值的方法。通常采用的数制有十进制、二进制、八进制和十六进制，表 1-1 为各进制对照表。

（1）十进制数：由 0,1,2,3,4,5,6,7,8,9 十个数字组成,逢十进一。

（2）二进制数：由 0,1 组成,逢二进一。

（3）八进制数：由 0,1,2,3,4,5,6,7 八个数字组成,逢八进一。

（4）十六进制数：由 0~9 十个数字、A、B、C、D、E、F 六个字母组成,逢十六进一。

学习数制，首先要掌握数码、基数、位权这 3 个概念。

①数码。数制中表示基本数值大小的不同数字符号。例如,十进制有 10 个数码:0、1、2、3、4、5、6、7、8、9。

②基数。数制所使用数码的个数。例如,二进制的基数为 2;十进制的基数为 10。

③位权是数制中某一位上的 1 所表示数值的大小（所处位置的价值）。例如，十进制的 123，1 的位权是 100，2 的位权是 10，3 的位权是 1。二进制中的 1011 (一般从左向右开始)，第一个 1 的位权是 8，0 的位权是 4，第二个 1 的位权是 2，第三个 1 的位权是 1。

表 1-1 进制对照表

十进制	二进制	八进制	十六进制
0	0000	0	0
1	0001	1	1
2	0010	2	2
3	0011	3	3
4	0100	4	4
5	0101	5	5
6	0110	6	6
7	0111	7	7
8	1000	10	8
9	1001	11	9
10	1010	12	A
11	1011	13	B
12	1100	14	C
13	1101	15	D
14	1110	16	E
15	1111	17	F

2. 数制之间的相互转换

1）非十进制转换为十进制

二进制、八进制和十六进制向十进制转换非常容易，就是“按权相加”。这里的权指的就是位权，表 1-2 为位权对照表。

表 1-2　位权对照表

进制	整数部分					小数点	小数部分			
	…	第 4 位	第 3 位	第 2 位	第 1 位		第 1 位	第 2 位	第 3 位	…
二进制	2^{n-1}	2^3	2^2	2^1	2^0	·	2^{-1}	2^{-2}	2^{-3}	$2^{-(n+1)}$
八进制	8^{n-1}	8^3	8^2	8^1	8^0	·	8^{-1}	8^{-2}	8^{-3}	$8^{-(n+1)}$
十六进制	16^{n-1}	16^3	16^2	16^1	16^0	·	16^{-1}	16^{-2}	16^{-3}	$16^{-(n+1)}$

例 1　将$(1011.101)_2$转换成十进制数。

$(1011.101)_2=1\times2^3+0\times2^2+1\times2^1+1\times2^0+1\times2^{-1}+0\times2^{-2}+1\times2^{-3}=8+2+1+0.5+0.125=(11.625)_{10}$

例 2　将$(1657)_8$转换成十进制数。

$(1657)_8=1\times8^3+6\times8^2+5\times8^1+7\times8^0=512+384+40+7=(943)_{10}$

例 3　将$(A3.2C)_{16}$转换成十进制数。

$(A3.2C)_{16}=A\times16^1+3\times16^0+2\times16^{-1}+C\times16^{-2}=10\times16^1+3\times16^0+2\times16^{-1}+12\times16^{-2}=(163.172)_{10}$

2）十进制转换为非十进制

十进制转换为其他进制时比较复杂，整数部分和小数部分的算法不一样。

①整数部分。

十进制整数转换成其他进制整数采用“除基取余，逆序排列”法。具体步骤如下。

将基数作为除数，用十进制整数除以基数，得到一个商和余数；保留余数，用商继续除以基数，又得到一个新的商和余数；仍然保留余数，用商继续除以基数，还会得到一个新的商和余数……如此反复进行，每次都保留余数，直到商等于 0 时为止。把得到的余数逆序进行排列，就得到了其他进制的数字。

②小数部分。

十进制小数转换成其他进制小数采用“乘基取整，顺序排列”法。具体步骤如下。

用基数乘以十进制小数，得到一个积，这个积包含了整数部分和小数部分；将积的整数部分取出，再用基数乘以余下的小数部分，又得到一个新的积；再将积的整数部分取出，继续用基数乘以余下的小数部分……如此反复进行，每次都取出整数部分，直到积中的小数部分为 0。把取出的整数部分按顺序排列起来，这样就得到了其他进制小数。

例 4　将十进制数 25.125 转换成二进制数。

整数部分　　　　小数部分

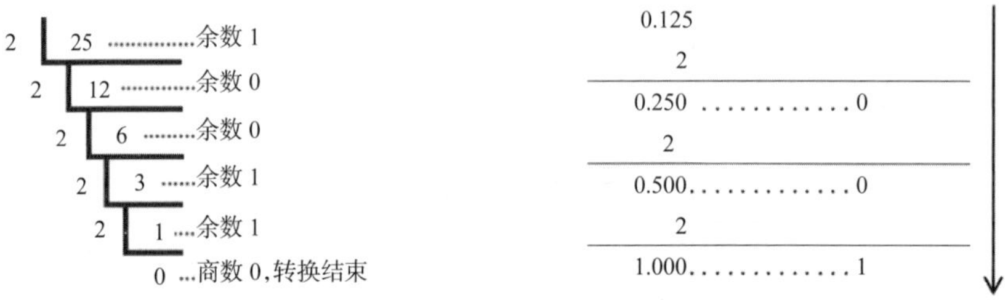

$(25.125)_{10}=(11001.001)_2$

例 5　将十进制数 125 转换成八进制数。

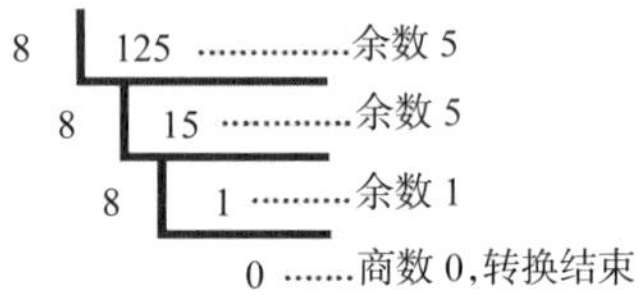

$(125)_{10}=(175)_8$

例 6　将十进制数 94.625 转换成十六进制数。

整数部分　　　　小数部分

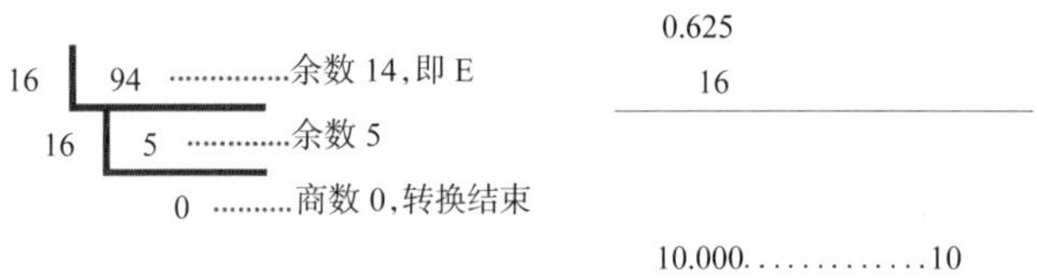

$(94.625)_{10}=(5E.A)_{16}$

3)二进制和八进制之间的相互转换

①二进制转换为八进制。

转换规则:以小数点为中心,分别向左、向右每三位为一组,首尾组不足三位时,首尾用“0”补足,再将每组二进制数转换成一位八进制数码,此方法也被称为三位分组法。

例 7　将$(1010011.01011)_2$转换成八进制数。

$(\underline{001}\ \underline{010}\ \underline{011}.\underline{010}\ \underline{110})_2=(123.26)_8$

②八进制转换为二进制。

八进制整数转换为二进制整数时,思路是相反的,每一位八进制数字转换为三位二进制数字即可。

例 8　将$(617.34)_8$转换成二进制数。

$(617.34)_8=(\underline{110}\ \underline{001}\ \underline{111}.\underline{011}\ \underline{100})_2$

4)二进制和十六进制之间的相互转换

①二进制转换为十六进制。

转换规则:以小数点为中心,分别向左、向右每四位为一组,首尾组不足四位时,首尾用

"0"补足,再将每组二进制数转换成一位十六进制数码,此方法也被称为四位分组法。

例 9　将$(1101111100111.1001111101)_2$转换成十六进制数。

$(\underline{0001}\ \underline{1011}\ \underline{1110}\ \underline{0111}.\underline{1001}\ \underline{1111}\ \underline{0100})_2=(1BE7.9F4)_{16}$

②十六进制转换为二进制。

十六进制整数转换为二进制整数时,思路是相反的,每一位十六进制数字转换为四位二进制数字即可。

例 10　将$(617.34)_{16}$转换成二进制数。

$(617.34)_{16}=(\underline{0110}\ \underline{0001}\ \underline{0111}.\underline{0011}\ \underline{0100})_2$

1.4.2　数据长度单位

计算机中的数据都用二进制表示,要了解在存储器中到底能够存储多少二进制数据,就要用到数据的长度单位。在计算机上数据的长度单位有位、字节和字等。

1. 位

位(bit),也称比特,记为 b。它是计算机中存储的最小单位,可用 0 和 1 来表示一个二进制数位。

2. 字节

字节(Byte),记为大写字母 B。在计算机中,固定由 8 个二进制位构成一个字节。字节是计算机存储的基本单元。一个字节中二进制数值的变化最多有 256 种。

除字节外,还规定了更大的存储单位,它们是千字节 KB、兆字节 MB、吉字节 GB、太字节 TB 和拍字节 PB。

3. 字

字(word),记为小写字母 w,字和计算机中字长的概念有关。字长是指计算机在进行处理时一次作为一个整体进行处理的二进制数的位数,具有这一长度的二进制数则被称为该计算机中的一个字。字通常取字节的整数倍,是计算机进行数据存储和处理的运算单位。

计算机按照字长进行分类,可以分为 8 位机、16 位机、32 位机和 64 位机等。字长越长,那么计算机所表示数的范围就越大,处理能力也越强,运算精度也就越高。在不同字长的计算机中,字的长度也不相同。例如,在 8 位机中,一个字含有 8 个二进制位,而在 64 位机中,一个字则含有 64 个二进制位。

1.4.3　数值数据

计算机中的数据分为数值数据和字符数据两种。

数值数据(Numeric Data)是指表示数量或度量的数据。在计算机中,数值数据通常以二进制形式存储,并根据其范围和精度分为不同的类型。

整数:整数类型的数据表示没有小数部分的数。在计算机中,整数可以是定长的(如 8 位、16 位、32 位或 64 位),也可以是变长的(如某些编程语言中的"大整数"类型)。整数的存储方式可以是原码、反码或补码,具体取决于所使用的计算机架构和编程语言。

浮点数:浮点数类型的数据表示有小数部分的数。在计算机中,浮点数通常采用 IEEE 754 标准表示,该标准定义了单精度(32 位)、双精度(64 位)和扩展精度(80 位或更多)的浮点数格式。浮点数的存储方式包括一个符号位、一个指数部分和一个尾数部分,用于表示数的符号、范围和精度。

数值数据在计算机中的另一种形式是用二进制数编码表示的十进制数,将一位十进制数用 4 位二进制编码来表示,这种编码方式叫十进制数的二进制编码,即 8421 BCD 码。以十进制数 0~14 为例,它们的 BCD 编码对应关系见表 1-3。

8421 BCD 码具有 0~9 共 10 个不同的数字符号,且它是逢"十"进位的,所以它是十进制数。但它的每一位又都是用 4 位二进制编码来表示的,因此称为二进制编码的十进制数。8421 BCD 码用 4 位二进制数来表示一位十进制数是十分方便的。如十进制数 568,写成 8421 BCD 编码为 0101 0110 1000。反之,一个 BCD 编码数也可以很容易读出,如(1001 0111 1000.0110 0011)BCD 可方便地认出为 978.63。

表 1-3 十进制数——BCD 编码对应关系

十进制数	8421 BCD 码	十进制数	8421 BCD 码	十进制数	8421 BCD 码
0	0000	5	0101	10	0001 0000
1	0001	6	0110	11	0001 0001
2	0010	7	0111	12	0001 0010
3	0011	8	1000	13	0001 0011
4	0100	9	1001	14	0001 0100

1.4.4 字符数据

计算机中用得最多的数据就是字符这种非数值数据。目前,在计算机中最普遍采用的是 ASCII 码以及 Unicode 编码。

1. ASCⅡ码

标准 ASCII 码(American Standard Code for Information Interchange,美国标准信息交换码)是 7 位编码,一共可以表示 128 个字符,其中包括数码(0~9)以及英文字母等可打印的字符。编码见表 1-4。

表 1-4 标准 ASCII 码

$b_3b_2b_1b_0$ / $b_6b_5b_4$		0	1	2	3	4	5	6	7
		000	001	010	011	100	101	110	111
0	0000	NUL	DLE	SP	0	@	P	、	p
1	0001	SOH	DC1	!	1	A	Q	a	q
2	0010	STX	DC2	"	2	B	R	b	r
3	0011	ETX	DC3	#	3	C	S	c	s
4	0100	EOT	DC4	$	4	D	T	d	t
5	0101	ENQ	NAK	%	5	E	U	e	u
6	0110	ACK	SYN	&	6	F	V	f	v

续表

$b_3b_2b_1b_0$ / $b_6b_5b_4$		0 000	1 001	2 010	3 011	4 100	5 101	6 110	7 111
7	0111	BEL	ETB	‘	7	G	W	g	w
8	1000	BS	CAN	(	8	H	X	h	x
9	1001	HT	EM	)	9	I	Y	i	y
A	1010	LF	SUB	*	:	J	Z	j	z
B	1011	VT	ESC	+	;	K	[	k	{
C	1100	FF	FS	,	<	L	\	l	|
D	1101	CR	GS	-	=	M	]	m	}
E	1110	SO	RS	.	>	N	^	n	~
F	1111	SI	US	/	?	O	-	o	DEL

2. Unicode 编码

ASCII 码只适合表示英文字符,而无法表示世界上的其他语言符号。1988 年,几个主要的计算机公司一起开始研究一种替换 ASCII 码的编码,称为 Unicode 编码。Unicode 采用 16 位编码,每一个字符需要 2 个字节。这意味着 Unicode 的字符编码范围从 0000H~FFFFH,可以表示 65 536 个不同字符。

从原理上来说,Unicode 可以表示现在正在使用的或者已经没有使用的任何语言中的字符,如汉语、英语和日语等不同的文字。尽管 Unicode 对现有的字符编码做了明显改进,但并不能保证它能很快被人们接受。ASCII 码和无数的有缺陷的扩展 ASCII 码已经在计算机世界中占有一席之地,要把它们逐出计算机世界并不是一件十分容易的事。

习　题

一、单项选择题

1. 操作系统是计算机硬件和(　　)的接口

A. 软件　　B. 程序设计语言　　C. 用户　　D. 网络

2. 应用软件是指(　　)

A. 所有能够使用的软件　　B. 能被各应用单位共同使用的某种软件

C. 所有微机上都应使用的软件　　D. 专门为某一应用目的而编制的软件

3. 软件和硬件之间的关系是(　　)

A. 没有软件就没有硬件　　B. 没有软件,硬件也能发挥作用

C. 硬件只能通过软件起作用　　D. 没有硬件,软件也能起作用

4. 操作系统按其功能关系分为系统层、管理层和(　　)

A. 数据层　　B. 逻辑层　　C. 用户层　　D. 应用层

5. 在电脑上插 U 盘的标准接口通常是(　　)

A. UPS　B. USP　C. UBS　D. USB

6. 只对英文字母、数字和标点进行了编码的是(　　)

A. 机内码　B. 汉字编码　C. ASCII 码　D. 交换码

7. 十进制数 27 对应的二进制数为(　　)

A. 1011　B. 1100　C. 10111　D. 11011

8. 十进制数 291 对应的十六进制数为(　　)

A. 123　B. 213　C. 231　D. 132

9. 二进制数 01100101 转换成十六进制数是(　　)

A. 64　B. 65　C. 100　D. 144

10. 二进制数 1110011 转换为十进制数是(　　)

A. 115　B. 114　C. 113　D. 116

11. 十六进制数 3E 转换为十进制数是(　　)

A. 61　B. 62　C. 63　D. 64

12. 二进制数 110111110010.011111 转换为十六进制后,其值为(　　)

A. DF2.1C　B. CD2.7C　C. DF2.1F　D. DF2.7C

13. 关于数据库事务日志文件叙述错误的是(　　)

A. 一个数据库至少有一个事务日志文件

B. 创建数据库时,如果未指定事务日志文件,SQL Server 则会自动创建一个

C. 事务日志文件的默认大小为 1 MB

D. 如果未指定事务日志文件的增长量,则文件大小保持不变

14. 在下列关于关系的陈述中,错误的是(　　)

A. 表中任意两行的值不能相同　B. 表中任意两列的值不能相同

C. 行在表中的顺序无关紧要　D. 列在表中的顺序无关紧要

15. 如果要防止插入空值,应使用的约束是(　　)。

A. Unique 约束　B. Not null 约束

C. Primary Key 约束　D. Check 约束

16. SQL Server 中导入/导出功能是(　　)

A. 完成不同格式的数据库之间的相互转换　B. 完成数据的备份功能

C. 完成数据的校验功能　D. 完成数据的传输功能

17. 下面关于聚集索引和非聚集索引说法正确的是(　　)

A. 每个表只能建立一个非聚集索引

B. 非聚集索引不需要较多的硬盘空间

C. 一张表上可以同时建立聚集和非聚集索引

D. 一个复合索引只能是聚集索引

18. 实例级的系统表和系统存储过程所存放的数据库是(　　)

A. master　B. model　C. pubs　D. msdb

19. 操作系统关心的主要问题不包括(　　)

A. 管理计算机裸机

B. 设计提供用户与计算机硬件系统的界面

C. 管理计算机系统资源

D. 高级程序设计语言的编译器

20. 下面关于操作系统的叙述中正确的是(　　)

A. 批处理作业必须具有作业控制信息

B. 分时系统不一定都具有人机交互功能

C. 从响应时间的角度来看,实时系统与分时系统差不多

D. 由于采用了分时技术,用户可以独占计算机的资源

二、判断题

1. 微型计算机的主要逻辑元件是大规模和超大规模集成电路。

2. 计算机操作系统只有 Windows。

3. 中文操作系统只适用于使用汉字操作,而不适用于英文操作。

4. ROM 属于存储器中的内存储器,而 RAM 属于存储器中的外存储器。

5. 书籍、报纸、电视、广播和网络是人们收集信息的重要来源。

6. 计算机只可以处理数字信号,不能处理模似信息。

7. 硬盘的读写速度比软盘快得多,容量与软盘相比小得多。

8. 存储容量的基本单位是字节(Byte,简写为 B),一个英文字母和一个汉字同样用一个字节来存储。

9. 多道程序设计可以缩短系统中作业的执行时间。

10. 计算机处理信息的过程,包括收集信息、处理与存储信息和输出信息等阶段。

11. 应用软件是加在裸机上的第一层软件。

12. 人工智能技术能使计算机取代人的思维和行为。

13. 命令按钮上的文字用于提示它的功能。

14. 硬盘不能受太大的振动,否则会损坏。

15. 操作系统的主要功能是控制和管理计算机的硬件和软件系统资源。

16. 计算机硬件系统和计算机软件系统是计算机系统中相互独立的两个部分,两者之间没有必然的联系。

17. 在计算机内部,用来传送、存储、加工处理的数据或指令都是以十进制进行的。

18. 操作系统的不确定性是说在 OS 控制下多个进程的执行顺序和每个进程的周转时间是不确定的。

19. 对临界资源,应采用互斥访问方式来实现共享。

20. 操作系统的功能要点是系统资源管理和提供用户界面。

三、双项选择题

1. 计算机系统组成的主要两个部分是(　　)

A. 硬件　　B. 软件　　C. 操作系统　　D. 应用程序

E. 网络

2. 计算机硬件的两项基本组成部分是(　　)

A. 处理器 B. 内存 C. 显示器 D. 键盘
E. 操作系统

3. 计算机系统中必不可少的两种类型的软件是( )
A. 操作系统 B. 办公软件 C. 杀毒软件 D. 应用程序
E. 系统工具

4. 计算机中负责数据输入的两个部件是( )
A. 键盘 B. 鼠标 C. 显示器 D. 打印机
E. 麦克风

5. 计算机系统中常见的两项输出设备是( )
A. 显示器 B. 打印机 C. 键盘 D. 麦克风
E. 摄像头

6. 通常可以通过调试工具进行修正的两种类型的错误是( )
A. 语法错误 B. 逻辑错误 C. 硬件故障 D. 网络问题
E. 系统崩溃

7. 计算机处理器的两项主要性能指标是( )
A. 时钟速度 B. 核心数量 C. 内存容量 D. 硬盘容量
E. 显示器分辨率

8. 计算机系统中共同决定了计算机的图形处理能力的组件是( )
A. 处理器 B. 显卡 C. 内存 D. 显示器
E. 主板

9. 通常用于存储程序代码的文件类型是( )
A. .txt B. .exe C. .jpg D. .doc
E. .cpp

10. 计算机系统中通常会影响计算机性能的两个因素是( )
A. 处理器速度 B. 内存容量 C. 显示器尺寸 D. 硬盘容量
E. 操作系统版本

四、多项选择题

1. 属于计算机硬件系统的部件包括( )
A. 处理器 B. 内存 C. 操作系统 D. 硬盘
E. 显卡

2. 在计算机中,数据表现的形式可以是( )
A. 数字 B. 文本 C. 图像 D. 声音
E. 程序代码

3. 计算机中常见的输入设备包括( )
A. 键盘 B. 鼠标 C. 显示器 D. 扫描仪
E. 显卡

4. 计算机的输出设备通常包括( )

A. 显示器　B. 打印机　C. 耳机　D. 音箱
E. 投影仪

5. 计算机系统中常见的软件有(　　)
A. 操作系统　B. 办公软件　C. 杀毒软件　D. 游戏软件
E. 图形处理软件

6. 影响计算机的性能的因素包括(　　)
A. 处理器速度　B. 内存容量　C. 硬盘读写速度　D. 显卡性能
E. 散热系统效率

7. 计算机系统中负责数据存储的部件有(　　)
A. 内存　B. 硬盘　C. 光盘　D. USB 闪存盘
E. 固态硬盘(SSD)

8. 计算机中常见的多媒体设备有(　　)
A. 摄像头　B. 麦克风　C. 显示器　D. 音箱
E. 打印机

9. 计算机处理器通常执行的指令类型包括(　　)
A. 算术指令　B. 逻辑指令　C. 数据传输指令　D. 控制指令
E. 中断指令

10. 计算机系统中影响计算机图形处理能力的因素有(　　)
A. 处理器速度　B. 显卡性能　C. 内存容量　D. 显示器分辨率
E. 操作系统版本

11. 下列选项中属于计算机系统中的文件系统类型的是(　　)
A. FAT32　B. NTFS　C. EXT4　D. HFS+
E. APFS

12. 在计算机中数据传输的方式有(　　)
A. 网络　B. USB 接口　C. 蓝牙　D. 红外线
E. 光盘

第二章　计算机网络技术

信息化社会的基础是由计算机互联所组成的信息网络。网络技术在计算机科学技术中占有重要的地位。1969 年 12 月，美国投入运行 ARPANET（Internet 的前身），标志着计算机网络的开端。ARPANET 系统作为分组交换网，利用分组交换技术，使计算机网络在概念、结构和设计方面都发生根本性的变化，为后续的计算机网络打下基础。

进入 20 世纪 90 年代，计算机技术、通信技术以及基于计算机和网络技术的相关领域迎来井喷式发展。计算机网络由此迈入全新阶段。目前，Internet 已经成为人类最重要的、规模最大的知识宝库，早在 1996 年和 1997 年分别启动 Internet2 和 Next Generation Internet 更快速可靠的网络研究，网络互联和高速网络已成为计算机网络发展的方向。

2.1　计算机网络的基本概念

计算机网络是以各种通信设备和传输介质将处于不同位置的多台独立计算机连接起来，并在相应网络软件的管理下实现多台计算机之间信息传递和资源共享的系统。计算机网络中连接各计算机的媒介称为通信设备和传输介质。

2.1.1　计算机网络的分类

计算机网络按照不同的分类标准有多种分类方法。

1. 按照网络的规模及覆盖范围分类

（1）局域网(Local Area Network，LAN)网络规模比较小，其覆盖范围一般在方圆一千米内。如一间办公室、一栋办公楼内的网络等。

（2）广域网(Wide Area Network，WAN)覆盖范围很大，一般从几千米到几千千米，可能在一个城市、一个国家，也可能分布在全球范围。

（3）城域网(Metropolitan Area Network，MAN)覆盖的范围是一个城市，它连接了城市内不同地点的主机、数据库以及局域网等，为城市内的用户提供高速、高效的通信服务。

（4）个人区域网(Personal Area Network，PAN)是指能够在用户个人范围内进行短距离通信的网络，其覆盖范围一般在 10 米半径以内。PAN 的核心思想是用无线电或红外线代替传统的有线电缆，实现个人信息终端的智能化互联，组建个人化的信息网络。

局域网一般采用专用的网络传输介质来连接，如同轴电缆、双绞线等；广域网以往通常借用传统的公共通信网如电话网、有线电视网来实现。卫星通信技术和光纤通信技术的发展，为广域网的建设提供了更好的硬件条件。

2. 其他分类方法

按照网络的使用者分类，可将计算机网络分为公用网和专用网；按照拓扑结构可将计算机网络分为分为星形网络、总线形网络、环形网络和网状形网络；按传输介质分类，计算机网络可分为有线网络（即使用物理介质如双绞线、光纤等来传输数据）、无线网络（即使用无线电波等无线信号来传输数据）。

另外，还有按传输技术分类、按使用目的分类、按网络协议分类、按网络操作系统分类等。每种分类方法都有其适用的场景和特点，网络管理员会根据实际需求选择合适的分类方法来设计和构建网络。

2.1.2　网络协议

网络协议是计算机网络中进行数据交换所遵循的规则、标准和约定的集合。它是计算机网络实现其功能的基本机制，确保数据能够准确、高效地在网络中传输和交换。

网络协议由 3 个要素组成。

（1）语义。是解释控制信息每个部分的意义，其规定需要发出何种控制信息、完成什么样的动作与作出什么样的响应。

语法。是用户数据与控制信息的结构与格式，以及数据出现的顺序。

时序。是对事件发生顺序的详细说明(也可称为“同步”)。

完善的网络需要一系列网络协议构成一套完备的网络协议集。大多数网络在设计时将网络划分为若干个相互联系而又各自独立的层次，然后针对每个层次及层次间的关系制定相应的协议。可减少协议设计的复杂性。像这样的计算机网络层次结构模型及各层协议的集合称为计算机网络体系结构 (Network Architecture)。

2.1.3　数据交换技术

从通信资源分配角度来看，交换是按照某种方式动态分配传输线路的资源。数据交换主要分为 3 种交换方式。

（1）电路交换。此方式包括建立连接、保持和释放连接过程，即通信开始前建立一条物理连接（电路），一直到通信结束后才释放这条连接。

（2）报文交换。在这种方式中，整个报文（数据块）被存储并转发。报文交换不需要建立持续的物理连接，适合传输大量数据。

（3）分组交换。这种方式将数据分成多个小段（分组），每个分组独立传输。它适合需要高效数据传输和灵活通信的场景。

2.1.4　网络常用基本术语

1. 速率和带宽

（1）速率。单位时间内传输的数据量，可用码元（即用一个固定时长的波形信号表示一个 k 进制数，称作码元）传输速率或信息传输速率表示。码元传输速率是单位时间内数字通信系统传输码元的个数，单位是波特(Baud)，信息传输速率是单位时间内数字通信系统传输的二进制码元个数，单位是 bit/s。

若一个码元携带 n bit 的信息量，则 m Baud 的码元传输速率对应 $m \times n$ bit/s 的信息传输速率。

(2)带宽。对于数字信号而言，带宽指单位时间内链路能够通过的数据量，bit/s 或 bps 是描述带宽的单位。

2. 编码与调制

1)数字基带信号编码

不归零码 NRZ：一种二进制编码方式，信号电平的一次反转代表 1，电平不变化表示 0，并且在表示完一个码元后，电压不需回到 0。

归零码 RZ：一种二进制信息的编码方式，其特点是在每一位二进制信息传输之后都会返回零电平。

曼彻斯特编码：一种通过电平跳变来表示“0”或“1”的编码方法。在曼彻斯特编码中，每一位中间有一跳变，位中间的跳变既是时钟信号，又是数据信号。从低到高跳变表示“0”，从高到低跳变表示“1”。

差分曼彻斯特编码：一种使用中位转变来计时的编码方案，通过在数据位开始处加一转变来表示数据。在每个时钟周期的中间，电平会发生跳变，这个跳变用于同步。

2)频带传输中的数字调制

幅移键控 ASK：是一种调制方式，通过改变载波信号的振幅大小来表示数字信号“1”和“0”。ASK 的基本原理是将数字信号的“1”和“0”通过改变载波的振幅来表示。

频移键控 FSK：是一种数字调制技术，通过改变载波的频率来传输数字信息。在 FSK 中，二进制信息被转换为一组频率，其中“0”的频率为 f1，“1”的频率为 f2。

相移键控 PSK：是一种通过改变载波信号的相位来传输信息的调制技术。PSK 利用载波的相位变化来表征被传信息的状态，而载波振幅和频率保持不变。

2.2 计算机网络体系结构

计算机网络体系结构是指计算机网络中各层次结构模型及其协议的集合。它定义了计算机之间如何进行通信和数据交换的规则和标准。

2.2.1 OSI 参考模型

国际标准化组织于 1981 年提出“开放系统互联参考模型”，缩写为 OSI/RM (Open Systems Interconnection Reference Model)。OSI 模型将网络划分为 7 层。

1. 物理层(Physical Layer)

物理层是 OSI 的最底层，主要功能是利用物理传输介质为数据链路层提供连接，以透明地传输比特流。

功能：定义电信号、机械、电气和过程规范，激活、维护和关闭物理链路。

2. 数据链路层(Data Link Layer)

在通信的实体间建立数据链路连接，传送以帧为单位的数据，并采用相应方法使有差错的物理线路变成无差错的数据链路。

功能: 提供节点之间的可靠数据传输,包括错误检测、重传请求、帧同步和流量控制。

3. 网络层(Network Layer)

网络层通过路由选择、阻塞控制和流量控制等来实现网络互联。

功能: 负责逻辑地址寻址、路由选择和流量控制,决定数据包的最佳路径。网络层处理的是数据包(Packet),并且决定数据包在网络中的路径。

4. 传输层(Transport Layer)

传输层的功能是向用户提供可靠的端到端服务,透明地传送报文。

功能: 负责端到端通信,提供可靠的传输服务,确保数据无损地到达目的地。

5. 会话层(Session Layer)

会话层的功能是组织两个会话进程间的通信,并管理数据的交换。

功能: 建立、管理和终止会话,提供机制来启动和同步会话。

6. 表示层(Presentation Layer)

主要用于处理两个通信系统中交换信息的表示方式,它包括数据格式变换、数据加密、数据压缩与恢复等功能。

功能: 处理数据格式化、加密解密、压缩解压等,确保数据在发送前和接收后的一致性。

7. 应用层(Application Layer)

应用层是 OSI 参考模型中的最高层。应用层负责实现协同工作的应用程序之间的通信过程控制,是整个网络系统与用户进行对接的窗口。

功能: 提供应用程序间通信所需的接口,允许用户访问网络服务。

2.2.2　TCP/IP 参考模型

Internet 所遵循的是 TCP/IP 参考模型，TCP/IP 是一个协议集,其中最重要的是 TCP 协议与 IP 协议,因此通常将这诸多协议统称为 TCP/IP 协议。

TCP/IP 参考模型有 4 个层次。

(1)应用层(Application Layer) 是 TCP/IP 参考模型的最高层,对应 OSI 模型的应用层、表示层和会话层。向用户提供一些常用应用程序如电子邮件等。应用层包括了所有的高层协议,并且持续有新的协议加入。

功能: 提供应用程序之间的接口,支持诸如文件传输、电子邮件、Web 浏览等服务。

主要协议: HTTP(超文本传输协议，Hypertext Transfer Protocol), FTP(文件传输协议, File Transfer Protocol), SMTP(简单邮件传输协议，Simple Mail Transfer Protocol), DNS(域名系统,Domain Name System), Telnet 协议等。

(2)传输层(Transport Layer) 对应 OSI 模型的传输层,由于主要使用 TCP 协议(Transmission Control Protocol),也叫 TCP 层,主要功能是负责应用进程之间的端-端通信。传输层定义两种协议,即传输控制协议 TCP 与用户数据报协议 UDP(User Datagram Protocol)。

UDP 协议是一种不可靠的无连接协议,它与 TCP 协议不同的是,它不进行分组顺序的检查和差错控制,而是把这些工作交给上一级应用层完成。

功能: 负责端到端通信,提供可靠的传输服务,确保数据无损地到达目的地。

主要协议: TCP 提供面向连接的服务,保证数据的可靠传输; UDP 提供无连接的服务,速度快但不保证数据的可靠性。

（3）网络层(Internet Layer) 与 OSI 模型的网络层对应,因为主要使用 IP 协议，也叫 IP 层,它的主要功能有以下 3 个方面:处理来自传输层的分组发送请求;处理接收的数据包;处理互联的路径。

功能: 负责逻辑地址寻址、路由选择和流量控制,决定数据包最佳路径。

主要协议: IP (Internet Protocol)协议,负责数据包在网络中的路由; ICMP (Internet Control Message Protocol)协议,用于传输错误信息和其他控制信息。

（4）网络接口层(Network Interface Layer)也称物理链路层(Host-to-Network Layer),对应 OSI 模型中的数据链路层和物理层,物理链路层的主要功能是接收 IP 层的 IP 数据报,通过传输介质向外发送,以及接收处理来自传输介质的信号,整理成 IP 数据报,向 IP 层发送。

功能: 负责将数据封装成适合物理网络传输的形式,如以太网帧。

主要协议: 以太网协议、PPP (Point-to-Point Protocol) 协议等。

2.3 IP 地址

所有 Internet 上的计算机都必须有一个 Internet 上唯一的编号,作为其在 Internet 的标识,这个编号称为 IP 地址。每个数据报中包含发送方的 IP 地址和接收方的 IP 地址。

IPv4 地址是一个 32 位二进制数,即 4 个字节,通常将其表示为 w.x.y.z 形式。其中 w、x、y、z 分别为一个 0~255 的十进制整数,对应二进制表示法中的一个字节。这样的表示叫作点分十进制表示。

2.3.1 IP 地址

IPv4 地址为 32 位二进制数,它被分成网络地址和主机地址两个部分。其中,网络地址标明主机所在的子网,主机地址则在子网内部区分具体的主机。常用 3 种类别的 IP 地址及其范围如下：

A 类地址,网络号字段占一个字节,可指派的网络数为 2^7-2,最大主机数是 $2^{24}-2$;

B 类地址,网络号字段占两个字节,可指派的网络数为 $2^{14}-1$,最大主机数是 $2^{16}-2$;

C 类地址,网络号字段占三个字节,可指派的网络数为 $2^{21}-1$,最大主机数是 2^8-2。

2.3.2 IP 地址与硬件地址

（1）物理地址是数据链路层和物理层使用的地址,而 IP 地址是网络层和以上各层使用的地址。

（2）IP 地址放在 IP 数据报的首部,而硬件地址则放在 MAC 帧的首部。

（3）在 IP 层抽象的互联网上只能看到 IP 数据报,路由器转发并不改变源 IP 地址和目的 IP 地址,且路由器根据目的 IP 地址进行路由选择。

（4）在局域网的链路层,只能看见 MAC 帧。

2.3.3　IP 数据报格式

IP 数据报是 IP 协议中传输的基本单元。它包含一个 IP 头部和一个数据部分。IP 数据报的格式如图 2-1 所示。

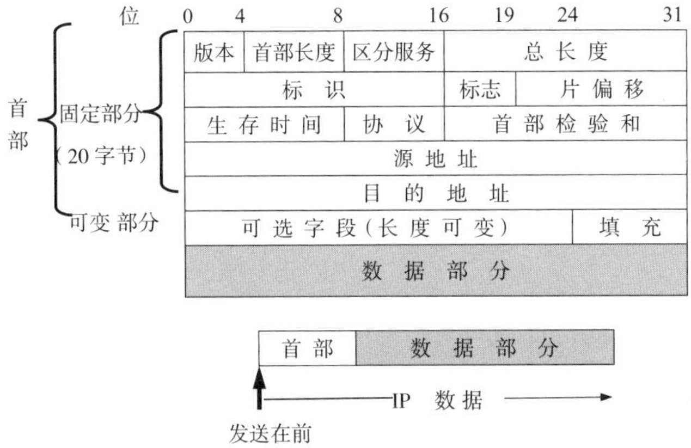

图 2-1　IP 数据报格式

2.3.4　子网划分与子网掩码

1. 子网划分

采用{<网络号>, <主机号>}形式两级 IP 地址，空间利用率低，且不够灵活，为解决这些不足提出了形如{<网络号>,<子网号>,<主机号>}的三级 IP 地址，其划分子网的思路如下：

①分子网属于单位内部的事，对外仍表现为没有划分；

②从网络的主机号借用若干位作为子网号以组成三级 IP 地址，且主机号也相应减少同样的位数；

③从其他网络发送给本单位某个主机的 IP 数据报，仍根据 IP 数据报的目的网络号找到连接在本单位网络上的路由器，路由器在收到 IP 数据报后，再按目的网络号和子网号找到目的子网，把 IP 数据报交付给目的主机。

2. 子网掩码

子网掩码是一个与 IP 地址对应的长为 32 bit 的二进制串，由一串连续的 1 和后面跟随的连续的 0 组成；主要用于和 IP 地址按位“与”，从而得出 IP 地址相应的子网的网络地址。例如某主机的 IP 地址为 136.34.50.56，子网掩码为 255.255.255.0，则进行按位“与”后得到该主机所在子网的网络号为 136.34.50.0。

3. 使用子网时分组的转发

经子网划分后，路由表主要包括目的网络地址、子网掩码、下一跳地址，此时路由器转发分组的算法如下。

①从收到的分组的首部提取目的 IP 地址；

②用各网络的子网掩码和 D 逐位相“与”，若结果与相应的网络地址匹配，进行直接交付，否则间接交付，执行 3。

IPv4 编址包括子网掩码、子网划分和 CIDR。动态地址转换是一种技术，用于将一个 IP

地址转换为另一个 IP 地址。

IPv6 地址是 128 位的二进制数，通常表示为 8 组 4 位十六进制数，每组之间用冒号分隔（如 2001:0db8:85a3:0000:0000:8a2e:0370:7334）。

由 IPv4 到 IPv6 过渡采用两种方法。

其一，双协议栈技术。在完全过渡到 IPv6 之前，使部分主机（或路由器）装有两个协议栈，分别适用两类地址。

其二，隧道技术。将整个 IPv6 数据报封装到 IPv4 数据报的数据部分，使 IPv6 在 IPv4 网络隧道中传输。

为了从根本上解决 IP 地址耗尽的问题，需要使用 IPv6，主要特点有：① IPv6 地址将从 IPv4 的 32 位增加到 128 位，具有更大的地址空间；②扩展的地址层次结构。

2.4 路由算法与路由协议

互联网采用的路由选择协议主要是自适应（即动态的）、分布式路由选择协议；互联网可以划分为许多较小的自治系统 AS(Autonomous System)，一个大的 ISP 就是一个自治系统，此时路由选择协议可分为以下 2 种。

1. 内部网关协议 IGP(Interior Gateway Protocol)

在一个自治系统内部使用的路由选择协议与在互联网中的其他自治系统选用的路由选择协议无关，如路由信息协议 RIP(Routing Information Protocol)和开放式最短路径优先协议 OSPF(Open Shortest Path First)。

2. 外部网关协议 EGP(Exterior Gateway Protocol)

源主机和目的主机处在不同的自治系统中，当数据报传到一个自治系统的边界时，就需要使用一种协议将路由选择信息传递到另一个自治系统中，目前使用最多的是 BGP-4（Border Gateway Protocol version 4），即边界网关协议第 4 版。

2.4.1 路由算法

路由算法是网络中用于确定数据包从源节点到目的节点最佳路径的算法。常见算法有：静态路由算法、动态路由算法、距离矢量路由算法、链路状态路由算法、路径向量路由算法。

2.4.2 路由协议

路由协议是路由器之间通信的规则，用于交换路由信息和更新路由表。常见的路由协议包括 RIP、OSPF、BGP、EIGRP。

1. RIP 协议相关规定

RIP 是一种分布式的基于距离向量的路由选择协议规定：

①网络中每一个路由器都需记录从它自己到其他每一个目的网络的距离；

②距离即跳数，规定一个路由器到直接相连的网络的跳数为 1，之后每经过一个路由器跳数加 1；

③ RIP 协议将优先选择跳数较少的路径;

④ RIP 协议最多只允许一条路径包含 15 个路由器，当跳数为 16 时表示网路不可达;

⑤默认在任两个使用 RIP 协议的路由器之间每 30 s 广播一次更新信息，动态维护路由表。

2. 距离向量算法

路由表组成为<目的网络 N,距离 d,下一跳路由器 X>,对每一个相邻路由器发送过来的 RIP 报文,进行以下步骤。

(1)对地址为 X 的相邻路由器发来的 RIP 报文,先把报文中的所有“下一跳”字段的地址都改为 X,并把所有的“距离”字段的值加 1。

(2)对修改后的 RIP 报文中的每一个项目,完成以下步骤:

①当原来的路由表中没有目的网络 N 时，把该项目添加到路由表中;

②当原来的路由表中有目的网络 N 且下一跳地址是 X 时,用收到的项目替换原表中相应项目;

③当原来的路由表中有目的网络 N 且下一跳地址不是 X 时,若收到的项目中 d 小于原表中的 d,则用收到的项目更新路由表,否则不进行操作。

(3)若 3 分钟还没有收到相邻路由器的更新路由表,则把此相邻路由器记为不可达的路由器(置跳数为 16)。

(4)返回。

RIP 协议限制网络的规模,它能使用的最大距离为 15;路由器之间需要交换整个路由表,使得网络规模扩大,开销增加;网络故障时出现的收敛现象“坏消息传播得慢”,使更新过程的收敛时间过长。

RIP 是应用层协议,使用 UDP 传送数据。

3. 开放式最短路径优先 OSPF(Open Shortest Path First)

OSPF 最主要的特征是使用分布式的链路状态协议,而不是像 RIP 那样的距离向量协议; OSPF 允许管理员给每条路由指派不同的代价,更为灵活;所有在 OSPF 路由器之间交换的分组都具有鉴别功能,保证仅在可信赖的路由器之间交换链路状态信息; OSPF 支持可变长度的子网划分和无分类的编址 CIDR,每一个链路状态都带上一个 32 位的序号,序号越大,状态就越新。

路由器之间频繁交换链路状态信息,从而建立起一个链路状态数据库(实际上就是全网的拓扑结构),然后每个路由器根据这个拓扑结构使用 Dijkstra 最短路径算法计算自己到各目的网络的最短路径,以此构造路由表。

4. 边界网关协议 BGP(Border Gateway Protocol)

外部网关协议 BGP 是不同自治系统的路由器之间交换路由信息的协议,是一种应用层协议;它力求寻找一条能够到达目的网络且比较好的路由,而不需要寻找一条最佳路由; BGP 采用路径向量路由选择协议。

BGP 协议的工作原理是每个自治系统至少选择一个路由器作为“BGP 发言人”, BGP 发言人与其他自治系统的 BGP 发言人建立 TCP 连接,并在此连接上交换 BGP 报文以建立 BGP 会话,再利用 BGP 会话交换路由信息,当所有 BGP 发言人相互交流完路由信息后，各自找出到达各个自治系统的较好路由。

2.4.3 路由器知识

路由器是一种网络设备,用于在网络之间转发数据包,实现不同网络的互联互通。路由器的主要功能包括:路由选择、路由表维护、数据表转发、网络地址转换(NAT)、防火墙功能、QoS、安全功能。路由器的结构与功能如图 2-2 所示,路由器主要由路由选择和分组转发两部分组成。路由选择部分即控制部分,分组转发部分由交换结构、一组输入端口和一组输出端口组成,路由器主要完成分组转发和路由计算功能。

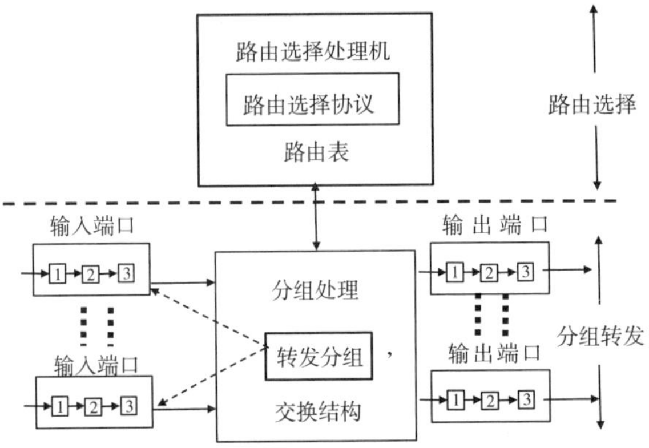

图 2-2 典型的路由器的结构与功能

2.5 局域网知识

局域网是局部地区形成的一个区域网络,其特点就是分布地区范围有限制。局域网大体由计算机设备、网络连接设备、网络传输介质 3 大部分构成,其中计算机设备又包括服务器与工作站,网络连接设备则包含网卡、集线器、交换机,网络传输介质一般由同轴电缆、双绞线及光缆 3 大原件构成。

局域网的类型很多,若按网络使用的传输介质分类,分为有线网和无线网;若按网络拓扑结构分类,可分为总线型、星型、环型、树型、混合型等;若按传输介质所使用的访问控制方法分类,又可分为以太网、令牌环网、FDDI 网和无线局域网等。其中,以太网是当前应用最普遍的局域网技术。

2.5.1 局域网协议标准

局域网协议标准主要包括 IEEE 802 标准系列。 这些标准由美国的国家标准协会(ANSI)开发,并作为局域网标准化委员会确定的一系列标准。

IEEE 802 标准在 OSI 模型的数据链路层分为两个子层:逻辑链接控制(LLC)和媒体访问控制(MAC)。LLC 子层负责链接建立和终止、图文框的通信控制、框架排序和框架确认,而 MAC 子层负责框架分隔、帧错误检查和媒体访问管理。IEEE 802 项目定义了多种低层协议标准,包括 802.3 CSMA/CD、802.4 的令牌总线和 802.5 令牌环等,这些标准适用于不同的物理层和媒体访问控制子层,但在逻辑链接控制子层兼容。

2.5.2　交换机

交换机(Switch)是局域网中一种重要设备,用于连接多个网络设备并管理数据包的转发。交换机的主要功能包括:数据转发、MAC 地址学习、流量控制、VLAN 支持、QoS(服务质量)、安全功能。

2.5.3　虚拟局域网

虚拟局域网(Virtual Local Area Network, VLAN)是一种将局域网在逻辑上划分为多个独立的广播域的技术。VLAN 的主要特点和优势包括:逻辑分割、提高安全性、减少广播风暴、灵活管理、优化性能。

虚拟局域网的主要划分方法如下。

基于端口的划分:这是最常用的一种方法,网络管理员通过交换机的端口来定义 VLAN,指定哪些端口属于哪个 VLAN。

基于 MAC 地址的划分:根据每台设备的 MAC 地址来划分 VLAN。

基于网络层的划分:根据网络层的协议类型或 IP 子网进行划分,适合需要跨多个物理局域网进行管理的场景。

基于 IP 组播的划分:将一个 IP 组播视为一个 VLAN,适用于需要跨越广域网进行管理的场景,但不适合传统的局域网。

其次还有基于策略的划分、基于用户定义的划分等划分方法。这些方法各有优缺点,应根据具体的网络需求和环境来选择合适的划分方式。

2.6　无线局域网

2.6.1　无线以太网标准 IEEE 802.11

IEEE 802.11 是无线以太网的标准,有固定基础设施,它使用星形拓扑,其中心接入点叫作 AP,在 MAC 层使用 CSMA/CA(带冲突避免的载波侦听多路访问)协议。凡使用 802.11 系列协议的局域网又称为 Wi-Fi。

IEEE 802.11 标准规定无线局域网的最小构件是基本服务集 BSS,一个基本服务集可以是孤立的,也可通过接入点 AP 连接到一个分配系统 DS,然后再连接到另一个基本服务集,这样就构成一个扩展的服务集 ESS。

2.6.2　移动自组网络

移动自组网络是无固定基础设施的无线局域网,它又称自组网络;它是由一些处于平等状态的移动站之间相互通信组成的临时网络,在军用和民用领域都有很好的应用前景。

2.6.3 CSMA/CA 协议

无线局域网中存在特殊问题,如隐蔽站问题,指因为距离等原因,不能检测出信道上其他站点信号的问题;还有暴露站问题,指在无线局域网中,在不发生干扰的情况下,可允许同时多个移动站进行通信。

IEEE802.11 局域网使用 CSMA/CA 协议,能够尽量降低冲突发送的概率。IEEE802.11 标准还采用虚拟载波监听机制,让源站把它要占用信道的时间,包括目的站发回确认帧所需的时间,及时通知给所有其他站,以便使其他所有站在这一段时间都停止发送数据,从而大大减少冲突的机会。

2.6.4 物理层及 MAC 层协议

IEEE802.11 根据物理层的不同,对应的标准也不同,表 2-1 是对无线局域网标准的简单比较。

表 2-1 常用 802.11 无线局域网物理层

类别	频段/GHz	数据速率/(Mbit/s)	物理层	优缺点
802.11b	2.4	最高为 11	扩频	最高数据率较低,价格最低,信号传播距离最远且不易受阻碍
802.11a	5	最高为 54	OFDM	最高数据率较高,支持更多用户同时上网,价格最高,信号传播距离较短,且易受阻碍
802.11g	2.4	最高为 54	OFDM	最高数据率较高,支持更多用户同时上网,信号传播距离最远,且不易受阻碍,价格比 802.11b 贵
802.11n	2.4/5	最高为 600	MIMO OFDM	使用多个发送和接收天线达到更高数据率,当使用双倍带宽(40 MHz)时速率可达 600 Mbit/s

IEEE802.11 MAC 层是无线局域网的核心组成部分,主要负责控制媒体访问、数据传输以及网络管理等功能。MAC 层位于 OSI 模型的数据链路层,与物理层(PHY)共同工作,确保无线设备的有效通信。

IEEE802.11 MAC 层主要包括以下 3 个子层。

分布式协调功能(Distributed Coordination Function, DCF):这是基本的访问方式,使用 CSMA/CA 机制,适用于所有设备。DCF 提供基本的异步服务。

点协调功能(Point Coordination Function,PCF):在 DCF 之上实现,主要用于时间服务传输,采用集中式无争用的轮询访问方式,提供异步和限时服务。

混合协调功能(Hybrid Coordination Function,HCF):结合 DCF 和 PCF,提供 QoS 服务质量支持,适用于需要高质量服务的场景。

为避免碰撞采取的措施。为尽量避免碰撞, IEEE802.11 规定所有的站在完成发送后,必须再等待帧间间隔 IFS 后才能发送下一帧,常见两种帧间间隔如下。

SIFS 短帧间间隔:长度为 28 μs,它是最短的帧间间隔。

DIFS 分布协调功能帧间间隔:长度为 128 μs,在 DCF 方式中, DIFS 用来发送数据帧和管理帧。

2.6.5　CSMA/CA 算法

CSMA/CA 算法归纳如下。

（1）若站点最初有数据要发送，且检测到信道空闲，在等待时间 DIFS 后，就发送整个数据帧。

（2）站点执行 CSMA/CA 协议的退避算法。一旦检测到信道忙，就冻结退避计时器；只要信道空闲，退避计时器就进行倒计时。

（3）当退避计时器时间减少到零时，站点就发送整个帧并等待确认。

（4）发送站若收到确认，就知道已发送的帧被目的站正确收到；若还要发送第二帧，就从 2 开始执行 CSMA/CA 协议退避算法，随机选定一段退避时间。

为了更好地解决隐蔽站带来的碰撞问题，IEEE802.11 允许要发送数据的站对信道进行预约。

无线局域网的组网设备主要有无线路由器、无线接入点、无线网卡等；其安全性包括 WEP、WPA、WPA2 和 WPA3 等安全协议，提供不同级别的保护。IEEE802.11 帧共有三种类型，即控制帧、数据帧和管理帧。

2.7　主要的网络应用

2.7.1　域名

IP 地址的定义严格且易于划分子网,因此非常有用,但它记忆起来十分不方便。每台主机可取一个便于记忆的名字,这个名字就是域名。如主机 220.181.38.150 的域名是 www.baidu.com。

一个完整的域名由若干部分组成,各部分之间由“.”隔开,每部分都有一定含义,且从右到左各部分之间大致上是包含关系,域名的级数通常不超过 5 级。IP 数据报字段见表 2-2。

表 2-2　IP 数据报字段

字段	占位字节数	解释
版本	占 4 位	指 IP 协议的版本，目前广泛使用 IPv4
首部长度	占 4 位	以 32 位为单位，常用长度为 20 字节，最大为 60 字节
区分服务	占 8 位	用来获得更好的服务，一般不使用
总长度	占 16 位	指首部和数据之和的长度，单位为字节
标识	占 16 位	是一个计数器，每产生一个数据报，计数器就加 1，并将此值赋给标识字段
标志	占 3 位	最低位 MF=1 表示后面还有分片，MF=0 表示最后一个分片；标志字段中间的一位 DF=0 表示允许分片，否则不允许
片偏移	占 13 位	片偏移指出某片在原分组中的相对位置，以 8 个字节为偏移单位
生存时间 TTL	占 8 位	表明数据报在网络中可通过的路由器的最大值，标识分组在网络中的寿命
协议	占 8 位	指出数据报携带的数据使用何种协议
首部检验和	占 16 位	只检验数据报的首部，不包括数据部分

续表

字段	占位字节数	解释
源地址	占 32 位	占 32 位,标识发送方的 IP 地址
目的地址	占 32 位	标识接收方的 IP 地址

例如,域名 dns.tjrac.edu.cn 中各项分别代表:中国 (cn)、教育科研网 (edu)、天津仁爱学院校园网(tjrac)、域名服务器(dns)。

例如,域名 www.microsoft.com 中 com 代表商业公司、www 代表 Microsoft 公司的 WWW 服务器;再如北京大学的某位教师可能将自己的主机命名为 xxx.pku.edu.cn,其中 pku.edu.cn 部分的各项分别代表中国 (cn)、教育科研网 (edu)、北京大学校园网 (pku),xxx 则代表该教师自己所愿意使用的一个字符组合,是自己姓名的汉语拼音等。

IP 数据报首部中与分片有关的字段值见表 2-3。

表 2-3 IP 数据报首部中与分片有关的字段值

数据报	总长度	标识	MF	DF	片偏移	备注
原始数据报	3 820	123	0	0	0	
分片 1	1 420	123	1	0	0	
分片 2	1 420	123	1	0	175	
分片 3	1 020	123	0	0	350	

2.7.2 域名系统

域名是用于标识互联网上资源的易于记忆的名称,例如 www.example.com。域名系统(Domain Name System, DNS)是将域名转换为 IP 地址的分布式数据库系统。

1. 域名的构成

顶级域名(Top - level Domain, TLD):如 .com(commercial 商业机构)、.org(organization 组织机构,被各类非营利组织、慈善机构、协会、社团等使用)、.net[network(网络)]、.edu(education 教育机构)、.gov[government(政府机构)]、.cn(国家代码顶级域名)等。

二级域名:如 example。

三级域名:如 www。

完整域名:如 www.example.com。

2. 域名解析

递归查询:客户端向 DNS 服务器发起查询,DNS 服务器负责递归查询,直到找到答案。

迭代查询:客户端向 DNS 服务器发起查询, DNS 服务器返回下一个权威服务器的地址,客户端继续查询。

3. 域名备案规定与流程

域名备案是指在中国内地,将域名和网站信息登记和备案的过程。根据中国的相关法律法规要求,任何在中国境内运营的互联网站点都需要备案。

备案规定

（1）备案条件。域名解析必须指向中国内地服务器，且网站需开通并对外提供Web服务时需要备案。如果域名解析指向非中国内地服务器（例如中国香港地区等），则不需要工信备案，仅需完成公安备案。

（2）备案要求。域名需完成实名认证，且域名注册商需获得工信部批复。企业备案时，主体负责人或网站负责人需根据当地管局要求准备授权书。

备案流程

（1）选择备案主体类型。备案主体类型分为个人和单位两种。个人备案要求备案主体是中国内地公民，单位备案要求备案主体是中国内地企事业单位。

（2）准备备案材料。包括身份证/组织机构代码证明文件、域名注册证书、DNS服务器设置信息、网站服务器的托管协议或购买发票、网站负责人的身份证明材料等。

（3）选择备案服务商。通过中国国家互联网信息办公室指定的备案服务提供商进行备案，用户可以根据需求选择服务商。

（4）在备案服务商平台填写备案信息。包括备案主体信息、域名信息和网站信息等，确保信息的准确性和真实性。

（5）提交备案申请。审核通过后，用户将获得一个由工信部发放的备案号，标志着备案的成功。

在备案过程中要注意以下方面。

（1）确保所有信息的准确性：在填写备案信息时，务必保证信息的准确性和真实性，避免因信息错误导致审核不通过。

（2）遵守法律法规：网站内容需符合法律法规的规定，确保不包含违法内容。

（3）提交材料真实性证明：完成备案后，需提交材料真实性证明，包括身份证原件及复印件、域名证书原件及复印件、营业执照副本原件及复印件等。

2.7.3　Web服务

Web服务是一种基于互联网进行机器之间通信的技术，它使用标准化的HTTP协议和XML语言来实现数据交换和通信。Web服务允许不同的客户端应用程序（如Web浏览器、移动设备应用程序、桌面应用程序等）访问服务提供者发布的服务。客户端通过发送HTTP请求调用这些服务，服务提供者处理请求后通过HTTP响应返回处理结果。

常见的Web服务软件如下。

（1）Apache HTTP Server，由Apache软件基金会开发的自由软件，支持多种操作系统和编程语言，具有可扩展性和安全性。

（2）Nginx，轻量级、高性能的Web服务器，采用异步事件驱动模型，支持大量并发请求和负载均衡。

（3）IIS，由微软公司开发的Web服务器软件，主要用于Windows平台。

2.7.4　电子邮件

电子邮件（E-mail）也被称为“电子信箱”或“电子邮政”。它是互联网应用最广泛的服务之一，通过网络的电子邮件系统，用户可以以非常低廉的价格（只需负担电话费和网费）快速发送电子邮件到世界上任何指定的目的地。

用于电子邮件的主要协议包括 SMTP、POP3 和 IMAP。

SMTP（Simple Mail Transfer Protocol）。用于发送电子邮件的协议。它负责将邮件从发送方的邮件服务器传输到接收方的邮件服务器。SMTP 协议基于 TCP/IP 协议簇，默认使用端口 25。SMTP 的认证机制可以防止垃圾邮件的发送，确保只有经过授权的用户才能发送邮件。

POP3（Post Office Protocol 3）。用于从邮件服务器检索电子邮件的协议。用户可以使用 POP3 客户端软件从邮件服务器下载邮件到本地计算机。POP3 协议基于 TCP/IP 协议簇，默认使用端口 110。POP3 允许用户选择是否从服务器删除下载的邮件。

IMAP（Internet Mail Access Protocol）。用于从邮件服务器检索电子邮件的协议。与 POP3 不同，IMAP 允许用户在不下载邮件的情况下直接在服务器上查看和管理邮件，支持邮件的部分下载和在线阅读。IMAP 基于 TCP/IP 协议簇，默认使用端口 143。

2.7.5 FTP 服务

文件传输协议服务（File Transfer Protocol Service，FTP）是指通过 FTP 协议提供文件存储和访问服务的计算机系统。FTP 服务依照 FTP 协议提供服务，使得用户可以通过网络高效地传输文件。FTP 协议是 TCP/IP 协议组的一部分，主要用于在互联网上传输文件。

FTP 服务通常使用两个端口，标准端口 20 和控制端口 21（被动模式）。

控制连接端口：端口 21，FTP 命令通过这个端口进行发送。

数据连接端口：端口 20，用于上传或下载数据。

FTP 服务器存在多种安全问题。

（1）数据传输不安全。FTP 在传输过程中不进行加密，数据包以明文形式传输。此外，FTP 的传输模式也可能导致安全问题，被动模式下的连接可能被攻击者利用。

（2）认证和访问控制问题。FTP 服务器可能存在弱密码、匿名访问、无密码访问等问题，导致未经授权的访问，使得服务器容易受到攻击。

（3）中间人攻击。由于 FTP 不加密传输数据，攻击者可以在客户端和服务器之间插入自己，拦截和修改传输的数据，导致数据泄露或被篡改。

（4）密码破解。FTP 使用明文传输密码，这使得攻击者可以轻易地捕获密码，并用它们来非法访问服务器。

（5）恶意软件上传。如果攻击者获得了 FTP 访问权限，他们可能会将恶意软件或病毒上传到服务器上，导致数据泄露、服务中断或其他安全问题。

（6）端口扫描。攻击者经常使用自动化工具扫描开放的 FTP 端口，开放的端口可能会成为攻击的目标。

为了解决这些问题，采取以下措施。

（1）使用更安全的协议。可以使用 SFTP 或 FTPS 等加密协议来替代 FTP，这些协议提供了数据传输的加密功能，可以有效防止数据被截获和篡改。

（2）配置安全设置。确保 FTP 服务器配置正确，例如启用 FTP over TLS，使用安全的传输模式，避免使用可预测的端口号等。

（3）加强认证和访问控制。设置强密码，禁止匿名访问和无密码访问，定期更改密码，使用认证手段如 RSA 认证令牌来增强安全性。

（4）备份重要数据。定期备份服务器上的重要数据，以防数据丢失或被破坏。通过这些措施，有效提升了 FTP 服务器的安全性，减少了潜在的安全风险。

2.7.6 Socket

Socket 是一种网络编程接口，允许应用程序通过网络进行数据交换和通信。Socket 是应用层与传输层之间的接口，提供了一种标准的通信方式，使得不同的程序能够在网络上互相发送和接收数据。

在 Socket 编程中，常见的两种类型是 TCP Socket 和 UDP Socket。

TCP Socket 基于 TCP 协议，是一种面向连接的协议，提供可靠、有序的数据传输。TCP Socket 使用三次握手建立连接，确保数据的可靠性和顺序性。

UDP Socket 基于 UDP 协议，是一种无连接的协议，提供简单的数据传输服务，但不保证数据的可靠性和顺序性。UDP Socket 适用于一些实时性要求高、允许一定数据丢失的应用场景。

Socket 由 IP 地址和端口号两部分组成。IP 地址用于标识互联网上的设备，确保数据能够准确发送到目标主机；端口号则用于在同一台主机上区分不同的应用程序或服务。

习　题

一、单项选择题

1. 下列说法错误的是(　　)

A. Web (World Wide Web)也称为万维网

B. Web 应用广泛使用的是客户端/服务器架构(C/S)

C. Web 应用在互联网上占据了极其重要的地位

D. 浏览器是检索、展示以及传递 Web 中信息资源的应用程序

2. 在 OSI 七层模型中，应用层的传输单位是(　　)

A. 帧　　B. 段　　C. 报文　　D. 分段

3. IP 协议是无连接的，其信息传输方式是(　　)

A. 广播　　B. 虚电路　　C. 数据报　　D. 多播报

4. IPv6 将 32 位地址空间扩展到(　　)

A. 64 位　　B. 128 位　　C. 256 位　　D. 1024 位

5. 按网络的作用范围可将计算机网络分为广域网、城域网、局域网，下列说法不正确的是(　　)

A. Internet 是目前最大的广域网。

B. 城域网的一个重要用途是用作骨干网。

C. 城域网通常跨接很大的物理范围,能连接多个城市、国家。

D. 在计算机网络和工业业务发展初期,各企业管理信息系统和访问信息系统的用户基本都处在局域网内。

6. 目前通用的网络模型有两种,OSI 模型和 TCP/IP 模型的层次分别为(　　)

A. 7 层和 3 层　　B. 7 层和 4 层　　C. 5 层和 5 层　　D. 5 层和 4 层

7. 广域网也称远程网,通常跨接很大的物理范围,所覆盖范围从几十千米到几千千米。以下选项中,属于广域网的是(　　)。

A. 宿舍网　　B. 校园网　　C. 公司网　　D. 国家网

8. 在 TCP/IP 协议中,SFTP 协议指(　　)。

A. SSL 文件传输协议　　B. SSH 文件传输协议

C. 安全文件传输协议　　D. 文件传输协议

9. OSI 参考模型中负责透明传送比特流的层次是(　　)

A. 应用层　　B. 数据链路层　　C. 物理层　　D. 网络层

10. 在 TCP/IP 模型中,对应 OSI 模型的应用层、表示层和会话层的是(　　)

A. 应用层　　B. 传输层　　C. 网络层　　D. 物理链路层

11. 下列选项中属于传输层协议的是(　　)

A. HTTP　　B. TCP　　C. IP　　D. DNS

12. IPv4 地址的位数是(　　)

A. 16 位　　B. 32 位　　C. 64 位　　D. 128 位

13. 局域网的特点不包括(　　)

A. 覆盖范围小　　B. 传输速率高　　C. 封闭性　　D. 公开性

14. 无线局域网的标准是(　　)

A. IEEE 802.3　　B. IEEE 802.11　　C. IEEE 802.15　　D. IEEE 802.16

15. 电子邮件发送使用的协议是(　　)

A. SMTP　　B. FTP　　C. HTTP　　D. SNMP

16. FTP 的功能不包括(　　)

A. 文件上传　　B. 文件下载　　C. 数据加密　　D. 目录浏览

17. 在创建 Socket 之后,接下来的步骤是(　　)

A. 创建 Socket　　B. 绑定地址　　C. 发起连接　　D. 关闭 Socket

18. 下列选项中不是 VLAN 优势的是(　　)

A. 提高安全性　　B. 减少广播风暴　　C. 逻辑分割　　D. 提高传输速度

19. TCP/IP 协议的特点不包括(　　)

A. 免费使用开放的协议标准　　B. 独立于特定的网络硬件

C. 统一的网络地址分配方案　　D. 专有的协议标准

20. OSI 参考模型中,负责数据加密的是(　　)

A. 物理层　　B. 数据链路层　　C. 网络层　　D. 表示层

21. 在 TCP/IP 模型中,处理 IP 数据报的封装和解封装的是(　　)

A. 应用层　　B. 传输层　　C. 网络层　　D. 物理链路层

22. 下列协议中不属于局域网协议的是(　　)

A. 以太网　B. 令牌环网　C. FDDI　D. RIP

23. 无线局域网的安全协议不包括(　　)

A. WEP　B. WPA　C. WPA2　D. HTTP

24. 下列选项中不属于计算机网络应用的是(　　)

A. 域名系统(DNS)　B. FTP 服务　C. Socket 编程　D. 云计算

25. 以下哪个协议是用于电子邮件传输的？(　　)

A. FTP　B. SMTP　C. HTTP　D. ICMP

26. 在 OSI 模型中，哪一层负责数据帧的形成和接收？(　　)

A. 物理层　B. 数据链路层　C. 网络层　D. 传输层

27. 在 TCP/IP 模型中，哪一层对应 OSI 模型中的物理层和数据链路层？(　　)

A. 应用层　B. 传输层　C. 网络层　D. 网络接口层

28. 以下哪个协议属于 TCP/IP 模型的应用层？(　　)

A. IP　B. TCP　C. UDP　D. DNS

29. 以下哪种交换技术允许数据在多个节点之间同时传输？(　　)

A. 电路交换　B. 分组交换　C. 报文交换　D. 虚电路交换

30. 在 OSI 模型中，负责端到端的通信的是(　　)

A. 物理层　B. 数据链路层　C. 网络层　D. 传输层

31. 局域网(LAN)的特点不包括(　　)

A. 覆盖范围较小　B. 数据传输速率高

C. 通信延迟时间短　D. 通常跨地域较大

32. 以下网络中属于广域网(WAN)的是(　　)

A. 办公室内的网络　B. 一栋大楼内的网络

C. 城市范围内的网络　D. 家庭网络

33. 无线局域网(WLAN)的标准是(　　)

A. IEEE 802.11　B. IEEE 802.3　C. IEEE 802.15　D. IEEE 802.16

34. 在 OSI 模型中，负责逻辑地址寻址的层次是(　　)

A. 物理层　B. 数据链路层　C. 网络层　D. 传输层

35. 用于实现动态地址转换的协议是(　　)

A. ARP　B. DHCP　C. NAT　D. ICMP

36. 在 TCP/IP 模型中，负责处理来自传输层数据包的是(　　)

A. 应用层　B. 传输层　C. 网络层　D. 网络接口层

37. 以下选项中属于 IPv6 地址一部分的是(　　)

A. 前缀　B. 子网标识　C. 主机标识　D. 所有选项都是

38. 在 OSI 模型中，负责处理数据格式化、加密解密的是(　　)

A. 物理层　B. 数据链路层　C. 网络层　D. 表示层

39. 用于实现域名解析的协议是(　　)

A. DNS　B. FTP　C. SMTP　D. HTTP

40. 在 OSI 模型中，负责建立、管理和终止会话的是(　　)

A. 物理层　B. 数据链路层　C. 网络层　D. 会话层

二、判断题

1. 子网掩码中“1”的个数越多,可划分的子网数量越多。
2. 子网掩码是一个 24 位的二进制数。
3. 划分子网后,每个子网的广播地址是子网中主机位全为“1”的地址。
4. 只要 IP 地址的网络位相同,就一定在同一个子网中,与子网掩码无关。
5. RIP 协议是基于链路状态的路由协议。
6. 边界网关协议(BGP)主要用于自治系统内部的路由选择。
7. 所有的路由协议都能自动适应网络拓扑结构的变化。
8. OSPF 协议的收敛速度比 RIP 协议快。
9. 路由协议的主要功能是确定数据从源节点到目标节点的传输路径。
10. 星型拓扑结构的局域网中,中心节点出现故障会导致整个网络瘫痪。
11. 以太网是一种常见的局域网技术,它只支持双绞线作为传输介质。
12. 无线局域网(WLAN)的传输速率一定比有线局域网低。
13. 在网页浏览中,输入域名后浏览器会自动通过域名系统获取对应的 IP 地址。
14. 域名系统只能用于互联网,不能用于企业内部的局域网。
15. 发送电子邮件时,域名仅用于标识发件人的身份,与邮件服务器的定位无关。
16. 域名系统的应用可以方便用户记忆和访问网络资源。
17. DNS 服务器分为根服务器、顶级域名服务器和权威域名服务器等多种类型。
18. DNS 采用集中式的管理方式,所有的域名 - IP 地址映射信息都存储在一个中心服务器中。
19. 当本地 DNS 服务器无法解析域名时,它会向上一级 DNS 服务器请求解析。
20. 域名系统中的域名是全球唯一的,不能重复注册。

三、双项选择题

1. TCP/IP 参考模型中的网络接口层对应 OSI 参考模型的(　　)

A. 物理层　　B. 数据链路层　　C. 网络层　　D. 传输层

E. 会话层

2. IP 数据报分片的原因可能是(　　)

A. 数据报长度超过最大传输单元(MTU)　　B. 网络拥塞

C. 提高传输效率　　D. 适应不同链路层协议

E. 数据报头部错误

3. 在 TCP/IP 参考模型中,传输层的协议有(　　)

A. TCP　　B. UDP　　C. ARP　　D. RARP

E. ICMP

4. 子网划分时必须考虑的两个因素是(　　)

A. 网络的拓扑结构　　B. 可用的 IP 地址范围

C. 网络中的服务器数量　　D. 子网掩码的选择

E. 网络的传输介质

5. 以下关于子网掩码的说法正确的是(　　)
A. 它是一个 48 位的二进制数
B. 它可以用于判断 IP 地址的类型(A、B、C 类)
C. 子网掩码中连续的“1”代表主机位
D. 子网掩码和 IP 地址配合使用来确定网络地址和主机地址
E. 改变子网掩码不会影响网络中的广播地址
6. 以下选项中属于内部网关协议(IGP)的是(　　)
A. BGP　B. RIP　C. OSPF　D. IS-IS
E. EIGRP
7. 局域网常用的传输介质有(　　)
A. 卫星通信　B. 双绞线　C. 红外线　D. 同轴电缆
E. 微波通信
8. 基于链路状态算法的路由协议是(　　)
A. RIP　B. OSPF　C. BGP　D. IS-IS
E. EIGRP
9. 域名系统(DNS)的组成部分不包括(　　)
A. 域名空间　B. 域名服务器
C. 解析器　D. 数据库管理系统
E. 域名注册机构
10. 路由协议的主要功能不包括(　　)
A. 学习网络拓扑结构　B. 计算最佳路径
C. 转发数据分组　D. 维护路由表
E. 进行网络地址转换(NAT)

四、多项选择题

1. 按照覆盖范围，计算机网络可以分为(　　)
A. 局域网　B. 城域网　C. 广域网　D. 个人区域网
E. 无线局域网
2. 常见的网络协议有(　　)
A. HTTP　B. FTP　C. SMTP　D. POP3
E. DNS
3. 数据交换技术包括(　　)
A. 电路交换　B. 报文交换　C. 分组交换　D. 帧中继
E. ATM 交换
4. 以下属于计算机网络功能的是(　　)
A. 均衡负载　B. 信息处理　C. 综合信息服务　D. 远程登录
E. 进程管理
5. 网络协议的三要素包括(　　)

A. 语义　B. 语法　C. 时序　D. 服务原语

E. 编码

6. 以下关于计算机网络分类的描述,正确的是(　　)

A. 按拓扑结构可分为总线型、星型、环型等

B. 按传输介质可分为有线网络和无线网络

C. 按使用范围可分为公用网和专用网

D. 按网络使用者可分为企业网和校园网

E. 按通信速率可分为高速网和低速网

7. 以下关于子网划分和子网掩码的说法正确的是(　　)

A. 子网掩码用于区分 IP 地址中的网络位和主机位

B. 子网掩码中"1"代表网络位,"0"代表主机位

C. 子网划分可以有效利用 IP 地址资源

D. 子网划分后,每个子网的主机数量一定相同

E. 子网掩码是一个 32 位的二进制数

8. 常见的路由协议包括(　　)

A. RIP　B. OSPF　C. BGP　D. IS-IS

E. EIGRP

9. 局域网的特点包括(　　)

A. 覆盖范围较小　B. 数据传输速率较高

C. 误码率低　D. 通常采用共享介质访问方式

E. 易于建立、维护和扩展

10. 计算机网络域名系统应用场景有(　　)

A. 网页浏览　B. 电子邮件发送和接收

C. 文件传输　D. 远程登录

E. 网络视频播放

第三章　网络与信息安全防护

本章介绍了网络设备的基础配置与防护，包括路由器、交换机、防火墙和无线接入点的配置方法和安全策略；常见应用服务的安全配置；Linux 和 Windows 操作系统的用户管理、文件管理、磁盘管理以及网络安全配置；数据备份的重要性和不同类型的备份方法和恢复策略以及密码学的基础知识等内容。

3.1　网络安全配置与防护

网络设备在现代通信中扮演着至关重要的角色，主要包括路由器、交换机、防火墙和无线接入点。这些设备各自具有独特的功能和应用场景，构成了一个完整的网络架构。

3.1.1　路由器基础配置

路由器作为连接不同网络的关键设备，负责数据包在网络之间的传递和转发，其管理和配置直接关系到网络的性能、稳定性和安全性。路由器的初始配置是路由器管理的第一步，通常通过设备的 Console 接口使用命令行界面（CLI）进行。配置过程中，需要关注以下关键配置项。

1. 设备命名配置

通常情况下，为了方便对路由器设备的日常管理，会对设备进行命名。设备命名配置一般是设备初始化配置的第一步。具体操作如下。

（1）通过 display version 命令查看设备信息：

```
<Huawei>display version
```

（2）通过 system-view 命令进入系统视图：

```
<Huawei>system-view
```

（3）使用 sysname 命令修改 Router 的名字为：

```
<Huawei>sysname Datacom-Router
```

2. 为路由器接口配置 IP 地址

在将路由器接入网络，用以连接不同网络的时候，需要为路由器的每个接口配置所在网络的 IP 地址。为路由器接口配置 IP 地址的具体操作如下。

配置接口的 IP 地址

为便于管理员使用这些命令，设备按功能分类将命令分别注册在不同的命令行视图下。配置某一功能时，需首先进入对应的命令行视图，然后执行相应的命令进行配置。当为接口配置 IP 地址时，首先需要进入接口视图。

[Datacom-Router]interface GigabitEthernet 0/0/1

使用命令“ip address 192.168.1.1 24”完成接口 GigabitEthernet0/0/1 的 IP 地址配置。“display this”命令用来查看当前视图的运行配置。“quit”命令用来从当前视图退回到较低级别视图，如果是用户视图，则退出系统。

如果发现接口 IP 地址配置错误，需要将该地址配置到 interface Gigabit Ethernet 0/0/2 接口。需要先删除 GigabitEthernet0/0/1 的 IP 地址配置，否则会产生地址冲突而导致无法配置。在命令前加 undo 关键字，即为 undo 命令行。undo 命令行一般用来恢复缺省情况、禁用某个功能或者删除某项配置。几乎每条配置命令都有对应的 undo 命令行。

3. 查看当前设备配置

使用“display current -configuration”命令可查看当前设备的配置。

[Datacom-Router]display current -configuration

当执行某一命令后，如果显示的信息超过一屏时，系统会自动暂停输出信息，以方便管理员查看。

4. 保存当前配置

1）返回到用户视图

[Datacom-Router]quit

除了通过 quit 命令外，也可以通过“return”命令，该命令可在任何视图下直接返回到用户视图。或使用 Ctrl+z 快捷键，使用该快捷键可在任何视图下直接返回到用户视图。

2）保存当前运行配置

<Datacom-Router>save

管理员通过命令行可以修改设备的当前配置。在重启设备前，需要将当前配置保存到配置文件中。可以通过 save 直接保存到默认路径并覆盖原有的配置文件，也可以通过命令“save configuration-file”保存当前配置信息到存储设备中的指定文件中。

5. 管理设备配置文件

1）查看系统文件

例如，<Datacom-Router>dir，其输出结果如图 3-1 所示。

配置文件必须以“.cfg”或“.zip”作为扩展名。系统软件必须以“.cc”作为扩展名。

2）将当前的配置保存同时命名为“test.cfg”

<Datacom-Router>save test.cfg

3）将该文件设置为设备下次启动时所使用的配置文件

<Datacom-Router>startup saved-configuration test.cfg

4）查看设备系统下次启动时所用配置文件

<Datacom-Router>display startup

“display startup”命令用来查看设备本次及下次启动相关的系统软件、备份系统软件、配置文件、License 文件、补丁文件以及语音文件等。

```
<Datacom-Router>dir
Directory of flash:/

  Idx  Attr     Size(Byte)   Date        Time(LMT)   FileName
    0  -rw-    126,538,240   Jul 04 2016 17:57:22   ar651c- v300r019c00Sspc100.cc
    1  -rw-         22,622   Feb 20 2020 10:35:18   mon_file.txt
    2  -rw-            737   Feb 20 2020 10:38:36   vrpcfg.zip
    3  drw-              -   Jul 04 2016 18:51:04   CPM_ENCRYPTED_FOLDER
    4  -rw-            783   Jul 10 2018 14:46:16   default_local.cer
    5  -rw-              0   Sep 11 2017 00:00:54   brdxpon_snmp_cfg.efs
    6  drw-              -   Sep 11 2017 00:01:22   update
    7  drw-              -   Sep 11 2017 00:01:48   shelldir
    8  drw-              -   Sep 21 2019 17:14:24   localuser
    9  drw-              -   Sep 15 2017 04:35:52   dhcp
   10  -rw-            509   Feb 20 2020 10:38:40   private-data.txt
   11  -rw-          2,686   Dec 19 2019 15:05:18   mon_lpu_file.txt
   12  -rw-          3,072   Dec 18 2019 18:15:54   Boot_LogFile

510,484 KB total available (386,456 KB free)
```

图 3-1　命令 dir 输出结果

5)清空配置文件

可以使用“rest saved-configuration”命令清空配置文件。

6. 设备重启操作

在用户视图下，使用“reboot”命令操作设备进行重启。

7. 相关操作快捷键

系统为管理员提供了快捷键操作，方便管理员对系统的日常管理。表 3-1 列出了在日常使用配置设备时需要掌握的快捷键。

表 3-1　快捷键表

功能键	作用
<Ctrl+A>	将光标移动到当前行的开头
<Ctrl+B>	将光标向左移动一个字符
<Ctrl+C>	停止当前正在执行的功能
<Ctrl+D>	删除当前光标所在位置的字符
<Ctrl+E>	将光标移动到最后一行的末尾
<Ctrl+F>	将光标向右移动一个字符
<Ctrl+H>	删除光标左侧的一个字符
<Ctrl+K>	在连接建立阶段终止呼出的连接
<Ctrl+N>或↓光标	显示历史命令缓冲区中的后一条命令
<Ctrl+P>或↑光标	显示历史命令缓冲区中的前一条命令
<Ctrl+T>	输入问号“?”
<Ctrl+W>	删除光标左侧的一个字符串(字)
<Ctrl+X>	删除光标左侧所有的字符
<Ctrl+Y>	删除光标所在位置及其右侧所有的字符
<Ctrl+Z>	返回到用户视图
<Ctrl+]>	终止呼入的连接或重定向连接
<Esc+B>	将光标向左移动一个字符串(字)

3.1.2 静态路由配置

本小节介绍静态路由的相关概念以及静态路由的配置。

1. 静态路由的概念

静态路由是一种手动配置的路由方法，由网络管理员直接在路由器上设置具体的路由条目，定义数据包从源地址到目的地址的传输路径。静态路由广泛用于简单或小型的网络环境中。静态路由不需要路由器之间进行自动的路由信息交换，因此消耗的网络资源较少，但需要手动维护和更新。

2. 静态路由配置的关键参数

静态路由配置的几个关键参数有目的网络地址、子网掩码、下一跳地址出口接口。静态路由可以不指定下一跳地址，而是直接指定数据包应该从哪个接口发出。路由器可能有多个接口连接到不同的网络，指定出口接口可以简化静态路由配置。

3. 静态路由的应用场景

静态路由在大规模动态网络中不常见，但它在某些特定情况下非常有用。常见应用场景如下。

（1）简单的网络结构。对于小型网络或拓扑简单的环境，静态路由是理想的选择。在只有少数设备互联的企业网络中，静态路由能够轻松管理数据流量。

（2）特定路径控制。在某些场景下，管理员希望严格控制数据流经的路径，避免动态路由协议作出的自动调整。通过静态路由，管理员可以确定数据的确切传输路径。

（3）安全需求。动态路由协议需要设备之间不断交换路由信息，而这些通信可能会引入安全隐患。通过静态路由，管理员可以减少路由信息在网络中的传播，降低被窃听或篡改的风险。

（4）备份路由。静态路由有时被用于提供冗余。管理员可以手动配置一个静态路由作为备用路径，万一动态路由出现问题，流量可以通过静态路由传输。

4. 静态路由的优缺点

（1）静态路由的优点。路由的控制完全手动，能够精确控制数据流的传输路径，不会像动态路由协议那样消耗路由器的 CPU 和内存资源，也不需要在网络中定期交换路由更新。另外，静态路由的手动配置减少了路由更新信息在网络中的传播，从而降低了网络受到攻击的风险。攻击者很难通过侦听或干扰静态路由来掌握网络的拓扑结构。

（2）静态路由的缺点。静态路由需要手动配置和维护。随着网络的扩展，维护所有路由器上的静态路由表变得烦琐。一旦网络拓扑发生变化（例如添加新的子网或移除旧的子网），管理员需要手动更新所有相关的路由条目。静态路由并不适应复杂网络，对于动态性强或规模较大的网络，静态路由非常不灵活。在静态路由配置中，路由器不会自动检测和调整故障链路。当某条路径不可用时，数据包可能无法到达目的地，除非管理员手动调整路由条目。

3.1.3 动态路由协议配置

动态路由协议（Dynamic Routing Protocols）是网络设备用来自动发现、选择和维护路由路径的协议。动态路由协议能够实时根据网络拓扑变化（如链路故障、设备故障等）更新路由表，主要应用于较大规模的网络环境中，尤其是路由器数量较多、网络结构复杂、频繁发生变化的场景中。

1. 动态路由协议的分类

动态路由协议可以根据不同的特性进行分类，主要包括两大类：距离向量路由协议（Distance Vector Routing Protocols）和链路状态路由协议（Link State Routing Protocols）。此外，还有一些混合类型的协议结合了两种方法的优势。

1）距离向量路由协议

距离向量路由协议是一种基于“跳数”（Hop Count）或其他简单度量标准来确定最佳路由的协议。距离向量中包含了目标网络、通过该网络的代价（通常是跳数）以及下一跳路由器的地址。每个路由器根据接收到的路由信息，选择成本最低的路径来更新自己的路由表。

典型协议如下。

（1）RIP（Routing Information Protocol）。RIP 是一种经典的距离向量路由协议，使用跳数作为度量标准，最大跳数为 15，适用于小型网络。RIPv1 使用广播方式发送路由信息，RIPv2 改进为支持多播并能够携带子网信息。

（2）IGRP（Interior Gateway Routing Protocol）。IGRP 是 Cisco 开发的协议，支持多种度量标准（如延迟、带宽、负载等），用于克服 RIP 在大型网络中的限制。

2）链路状态路由协议

链路状态路由协议是一种基于网络拓扑的协议，每个路由器维护整个网络的拓扑视图，并根据该视图计算最短路径。

每个路由器会定期向整个网络中的所有其他路由器发送链路状态信息（LSA，Link State Advertisement）。这些信息包含该路由器的邻居路由器和链路成本。所有路由器接收到链路状态信息后，使用 Dijkstra 算法计算出到达每个网络的最短路径，并更新路由表。

典型协议如下。

（1）OSPF（Open Shortest Path First，开放式最短路径优先）。OSPF 是开放标准协议，广泛应用于企业网络中。它通过划分区域（Area）来优化路由计算，减少资源消耗。OSPF 支持多种路由度量标准，并能够快速收敛。

（2）IS-IS（Intermediate System to Intermediate System）。IS-IS 是与 OSPF 类似的链路状态协议，广泛用于运营商网络。它比 OSPF 更加灵活，因为它并不依赖于 IP，因此可以支持多种网络层协议。

3）混合路由协议（Hybrid Routing Protocols）

混合路由协议结合了距离向量协议和链路状态协议的优点，通过灵活的机制提高了网络性能和收敛速度。其典型协议是 EIGRP（Enhanced Interior Gateway Routing Protocol），EIGRP 是 Cisco 开发的专有协议，属于混合路由协议。它结合了距离向量和链路状态协议的特点，能够提供快速收敛、低开销和灵活的路由选择。EIGRP 使用多种度量标准（带宽、延迟、负载等）来计算路由，并支持 VLSM（可变长子网掩码）和多路径路由。

2. OSPF 路由协议基本原理

OSPF 适合大型复杂网络环境，能够快速适应网络拓扑的变化，提供高效且可靠的路由选择。

1）邻居发现与建立邻居关系

OSPF 使用 Hello 协议来发现并与其他路由器建立邻居关系。OSPF 路由器在连接的接口上定期发送 Hello 报文，Hello 报文包含接口状态、路由器 ID、区域 ID 等信息。如果路由器在特定时间内接收到相同 OSPF 区域的 Hello 报文，则它们将建立邻居关系。

2）链路状态信息交换

一旦邻居关系建立，邻居路由器将交换各自的链路状态信息（LSA，Link State Advertisements）。LSA 是 OSPF 路由器用来描述网络拓扑的基本单元。每个路由器会将接收到的 LSA 存储在链路状态数据库（LSDB，Link State Data Base）中，并将这些信息转发给其他邻居路由器，形成网络拓扑的全局视图。

3）使用 SPF 算法计算最短路径

每个 OSPF 路由器在收到所有链路状态信息后，使用 Dijkstra 的最短路径优先算法（SPF）来计算从自己到网络中每个目的地的最短路径。基于这个最短路径树，路由器更新自己的路由表。

4）路由表更新

当 OSPF 路由器计算出最短路径树后，依据路径将最优的路由信息插入到路由表中。此时，路由器能够通过路由表将数据包转发给相应的下一跳路由器。

5）路由器状态的更新与收敛

OSPF 路由器会定期发送 LSA，并监控链路状态的变化。当链路发生中断、增加或修改时，OSPF 路由器会通过更新 LSA，重新广播链路状态变化信息。其他路由器接收到更新的 LSA 后，将重新运行 SPF 算法，更新路由表，快速收敛。

3. OSPF 的区域化设计

OSPF 的区域化设计可以将大型网络划分为多个较小的区域，减少路由器计算负担和网络流量。

1）骨干区域（Area 0）

骨干区域是 OSPF 网络中的核心区域，负责转发和汇总所有非骨干区域的路由信息。骨干区域中的路由器称为骨干路由器（Backbone Router）。

2）普通区域（Regular Area）

普通区域是标准的 OSPF 区域，与骨干区域相连。每个区域有自己的链路状态数据库，路由器只需要维护自己所属区域的拓扑信息。区域边界路由器（ABR，Area Border Router）连接骨干区域和普通区域，负责汇总和转发路由信息。

3）汇总区域（Stub Area）

这种区域不允许外部路由信息进入。区域边界路由器仅向该区域注入默认路由，而不引入其他区域的详细路由信息，从而减小路由表的规模。

4）完全 NSSA 区域（Totally NSSA，Not-So-Stubby Area）

NSSA 允许外部路由进入该区域，区域边界路由器负责将 NSSA 区域中的外部路由转换为骨干区域的普通 LSA，从而实现有限的外部路由传递。

4. OSPF 的度量标准与路由计算

OSPF 使用成本（Cost）作为路由度量标准，通常根据链路的带宽计算成本。默认情况下，链路的成本为 100 Mbps/链路带宽，带宽越高，成本越低。OSPF 支持多种度量标准，包括带宽、延迟、负载等,管理员可以根据网络需求配置度量标准,灵活控制路由选择。

OSPF 使用最短路径优先(SPF)算法来选择到每个目的地的最短路径。它会考虑到每条链路的成本,并根据这些成本构建一棵最短路径树,确保数据包通过最优路径转发。

5. OSPF 协议的应用场景

在大型企业网络中,OSPF 被广泛用于路由器之间的通信。企业通常将不同的部门或站点划分为多个区域,每个区域内部使用 OSPF 来进行高效的路由选择,同时通过区域边界路由器将不同区域的路由信息汇总到骨干区域。

服务提供商的核心网络通常依赖 OSPF 来确保快速收敛和高可用性。在这种环境中,网络管理员可以使用 OSPF 的区域划分功能,合理规划网络拓扑,提升网络的扩展能力,并通过链路状态协议进行精确的路由计算。

3.1.4 无线局域网配置

无线局域网(WLAN, Wireless Local Area Network)是利用无线通信技术实现设备互联的局域网类型。

1. 无线局域网的组成

1)无线接入点(AP,Access Point)

无线接入点是 WLAN 中的核心设备,负责在有线网络和无线设备之间搭建桥梁。它接收来自路由器的有线信号并通过无线电波将信号发送给附近的无线设备。AP 既可以是独立的设备,也可以内置在家庭路由器中。

2)无线客户端(STA,Station)

无线客户端是指通过无线网络接入 WLAN 的设备,包括笔记本电脑、智能手机、平板电脑和物联网设备等。这些设备通过无线网卡接收和发送无线信号。

3)无线控制器(AC,Access Point Controller)

在一些企业级网络中,无线控制器用于集中管理多个无线接入点,协调它们的配置和操作,确保网络的可靠性和性能。

4)无线网卡(WNIC,Wireless Network Interface Controller)

无线网卡是计算机或其他设备用于接收和发送无线信号的硬件设备。现代设备通常内置了无线网卡,支持连接到 WLAN。

2. 无线局域网标准

无线局域网主要基于 IEEE 802.11 系列标准进行通信。以下是几种常见的无线网络标准。

(1)802.11b/g/n。这些标准工作在 2.4 GHz 频段,传输速率从 11 Mbps(802.11b)到 600 Mbps(802.11n)。其中 802.11 g 和 802.11n 支持向后兼容性,能够与旧标准设备一起使用。

(2)802.11a/ac/ax。这些标准工作在 5 GHz 频段,提供更快的传输速率和更好的抗干扰性。802.11ac 的传输速率可达 1 Gbps,而 802.11ax(Wi-Fi 6)进一步提升了速率、容量和能效。

(3)802.11ad/ay。这两个标准工作在 60 GHz 频段,传输速率极高,适合短距离内的大数据量传输，如 4K 视频流。

3. 无线局域网的工作原理

WLAN 通过无线接入点（AP）将设备连接到有线局域网或互联网。其工作流程如下。

（1）信号广播。AP 会持续广播服务集标识符（SSID），这是 WLAN 的名称，帮助无线客户端识别和连接到正确的网络。

（2）连接认证与加密。无线设备发现并选择合适的 SSID 后，用户需要进行身份验证，常见的认证方法有 WPA2 或 WPA3 加密协议。成功认证后，AP 为设备分配 IP 地址并允许其访问网络资源。

（3）无线通信。一旦连接建立，设备便通过无线电波与 AP 进行通信。AP 负责将无线信号转换为有线信号，并将数据转发到目的地或从网络传回设备。

4. 无线局域网的类型

根据网络规模和使用场景，无线局域网可以分为以下几种类型。

1）基础结构模式（Infrastructure Mode）

这是最常见的 WLAN 模式，所有无线设备通过无线接入点连接到局域网。AP 充当网络的中心设备，负责转发数据、管理设备并确保连接的稳定性。通常，企业网络和家庭网络都采用这种模式。

2）临时模式（Ad-hoc Mode）

在 Ad-hoc 模式下，无线设备之间可以直接通信，无须 AP 作为中介。它适用于临时建立的小型无线网络，如笔记本之间的文件共享。但由于缺乏集中管理，通常用于小规模场景。

3）分布式模式（Mesh Mode）

Mesh 模式是一种多跳的无线网络架构，允许多个 AP 相互连接并共同组成一个覆盖广泛的无线网络。用于需要广泛覆盖的场景，如大型企业园区或户外环境。

5. 无线局域网的安全性

由于无线网络通过空气传播数据，面临着许多安全挑战。以下是一些常见的 WLAN 安全威胁和防护措施。

1）安全威胁

①窃听：攻击者可以通过无线信号截获数据包，从而获取敏感信息。

②未授权访问：如果 WLAN 不设置足够的安全措施，未授权用户可以轻松接入网络，甚至发起攻击。

③中间人攻击：攻击者在无线链路中充当中介，拦截、修改或伪造通信内容。

④拒绝服务攻击（DoS）：通过干扰无线信号或占用无线网络资源，攻击者可以使无线网络无法正常工作。

2）安全防护措施

① WPA2/WPA3 加密：使用 WPA2 或更高级的 WPA3 加密协议，确保无线通信的机密性。WPA3 相对于 WPA2 提供了更强的安全性，特别是在防御字典攻击和提供个性化数据加密方面。

②隐藏 SSID：将 SSID 隐藏，使得普通设备无法轻易发现无线网络。

③ MAC 地址过滤：通过配置 AP，只允许特定的设备（基于 MAC 地址）接入网络，从而

防止未经授权的设备接入。

④网络隔离：将访客网络与内网隔离，防止外部设备访问企业内部敏感资源。

⑤定期更新固件：确保 AP 和路由器固件定期更新，以防范已知的安全漏洞。

3.1.5　网络设备基础安全

对于路由器的安全配置，最重要的一步是立即更改默认管理密码，防止未经授权的访问；启用路由器数据包过滤功能，并设置适当的安全规则（ACL），可以有效过滤不必要的流量；关闭不必要的服务，如 Telnet 或 UPnP，进一步减少潜在攻击面；启用网络地址转换（NAT）功能，可以隐藏内部 IP 地址，增强网络的隐私和安全性；使用更加安全的 SSH 替代 Telnet 协议进行远程管理，同时使用本地 AAA 认证用户的登录。

1. ACL 访问控制列表

通过 ACL 可以实现对网络中报文流的精确识别和控制，达到控制网络访问行为、防止网络攻击和提高网络带宽利用率的目的，从而切实保障网络环境的安全性和网络服务质量的可靠性。

1）ACL 的组成

ACL 是由 permit 或 deny 语句组成的一系列有顺序的规则的集合；它通过匹配报文的相关字段实现对报文的分类。ACL 是能够匹配一个 IP 数据包中的源 IP 地址、目的 IP 地址、协议类型、源目的端口等元素的基础性工具；ACL 还能够用于匹配路由条目。示例如下：

```
[xxx] rule 5 deny ip source 172.16.0.1 0 destination 192.168.0.0 0.0.1.255
```

①"ROU-acl-adv-3000"中的"3000"是 ACL 的编号，用来标识 ACL。

②"rule"后续的配置为 ACL 的规则，一个 ACL 通常由若干条"permit/deny"语句组成，每条语句就是该 ACL 的一条规则。每条规则都有一个相应的编号，规则的编号范围是 0~4294967294。

③"permit"或"deny"就是与这条规则相对应的处理动作。"permit"指"允许"，"deny"指"拒绝"，不同的应用场景，处理动作的含义也有所不同。

ACL 定义了极其丰富的匹配项。示例中体现的是源地址和目的地址，ACL 还支持很多其他规则匹配项。包括二层以太网帧头信息（如源 MAC、目的 MAC、以太帧协议类型）以及四层报文信息（如 TCP/UDP 端口号）等。

2）ACL 的分类

ACL 的分类分为基本 ACL、高级 ACL、二层 ACL、用户自定义 ACL 及用户 ACL，使用 ACL 的编号来标识不同的 ACL。具体情况可参考相关资料。

用户在创建 ACL 时可以为其指定编号，不同的编号对应不同类型的 ACL。同时，为了便于记忆和识别，用户还可以创建命名型 ACL，即在创建 ACL 时为其设置名称。

3）ACL 的匹配机制

配置 ACL 的设备接收报文后，会将该报文与 ACL 中的规则逐条进行匹配，如果不能匹配上，就会继续尝试去匹配下一条规则。一旦匹配上，则设备会对该报文执行这条规则中定义的处理动作，并且不再继续尝试与后续规则匹配。

2. 网络地址转换

NAT（Network Address Translation，网络地址转换）主要用于在局域网（LAN）和外部网络（通常是互联网）之间转换 IP 地址，以解决 IP 地址不足的问题，并提高网络的安全性。NAT 最常见的应用场景是家庭和公司网络中，多个设备通过一个公网 IP 地址访问互联网。

NAT 的原理是在局域网内使用私有 IP 地址范围（如 192.168.×.×，10.×.×.×，172.16.×.×-172.31.×.×），这些地址在互联网上不可路由。NAT 设备（通常是路由器）将内部私有 IP 地址转换为公网 IP 地址，使多个内部设备通过一个公网 IP 地址访问外部网络。

NAT 技术的分类

静态 NAT（Static NAT）。将一个私有 IP 地址映射到一个公网 IP 地址。通常用于服务器或需要公网访问的设备，确保它们始终使用相同的公网 IP 地址。

动态 NAT（Dynamic NAT）。使用一个公网 IP 地址池，将私有 IP 地址动态映射到池中的公网 IP 地址。每个内部设备在访问外部网络时，随机选择一个可用的公网 IP 地址。

网络地址端口转换（NAPT）。允许多个私有 IP 地址共享同一个公网 IP 地址。家庭或小型企业路由器中，通常仅有一个公网 IP，所有内部设备都通过此 IP 访问外部网络。NAPT 是最常用的 NAT 方式。

3.2 操作系统安全配置

操作系统的安全配置与防护是保障计算机系统稳定运行和防止数据泄露的重要环节。操作系统的安全配置与防护是一个多层次的综合过程，需要从用户管理、文件管理、磁盘与文件系统管理、网络管理和防火墙管理等多个方面入手。通过综合运用各种安全工具和策略，系统管理员可以有效提升系统的抗风险能力，确保系统的长期安全与稳定。

3.2.1 Linux 系统用户安全配置

1. 用户与用户组

在 Linux 操作系统中，用户和用户组管理是确保系统安全和资源分配的核心机制。用户代表系统中的实际操作人员或程序，用户组则是将多个用户集合在一起，用于统一管理权限和资源。用户管理是通过唯一的用户标识符（UID）来进行的，每个用户在系统中都有其唯一的标识符，而用户组管理是通过组标识符（GID）来进行的。理解这些概念对进行系统配置、维护和安全管理至关重要。

1）用户的分类

在 Linux 系统中，用户分为三类：超级用户（root）、普通用户和系统用户。三类用户的权限见表 3-2。

表 3-2　Linux 系统的用户类型

用户类型	UID(默认)	描　述
超级用户	0	超级用户又称 root 用户、系统管理员或根用户。root 是系统默认的超级用户,不需要新建,它拥有系统的最高权限,只有进行系统维护或其他必要情况下才会使用,以避免系统出现安全问题
系统用户	1~999	系统用户是 Linux 操作系统正常工作所必需的内建的用户,它不能用来登录,主要是为了方便系统管理,满足相应的系统进程对文件属主的需求而建立的
普通用户	1000~60000	普通用户是 Linux 操作系统安装成功后由超级用户创建的,用于用户的日常工作,通常大多数用户都属于普通用户

2)用户信息的保存

用户账号信息存储在“passwd”文件(用户账号文件)和“shadow”文件(用户影子文件)中,这两个文件的位置分别为“/etc/passwd”和“/etc/shadow”。

“passwd”是系统识别用户的文件,保存着用户账号基本信息, Linux 操作系统所有的用户都记录在该文件中。“passwd”文件中的每一行都表示一个用户的信息,且每个用户的信息都用“:”分隔为 7 个字段,各个字段的含义见表 3-3。

表 3-3　passwd 文件中各字段的含义

序　号	字　段	含　义
1	username	用户登录时使用的用户名,必须是唯一的。用户名通常由字母、数字、下画线等组成,且区分大小写
2	password	用户的密码,出于安全考虑,通常在“passwd”文件中使用“x”来填充该字段,而将真正的密码以 MD5 加密方式保存在“shadow”文件的相应字段中
3	UID	用户 ID, Linux 操作系统内部使用 UID 来标识用户,而不是用户名本身。UID 通常和用户名一一对应,如果多个用户名对应同一个 UID,那么系统内部将它们视为同一个用户
4	GID	组 ID,记录用户所属的组,是一个数值, Linux 操作系统内部使用 GID 来区分不同的组,相同的组具有相同的 GID
5	comment	备注信息,该字段为可选项,通常记录用户的真实姓名、电话地址和邮编等个人信息
6	home directory	用户主目录,用户登录成功后所进入的默认目录。在 Linux 操作系统中, root 用户的主目录是“/root”,而普通用户的主目录一般放在“/home”目录下与自身用户名同名的目录中
7	shell	命令解释器,用户登录 Linux 操作系统后自动进入的 shell 环境

由于所有用户都可以读取“passwd”文件,所以将密码直接保存在该文件中是非常不安全的,很可能被别有用心之人获取并破译,于是许多 Linux 发行版引入了“shadow”文件。“shadow”文件用于存储加密后的用户密码,且只有 root 用户才可以读取该文件,这样大大提高了系统的安全性。

“shadow”文件保存着用户的用户名、被加密的密码、修改密码的时间和用户的有效期限等信息。文件每一行的用户信息都用“:”分隔为 9 个字段,各个字段的含义见表 3-4。

表 3-4 shadow 文件中各字段的含义

序 号	字 段	含 义
1	username	用户登录时使用的用户名
2	encypted password	采用 MD5 加密方式加密后的用户密码
3	number of days	从 1970 年 1 月 1 日开始到最近一次修改密码的间隔天数
4	minimum password life	用户至少经过多少天才能再次修改密码
5	maximum password life	用户至多经过多少天后必须修改密码
6	warning period	在用户密码到期前，提醒用户密码到期的天数，默认为 7 天
7	disable account	密码到期多少天后，永久禁用该用户账号
8	account expiration	从 1970 年 1 月 1 日开始到用户账号到期的间隔天数
9	reserved	保留字段

在“shadow”文件中，密码字段为“*”表示禁止用户登录；为“!!”表示未设置密码；为“!”表示用户被锁定。

3）用户组的作用

用户组的作用是简化权限管理。通过将用户分配到一个或多个组，可以对组内用户统一分配文件或资源的访问权限。

2. 用户管理

常用的用户管理命令包括添加用户账号（useradd）、管理用户密码（passwd）、修改用户账号（usermod）和删除用户账号（userdel）等。

1）创建用户

管理员通过 useradd 命令创建新用户。创建用户时，系统会为该用户分配一个唯一的 UID，并为其生成一个与用户同名的默认用户组（如果不指定其他用户组）。此外，系统还会为新用户生成一个主目录，通常位于/home/username 路径下。以下是一个典型的创建用户的命令：

```
[root@localhost ~]#sudo useradd -m username
```

该命令将创建一个名为 username 的用户，并在/home/目录下为其创建一个主目录。创建用户之后，管理员需要为其设置密码：

```
[root@localhost~]#sudo passwd username
```

命令 passwd 中常用选项的含义见表 3-5。

表 3-5 passwd 中常用选项的含义

选项	含 义
-d	删除用户密码，将其设置为空，使之无须密码即可登录
-l	锁定用户账号，可暂时禁止该用户登录系统
-u	解锁用户账号，该用户可正常登录系统
-S	查询用户账号的状态（是否锁定）

root 用户可以修改任意用户的密码，且无须知道原来的密码。而普通用户只能修改自己的密码，且系统会先询问原密码，只有通过验证才可以修改。

2）用户配置的自定义选项

管理员在创建用户时，可以通过多种参数自定义用户的配置。"useradd"命令中常用选项的含义见表 3-6。

表 3-6　useradd 命令中常用选项的含义

选　项	含　义
-d	指定用户的主目录，默认为"/home/用户名"
-e	指定用户账号的失效时间
-g	指定用户所属的基本组或 GID
-G	指定用户所属的附加组，各组之间用逗号分隔
-s	指定用户的登录 shell，默认为"/bin/bash"
-u	指定用户的 UID，且必须唯一

使用"-g"选项指定用户所属的基本组或 GID 时，该基本组必须已经存在。可以指定用户的默认 shell、主目录位置以及用户账户的过期时间，例如：

[root@localhost~]#sudo useradd -m -d /custom/home/dir -s /bin/bash -e 2024-12-31 username

3）用户账户管理

在创建用户之后，管理员可以使用 usermod 命令对其进行修改。例如，更改用户的主目录：

[root@localhost ~]#sudo usermod -d /new/home/dir username

例如，更改用户的登录 shell：

[root@localhost~]#sudo usermod -s /bin/zsh username

命令 usermod 中可使用的选项及其含义与 useradd 命令基本相同，如-u、-d、-e、-g、-G 和-s。命令 usermod 中其他常用选项的含义见表 3-7。

表 3-7　useradd 命令中其他常用选项的含义

选　项	含　义
-l 新用户名	更改用户名，该账号的主目录、UID 及 GID 保持不变
-L	锁定用户账号，可暂时禁止该用户登录系统
-U	解锁用户账号，该用户可正常登录系统

命令"usermod"有两个选项"-L"和"-U"，分别用于锁定和解锁用户账号，这两个选项与 passwd 命令的"-l"和"-u"作用相同，大小写存在区别。

4）删除用户

管理员可以使用"userdel"命令删除用户。为了确保删除用户时不会留下未使用的文件和目录，通常会选择在删除用户的同时删除其主目录：

[root@localhost ~]#sudo userdel -r username

此命令不仅删除用户账号，还删除与该用户相关的主目录和文件。只有 root 用户才能使用 useradd、usermod 和 userdel 命令。

3. 用户组管理

用户组是具有某种相同特征属性的用户的集合，如相同的读取、写入或执行权限等。每个用户组都有一个账号，称为组账号，每个组账号也都拥有一个唯一标识，称为组 ID（group identification，GID）。root 用户的 GID 为 0。

组账号信息分别存储在“group”文件（组账号文件）和“gshadow”文件（组影子文件）中，这两个文件的位置分别为“/etc/group”和“/etc/gshadow”。“group”文件保存着用户名、用户组名等基本信息。可以使用文本编辑器 Vim 打开“group”文件。“group”文件中的每一行都表示一个用户组的信息，且每个用户组的信息都用“:”分隔为 4 个字段，各字段由左到右依次为：

groupname:password:GID:user_list

其中，“groupname”为用户组名，“password”为用户组的密码，“GID”为组 ID，“user_list”为用户组成员列表。

“gshadow”文件保存着加密的用户组密码和用户组管理员等信息。使用文本编辑器 Vim 打开“gshadow”文件。“gshadow”文件中每一行的用户组信息都用“:”分隔为 4 个字段，各字段由左到右依次为：

groupname:encypted password:admin:user_list

其中，“groupname”为用户组名，“encypted password”为加密后的用户组密码，“admin”为用户组管理员，“user_list”为用户组成员列表。“group”文件的内容任何用户都可以读取，“gshadow”文件的内容只有 root 用户可以读取。

1）用户组的创建与管理

系统通过“groupadd”命令创建新组，并使用“groupmod”和“groupdel”命令进行组的修改和删除。创建一个新的用户组时，系统会为其分配一个唯一的 GID。以下是创建一个新用户组的命令：

[root@localhost ~]#sudo groupadd developers

使用“groupadd”命令添加用户组时，如果不指定 GID，则由系统自动分配。一旦组创建完成，可以将现有用户添加到该组中，使用以下命令：

[root@localhost ~]#sudo usermod -aG developers username

“-aG”选项表示将用户“username”添加到“developers”组，而不会从用户现有的组中移除。

2）初始组与附加组

每个用户在创建时，都会被分配到一个主组，该主组用于标识用户创建文件时的所属组。除了主组之外，用户还可以被添加到多个附加组中，这使得用户可以同时访问多个组的资源。管理员可以通过以下命令查看某个用户所属的所有组。

[root@localhost ~]#groups username

3)修改用户组属性

修改用户组属性使用 groupmod 命令,其操作如下。

[root@localhost~]#groupmod -n group -g 2002 group01

上述操作将用户组 group01 的名称修改为 group,同时将其 GID 修改为 2002。groupmod 命令中常用选项的含义见表 3-8。

4)删除用户组

在不再需要某个用户组时,管理员可以使用“groupdel”命令删除该组:

[root@localhost~]#sudo groupdel developers

需要注意的是,删除用户组不会影响组内用户的存在,但这些用户将失去与该组相关的访问权限。

5)添加/删除组成员

添加/删除组成员使用“gpasswd”命令,其格式如下:

[root@localhost ~]#sudo gpasswd developers

gpasswd 命令中常用选项的含义见表 3-9。

表 3-8　groupmod 命令中常用选项的含义

选　项	含　义
-n 新用户组名	修改用户组名,GID 不变
-g 新 GID	修改 GID

表 3-9　gpasswd 命令中常用选项的含义

选　项	含　义
-a	为用户组添加组成员
-d	从用户组中移除组成员

4. 文件权限与访问控制

Linux 文件系统使用了一种简单却功能强大的权限系统,每个文件或目录都有 3 个不同的权限级别:所有者(user)、所属组(group)和其他人(other)。每个级别可以设置 3 种权限:读(r)、写(w)和执行(x)。

使用“ls -l”命令可以查看文件或目录的详细权限信息。例如:执行该命令列出的文件权限为“-rwxr-xr—”,表示该文件的所有者拥有读、写、执行权限,所属组拥有读和执行权限,而其他用户只有读权限。

管理员可以通过“chmod”命令修改文件或目录的权限。例如,赋予文件所有者读写权限,所属组只读权限,其他用户无权限的命令如下:

[root@localhost ~]#chmod 640 filename

此外,管理员还可以使用符号模式修改权限:

[root@localhost ~]#chmod u=rwx,g=rx,o= filename

1）ACL（访问控制列表）

在某些场景下，Linux 基本的权限管理机制可能不够细致。此时，管理员可以使用 ACL（访问控制列表）为文件或目录指定更加灵活的权限。使用“setfacl”命令可以为特定用户或组设置文件权限。例如，为用户“john”赋予某个文件的读写权限：

```
[root@localhost~]#setfacl -m u:john:rw filename
```

2）特殊权限

除了基本权限之外，Linux 系统还支持一些特殊权限位，示例如下。

SetUID：当应用于可执行文件时，SetUID 允许该文件以文件所有者的权限运行，而不论执行它的用户是谁。

SetGID：应用于目录时，SetGID 确保目录中新创建的文件继承其父目录的组权限，而不是创建它的用户的主组。

Sticky 位：应用于目录时，Sticky 位限制只有文件的所有者或 root 用户可以删除该目录中的文件。常见的 Sticky 位目录是“/tmp”目录。

这些特殊权限提高了系统管理的灵活性，但也引入了潜在的安全风险，因此需要谨慎配置。

5. Sudo 和权限提升

直接使用 root 账户进行系统管理既不安全，也不推荐。为此，Linux 引入了“sudo”命令，使普通用户可以在不直接登录 root 账户的情况下，临时以超级用户权限执行命令。

1）Sudoers 文件

“sudo”的行为由“/etc/sudoers”文件控制。管理员可以通过“visudo”命令安全地编辑该文件，确保配置正确。例如，以下配置允许用户“john”使用“sudo”执行所有命令：

```
john ALL=(ALL:ALL) ALL
```

也可以为用户 john 限制只执行某些命令，例如只允许 john 使用 apt-get：

```
john ALL=(ALL) /usr/bin/apt-get
```

2）安全使用 sudo

为了避免权限滥用，仅授予最小权限，即只让用户能够执行他们所需的命令。定期检查“sudoers”文件，移除不再需要的用户或权限。使用 sudo 日志功能，跟踪用户的 sudo 使用情况，以便审计。

6. 系统安全与用户管理的关系

用户和用户组管理与系统的整体安全密切相关。未受控的用户账户、错误的权限配置可能导致数据泄露或系统入侵。通过以下策略可以提升系统安全。

1）不活跃账户的管理

长时间未登录的账户可能成为潜在的安全隐患。管理员可以通过自动锁定不活跃账户来减少风险。例如，使用“usermod”命令可以设定账户的过期时间：

```
[root@localhost ~]#usermod -e 2024-12-31 username
```

2）用户行为审计

Linux 系统提供了日志功能，记录系统中所有用户行为。管理员可以通过“/var/log/auth.log”（或其他日志文件）监控用户登录和命令执行情况。结合审计工具（如“auditd”），管理员可以更细致地追踪系统中的活动。

3)Linux 认证管理(PAM)

Linux 系统通过 PAM(可插拔认证模块)实现灵活的认证管理。PAM 允许系统管理员配置不同的认证机制，如密码、指纹甚至是双因素认证。PAM 模块配置文件位于“/etc/pam.d/”目录下，系统中的每个服务(如“login”“sshd”等)都对应一个 PAM 配置文件。以下是一个典型的 PAM 配置示例，用于配置密码复杂度，此配置要求用户的密码至少包含 8 个字符，并且在三次失败后停止尝试：

```
[root@localhost ~]#password requisite pam_pwquality.so retry=3 minlen=8
```

除了密码认证之外，PAM 还支持多种认证方式，包括生物识别、智能卡、基于时间的认证(如限制特定时间段登录)等。管理员可以根据实际需求配置合适的 PAM 策略，以提高系统的认证安全性。

4)LDAP 与集中式用户管理

在大型企业或网络环境中，集中式用户管理是必要的。LDAP(轻量级目录访问协议)是一种常见的集中式认证解决方案，它允许多个 Linux 系统共享一个集中式的用户数据库，从而简化了用户管理。

LDAP 是一种分层的目录服务协议，支持存储和检索用户信息(如用户名、密码、组信息等)。通过配置 Linux 系统使用 LDAP 作为认证源，可以实现跨多个系统的集中管理。LDAP 结合 Kerberos 协议，还可以实现单点登录(SSO)功能，进一步简化用户的认证流程。

在 Linux 系统中配置 LDAP 客户端需要安装相应的软件包(如“libnss-ldap”和“libpam-ldap”)，并配置“/etc/ldap.conf”和“/etc/nsswitch.conf”文件，使系统通过 LDAP 进行用户认证。

5)自动化用户管理

在大规模服务器部署中，手动管理用户和用户组不仅耗时，还容易出现错误。因此，自动化用户管理是一种高效的方式。通过 Shell 脚本，管理员可以轻松地批量创建用户、设置密码、配置组等。例如，以下创建了“user1”到“user10”10 个用户，并为每个用户设置了密码。

```
#!/bin/bash
for i in {1..10}
do
sudo useradd -m user$i
echo "user$i:password" | sudo chpasswd
done
```

6)特殊用户与用户组管理场景

随着云计算、容器化和虚拟化技术的发展，Linux 用户和用户组管理面临新的挑战。不同环境下的用户管理策略可能有所不同。

在 Docker 或 Kubernetes 等容器化环境中，每个容器通常运行在一个隔离的用户空间内。为了确保容器的安全性，推荐使用非 root 用户运行容器。Docker 允许在构建镜像时指定用户，通过配置“dockerfile”在构建镜像时指定用户：

```
FROM ubuntu:latest
RUN useradd -m appuser
```

USER appuser

通过此方式，容器内的进程将以“appuser”的身份运行，而不是默认的 root 用户，从而降低了潜在的安全风险。

在虚拟化环境（如 KVM、Xen 或 VMware）中，用户和用户组的管理策略可以根据虚拟机的角色和用途进行调整。

在云服务提供商的多租户环境中，用户隔离是至关重要的。Linux 的用户和用户组管理功能可以与云服务商的 API 结合，自动化管理用户的权限。例如，使用 OpenStack 的 Keystone 模块，管理员可以为每个租户配置不同的用户和组策略，确保租户之间的资源隔离和权限管理。

Linux 系统的用户和用户组管理不仅仅是系统安全和权限控制的基础工具，它们还在云计算、容器化、虚拟化等现代计算环境中发挥着关键作用。通过合理地管理用户、用户组及文件权限，管理员能够确保系统资源的安全性、灵活性和高效性。

3.2.2 Linux 系统文件安全配置

本小节详细介绍了 Linux 系统中的文件系统结构、基础的文件管理命令、权限控制和高级操作，帮助你全面掌握 Linux 的文件管理。

1. 文件与目录

在 Linux 操作系统中，无论是普通文件或目录，还是磁盘、键盘、打印机等设备，都统称为文件。在 Linux 系统中，工作目录是用户当前所在的目录，它是可以随时改变的。用户主目录是用户登录成功后进入的默认目录，一般在“/home/用户名”目录下。每个用户都有自己的主目录，不同用户的主目录一般互不相同。Linux 操作系统有一些特殊目录，见表 3-10。

表 3-10 Linux 系统中的几个特殊目录

特殊目录	含 义
.	工作目录
..	工作目录的上一级目录，也就是父目录
~	用户主目录

2. 文件系统结构概述

Linux 系统的文件系统结构是一种分层树状结构，所有的文件和目录都从根目录“/”开始。与 Windows 系统不同的是，Linux 中没有所谓的“盘符”（如 C 盘、D 盘），而是通过统一的文件系统树来组织所有的文件和资源，包括硬盘、分区、外部设备等。这种结构设计让 Linux 更加适合多用户和服务器场景，并且文件系统的组织逻辑清晰，方便维护和管理。

Linux 文件系统目录如图 3-2 所示。

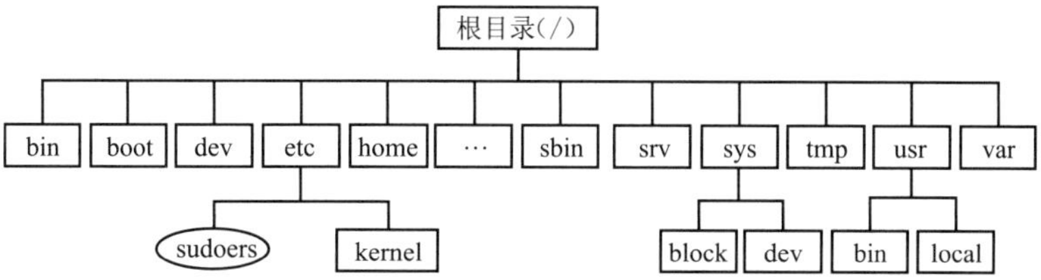

图 3-2　Linux 文件系统的目录结构

根目录“/”,文件系统的顶级目录。

①“/bin”,包含基本的系统二进制文件和用户命令。通常包括诸如“ls”“cp”“mv”“echo”等核心命令。

②“/etc”,系统的配置文件目录。Linux 中的几乎所有系统配置文件都位于此目录中。

③“/home”,用户主目录的存放位置。

④“/usr”,存放用户安装的软件和库文件。该目录下包含多个子目录,其中子目录“/usr/bin”存储一般用户可执行的程序。子目录“/usr/lib”存储共享库文件,这些库文件通常是操作系统软件依赖的文件。子目录“/usr/share”存储共享文件。

⑤“/var”,存放系统日志文件、动态数据和临时文件。

⑥“/tmp”,临时文件的存放目录。任何用户或应用程序均可在“/tmp”目录中创建文件,但系统会自动清理此目录,防止临时文件过多而占用磁盘空间。

目录结构的设计优势

Linux 的目录结构设计强调分类清晰、分工明确。系统文件集中存储在“/etc”“/bin”“/usr”等目录下,用户文件集中在“/home”,这样有效避免用户误操作导致系统崩溃。Linux 系统中的文件管理主要通过命令行实现。

3. 目录管理的基础命令

常用的目录操作命令包括创建目录(mkdir)、删除空目录(rmdir)、切换工作目录(cd)和列出目录内容(ls)等。

1)创建目录

创建目录使用“mkdir”命令,在“package”目录下创建子目录“mysql”。如果“package”目录不存在,则同时创建该目录。

```
[root@localhost~]#mkdir -p package/mysql
```

“-p”选项表示创建嵌套的多级目录树。如果不加“-p”选项,则只能在已经存在的目录下创建子目录。

2)删除空目录

删除空目录使用 rmdir 命令,“-p”选项表示递归删除空目录。如果子目录删除后其父目录为空,则同时删除父目录。

```
[root@localhost~]#rmdir -p package/mysql
```

使用 rmdir 命令删除某目录时,必须具有对父目录的写权限。

3)切换工作目录

切换工作目录使用 cd 命令,见表 3-11。

表 3-11 Linux 系统中的 cd 命令

命　令	说　明
cd	切换到用户主目录
cd ..	切换到当前目录的上级目录
cd ../..	切换到当前目录的上两级目录
cd /	切换到根目录(/)

4)列出目录内容

“ls”命令是最常用的列出目录内容命令,配合不同的选项可以显示文件的详细信息,见表 3-12。

表 3-12 ls 命令中的选项

选　项	含　义
-a	显示所有文件,包括以“.”开头的隐藏文件
-l	以长格式显示文件的属性、大小等详细信息
-d	仅显示目录本身的详细信息
-A	显示除“.”和“..”之外的所有文件
-R	以递归方式显示目录及其子目录的内容
-S	以文件大小降序排序显示文件
-t	以文件最近一次的修改时间排序显示文件

4. 文件管理的基础命令

1)创建空文件

创建空文件使用 touch 命令,“-d”选项表示设置文件的读取时间和修改时间。如果不加“-d”选项,表示创建一个空文件。例如,在当前目录下创建名为“user_chen”和“user_wang”的文件。

```
[root@localhost ~]#touch {user_chen,user_wang}
```

在“book”目录下创建名为“poetry”的文件,然后将文件的读取时间和修改时间设置为“2024 年 10 月 10 日”。

```
[root@localhost ~]#touch book/poetry
[root@localhost ~]#touch -d 2024-10-10 book/poetry
```

2)查看文件类型命令

查看文件类型使用“file”命令,如查看名为“initial-setup-ks.cfg”的文件类型。

```
[root@localhost ~]# file initial-setup-ks.cfg
```

3)复制文件或目录

复制文件或目录使用 cp 命令,cp 命令中常用选项的含义见表 3-13。

表 3-13　cp 命令中的选项

选　项	含　义
-r	递归复制整个目录树
-f	若目标文件已经存在，则强制覆盖
-i	若目标文件已经存在，则询问用户是否覆盖
-p	文件的属性也一起复制
-d	若源文件为链接文件，则复制该链接文件属性

在“book”目录下创建名为“literature”的目录，然后将“book”目录下的文件“poetry”复制到“book/literature”目录下。

[root@localhost ~]# mkdir book/literature

[root@localhost ~]# cp book/poetry book/literature

需要注意的是如果要复制的目录下有其他子目录，一定要添加“-r”选项。

4）删除文件或目录

删除文件或目录使用 rm 命令，rm 命令中常用选项的含义见表 3-14。

表 3-14　rm 命令中的选项

选　项	含　义
-r	递归删除整个目录树
-f	不询问用户，强制删除文件或目录
-i	删除文件或目录时询问用户是否删除

“rm”命令未指定选项时，默认相当于“-i”选项。若删除目录，必须使用“-r”选项。使用“rm -rf 目录名”命令可代替“rmdir -p 目录名”命令，此时，无论目录是否为空，都会在不经任何提示的情况下直接删除整个目录树。

5）移动文件或目录

移动文件或目录使用“mv”命令，命令中常用选项的含义见表 3-15。

表 3-15　mv 命令中的选项

选　项	含　义
-f	不询问用户，强制移动文件或目录
-i	若目标文件或目录已经存在，则询问用户是否覆盖

例如将“book”目录及其所有子目录和文件移动到根目录下。

[root@localhost ~]# mv book /

使用“mv”命令后会默认删除源文件，只保留移动后的文件。如果在同一个目录中对文件使用“mv”命令，则表示对该文件重命名。例如，“mv user_wang wang”表示将文件“user_wang”重命名为“wang”。

6)查找文件或目录

查找文件或目录使用“find”命令,命令中常用查找条件的含义见表3-16。

表3-16 find命令中的查找条件

查找条件	含 义
-name	查找指定名称的文件
-size	查找指定大小的文件
-user	查找属于指定用户的文件
-group	查找属于指定用户组的文件
-type	查找指定类型的文件

例如查找“/book”目录下所有以“p”开头的文件。

```
[root@localhost ~]# find /book -name 'p*'
```

使用“find”命令时,如果未添加查找范围,将使用当前目录作为查找范围。

7)为文件创建链接

链接分为软链接和硬链接。软链接文件其实是指向原始文件所在的路径。创建硬链接文件后,两个文件名指向硬盘上的同一块存储空间,对两个文件中的任何一个文件的内容进行修改都会影响另一个文件。不能对目录创建硬链接。

为文件创建链接使用ln命令,“-s”选项表示创建软链接(又称符号链接)文件。如果不加“-s”选项,则创建硬链接文件。

```
[root@localhost~]# ln -s /book/poetry poetry01
```

创建完成后,查看文件“poetry”和“poetry01”的详细信息,可以看出,“poetry01”文件为链接文件,其指向“/book/poetry”文件。

8)文件压缩与解压缩

对文件进行压缩/解压缩可以使用gzip命令。例如在“/book/literature”目录下创建文件“demo”,然后压缩该目录下的所有文件。

```
[root@localhost ~]# touch /book/literature/demo
[root@localhost ~]# cd /book/literature
[root@localhost literature]# gzip *
```

9)文件的打包与解包

将多个文件打包为一个文件使用tar命令。例如将“/book/literature”目录通过gzip命令进行打包压缩,并备份到文件“book.tar.gzip”。

```
[root@localhost~]# cd /
[root@localhost /]# tar -czvf book.tar.gzip book/literature
book/literature/
book/literature/demo
book/literature/poetry
```

在实际的备份工作中,通常在打包文件的同时也会将打包文件进行压缩,以便节省磁盘空间。

5. 文件权限管理

1）文件类型

Linux 操作系统中主要有 5 种文件类型，它们采用了不同的字符加以区分。

普通文件（-）、目录文件（d）、链接文件（l）、设备文件[是用于与 I/O 设备提供连接的一种文件，可分为字符设备文件（c）和块设备文件（b），分别对应于字符设备和块设备]、管道文件（p）。

2）文件的访问权限

Linux 操作系统中，每个文件都具有可读（r）、可写（w）和可执行（x）的权限。文件访问权限的表示方法有两种，一种是字符表示法，另一种是数字表示法。字符表示法将 Linux 操作系统中文件的访问权限均用分为 3 组的 9 个字符表示。使用“ls -l”或“ll”命令即可列出文件的详细信息，其中包含了文件的访问权限。例如，通过“ls -l”命令列出文件“appreciate01.txt”的详细信息，如图 3-3 所示。

```
[root@localhost ~]# ls -l appreciate01.txt
-rw-r--r--. 1 root root 100 10月 11 19:10 appreciate01.txt
```

图 3-3　通过“ls -l”命令列出文件的详细信息

通过“ls -l”命令列出的文件信息分为 7 列，第 1 列表示文件类型和权限；第 2 列表示链接数，即有多少文件链接到该文件；第 3 列表示文件所有者；第 4 列表示文件所属组；第 5 列表示文件容量大小；第 6 列表示文件最近一次的修改时间；第 7 列表示文件名。

可以看出，文件的访问权限位置是固定的，依次为可读（r）、可写（w）和可执行（x）、“-”表示没有权限。例如，“-rw-r--r--”表示文件所有者拥有读、写权限，没有执行权限；文件所属组和其他用户拥有读权限，没有写和执行权限。

文件的访问权限也可以用数字来表示，依次为可读（4）、可写（2）和可执行（1），无权限用数字 0 表示。

例如文件的访问权限为“-rw-r--r--”，用数字可表示为 644。

3）更改文件的权限

使用字符表示法更改文件访问权限的格式如下。

chmod [-R] [ugoa][+-=][rwx] 文件或目录名

其中，“-R”选项表示递归更改指定目录及其所有子目录和文件的权限；“u”“g”“o”和“a”分别表示文件所有者、文件所属组、其他用户和所有用户；“+”“-”和“=”分别表示增加权限、去除权限和设置权限；“r”“w”和“x”分别表示可读、可写和可执行。例如更改文件“user_wang”的权限，为文件所有者添加执行权限，去除其他用户的读权限。

使用数字表示法更改文件访问权限的格式：

chmod [-R] nnn 文件或目录名

其中，“nnn”为需要设置的具体权限值。例如将文件“user_wang”的权限恢复为“-rw-r--r--”。

[root@localhost ~]# chmod 644 user_wang

4)更改文件的归属

常用的文件归属更改命令包括更改文件的所有者和所属组(chown)及更改文件的所属组(chgrp)。更改文件的所有者和所属组使用 chown 命令,例如将文件“user_wang”的所有者更改为 stu01,所属组更改为 group。

```
[root@localhost ~]# chown -R stu01:group user_wang
```

“-R”选项表示递归更改指定目录及其所有子目录和文件的归属。

更改文件的所属组使用“chgrp”命令,例如将文件“appreciate01.txt”的所属组更改为 group。

```
[root@localhost ~]# chgrp group appreciate01.txt
```

“chgrp”命令与“chown”命令一样,都可以更改文件的归属。不同的是,“chown”命令既可以更改文件所有者,也可以更改文件所属组,而“chgrp”命令只用于更改文件所属组。只有 root 用户或者文件所有者才能更改文件所属组。

5)文件的默认权限

在 Linux 操作系统中,每个新建的文件和目录都会赋予默认权限,它是由系统默认权限和默认权限掩码共同决定的。文件的系统默认权限是“666”(-rw-rw-rw-),目录的系统默认权限是“777”(drwxrwxrwx)。默认权限掩码告诉系统当创建一个文件或目录时不应该赋予的权限。

文件的默认权限可以通过 umask 命令进行查看。

3.2.3 Linux 系统磁盘安全配置

磁盘管理是 Linux 系统管理中一个非常重要的方面,合理的磁盘管理可以提高系统的性能、稳定性及安全性。

1. 磁盘和磁盘分区的基本概念

在 Linux 系统中,磁盘通常指硬盘(HDD)或固态硬盘(SSD)。每个磁盘可以被分成多个分区,以便在不同区域上安装不同的文件系统。

在 Linux 系统中,磁盘设备通常以/dev/sda、/dev/sdb 等方式命名。这里的“sd”代表 SCSI 或 SATA 磁盘,而最后的字母 a、b、c 等则表示不同的物理磁盘。如果一个磁盘有多个分区,则分区会以数字形式附加在设备名之后,例如/dev/sda1、/dev/sda2 表示第一个磁盘的第一个和第二个分区。

分区就是将磁盘上的存储空间在逻辑上分为若干个相互独立的区域。分区最前面有一个引导扇区,称为主引导记录(MBR)。MBR 位于硬盘的“0”磁道、“0”柱面、“1”扇区中,它共占用了一个扇区,也就是 512 B。MBR 区域可以分为三部分。第一部分是 pre-boot 区(预启动区),占 446 B。第二部分是磁盘分区表,占 64 B。第三部分是结束符,占 2 B。一块磁盘最多只能建立 4 个基本分区,称为主分区(primary)。

在实际应用中,有时需要用到扩展分区(extended)。扩展分区只能有一个。扩展分区不能直接使用的,还需要将其划分为若干个更小的逻辑分区。常用的分区管理命令为“fdisk”。当需要查看磁盘分区信息时,可以使用 fdisk -l 命令,例如查看磁盘设备“/dev/sda”的分区信息。

[root@localhost~]# fdisk /dev/sda

文件系统是指用于在分区上组织和存储数据的结构。Linux 系统支持多种文件系统格式，见表 3-17。

表 3-17　Linux 文件系统

文件系统	描　述
ext2	ext2 是 ext 文件系统的升级，在 Linux 操作系统中应用广泛
ext3	ext3 是一款日志文件系统，能够在系统异常宕机时避免文件系统的资料丢失，并能自动修复数据的不一致和错误。但是，当磁盘容量较大时，所需的修复时间也会很长，而且也不能完全保证资料不会丢失
ext4	ext4 是 ext3 的改进版本，是 RHEL 6 默认使用的文件系统。ext4 文件系统性能强大，最大能够支持 1 EB(1 EB= 1 073741 824 GB)的文件系统及无限数量的子目录。此外，ext4 文件系统能够批量分配 block(块)，从而极大地提高了读写效率
xfs	xfs 是一款高性能的日志文件系统，也是 RHEL 7/8 默认使用的文件系统。xfs 文件系统的优势在于：当发生意外宕机后可以快速地恢复可能被破坏的文件，其强大的日志功能只需花费极低的计算和存储成本。它支持的最大存储容量为 18 EB，这意味着几乎可以满足所有需求
swap	swap 是 Linux 交换分区所采用的文件系统。在 Linux 中使用交换分区管理内存的虚拟交换空间，虚拟内存能够在一定程度上缓解物理内存不足的问题

不同的操作系统使用不同的文件系统。为了与其他操作系统兼容，通常操作系统都支持多种类型的文件系统。

1)创建文件系统

磁盘分区后不能直接使用，须创建分区的文件系统(即格式化)才能使用。创建文件系统使用 mkfs 命令

[root@localhost~]# mkfs -t ext4 /dev/sda1

上面的命令将在/dev/sda1 分区上创建一个 ext4 文件系统。在执行此操作前，应确保分区没有包含重要数据，因为文件系统的创建会清空分区中的数据。“-t”选项用于指定创建的文件系统类型，若不指定，将默认使用 ext2 文件系统。

2)挂载文件系统

在磁盘上创建好文件系统后，需要将该文件系统挂载到某个目录才能使用。文件系统所挂载到的目录称为“挂载点”。挂载文件系统有两种方式，一种是命令行方式手动挂载，即手动将某个分区、光盘或软盘等挂载到 Linux 操作系统指定目录；另一种是系统启动时自动挂载，即通过配置文件“/etc/fstab”设置 Linux 启动时文件系统的自动挂载。“挂载”这个动作，是用来告诉 Linux 操作系统，将一个磁盘空间放在哪个目录中，从而让用户能够调用里面的数据。

一般而言，挂载点必须存在且应该是一个空目录，否则目录中原来的文件将被系统隐藏，只有将挂载设备卸载后才能显示并重新访问。可以通过命令行方式进行手动挂载，手动将某个分区、光盘或软盘等挂载到 Linux 操作系统指定目录使用 mount 命令，mount 命令中常用选项的含义见表 3-18。

表 3-18　mount 命令中常用选项

选　项	含　义
-t	指定设备的文件系统类型
-r	以只读方式挂载
-w	以读写方式挂载
-a	挂载所有在配置文件“/etc/fstab”中定义的文件系统

假设有分区“/dev/sda3”，将其挂载到“/mnt/sda3”目录。

[root@localhost~]# mkdir /mnt/sda3

[root@localhost~]# mount /dev/sda3 /mnt/sda3

手动挂载文件系统仅临时有效，一旦重启系统，挂载就会失效，若要使挂载永久生效，就必须将挂载信息写入配置文件“/etc/fstab”，然后执行“mount -a”命令完成自动挂载。“/etc/fstab”文件中的每一行都表示一个文件系统的挂载信息，且每一行都有 6 个字段，各字段的含义见表 3-19。

表 3-19　/etc/fstab”文件中的各字段含义

序　号	字　段	含　义
1	设备文件	一般为磁盘分区名，也可以是唯一识别码（universally unique identifier，UUID）
2	挂载点	指定要挂载到的目录，该目录须在挂载前创建完成
3	文件系统类型	指定文件系统的格式，如 ext3、ext4、xfs 或 iso9660（光盘设备）等
4	权限选项	指定与文件系统相关联的安装选项，各选项之间用逗号分隔。如果设置为 defaults，则默认权限为“rw,suid,dev,exec,auto,nouser,async”
5	是否备份	表示文件系统是否需要 dump 备份（dump 是一个备份工具）。如果设置为 1 表示需要，为 0 则不备份
6	是否自检	在系统启动时磁盘检查的顺序。根文件系统的值为 1，其他文件系统的值设置为 2，0 表示不进行检查

3）卸载文件系统

卸载文件系统使用“umount”命令，命令的参数既可以是磁盘分区名，也可以是挂载点。例如使用卸载磁盘分区名的方式卸载“/dev/sda3”分区。

[root@localhost ~]# umount /dev/sda3

或者使用卸载挂载点的方式卸载“/dev/sda3”分区。注意在卸载前需确保文件系统不被占用。

[root@localhost~]# umount /mnt/sda3

2. 磁盘配额管理

磁盘配额是一种磁盘空间管理机制。有效的磁盘配额管理可以确保用户使用系统的公平性和安全性。

Linux 操作系统使用 quota 技术实现磁盘配额管理，一般从两方面进行限制，一方面是限制用户或用户组占用的磁盘空间，另一方面是限制用户或用户组所能创建的最大文件个数。设置磁盘配额主要包括启动文件系统的磁盘配额功能、设置用户或用户组的磁盘配额信息和启动或关闭磁盘配额限制 3 个步骤。

1)启动磁盘配额功能

使用文本编辑器 Vim 编辑文件“/etc/fstab”,在“/dev/sdb2”分区记录项中添加参数“uquota”和“gquota”,编辑完成后保存文件并退出 Vim。

```
[root@localhost~]# vim /etc/fstab
/dev/sdb2   /mnt/sdb2   xfs   defaults,uquota,gquota   0   0
```

重启系统

```
[root@localhost ~]# reboot
```

2)设置磁盘配额信息

设置磁盘配额信息使用“xfs_quota”命令,该命令是专门针对使用 xfs 文件系统来管理磁盘容量配额服务而设计的命令。xfs_quota 命令中的选项“-x”必须在“-c”前面,其位置不能调换。也可以使用 edquota 命令编辑指定用户或用户组的磁盘配额信息。

3)启用或关闭磁盘配额限制

启动磁盘配额限制使用“quotaon”命令。例如开启/home 目录磁盘配额。

```
[root@localhost~]# quotaon /home
```

关闭磁盘配额限制使用“quotaoff”命令。例如关闭用户 user_chen 的磁盘配额。

```
[root@localhost~]# quotaon -u user_chen
```

4)查看磁盘配额信息

查看指定用户或用户组的磁盘配额信息使用“quota”命令。例如查看用户 user_chen 的磁盘配额信息。

```
[root@localhost~]# quota -u user_chen
```

查看文件系统的磁盘配额信息使用“repquota”命令。例如查看所有磁盘配额信息。如果不加“-a”选项,则必须加磁盘分区名。

```
[root@localhost~]# repquota -a
```

3.2.4 Linux 系统网络安全配置

这一小节的内容包括网络配置、网络调试、防火墙管理、远程连接的安全性以及远程数据传输等内容。

1. 系统网络配置

系统的网络配置主要包括系统的 IP 地址及子网掩码配置、主机名称配置、网关地址配置以及系统的 DNS 服务器配置。Linux 系统支持静态和动态的网络配置方式。

在 Linux 系统中,常用的网络配置文件如下。

1)“/etc/hosts”文件

“/etc/hosts”文件保存着 IP 地址和主机名或域名的静态映射关系。当用户使用一个主机名或域名时,系统会在该文件中查找与它对应的 IP 地址。文件中的每一行都表示一个 IP 地址和主机名或域名(可以是多个)的对应信息,且由左到右依次为:

IP 地址　[主机名别名]　主机名或域名……

其中，主机名别名可以省略。例如，“/etc/hosts”文件中有如下信息。

192.168.1.99 webserver www.webs.net

若将 192.168.1.99 视为一台网站服务器，那么在浏览器地址栏中输入“http://webserver”或“http://www.webs.net”都可以打开该站点的网页。

2）“/etc/hostname”文件

“/etc/hostname”文件用于保存主机名。该文件中主要记录了主机对应的主机名和所在域的域名。“/etc/hostname”文件的配置信息：

localhost.localdomain

3）“/etc/services”文件

“/etc/services”文件用于保存各种网络服务与该网络服务所使用的默认端口及协议的映射关系。可以使用文本编辑器 Vim 打开“/etc/services”文件。文件中的每一行对应一种服务，且由 4 个字段组成，各字段由左到右依次为：

service-name port/protocol [aliases···] [#comment]

其各个字段的含义见表 3-20。

表 3-20 “/etc/services”文件中的各字段

序号	字段	含义
1	service-name	网络服务名
2	port/protocol	服务端口和协议
3	[aliases···]	网络服务的别名
4	[#comment]	注释或说明

4）“/etc/sysconfig/network-scripts/ifcfg-网卡名”文件

“/etc/sysconfig/network-scripts/ifcfg-网卡名”文件是网卡配置文件，保存着设备类型、网卡名、IP 地址、子网掩码、网关地址、DNS 服务器等信息。不同网卡对应不同配置文件。

2. 网络配置命令

常用网络配置命令包括显示网卡的配置信息（ifconfig）、配置网卡信息（nmcli）及显示和修改主机名（hostname 和 hostnamectl）。

1）ifconfig 命令

配置网络接口时，常用的命令为 ifconfig。Linux 系统中网络接口通常以 eth0、eth1 等命名，现代系统中则使用更具描述性的名称（如 ens160 等）。

```
[root@localhost~]# ifconfig ens160
```

2）nmcli 命令

配置网卡信息使用 nmcli 命令，具体操作如下：

```
# 显示所有网络连接
[root@localhost~]# nmcli connection show
# 显示设备连接状态
[root@localhost~]# nmcli device status
```

```
# 显示所有设备详细信息
[root@localhost~]# nmcli device show
# 重新加载网络配置文件
[root@localhost~]# nmcli connection reload
# 手动配置网卡信息
[root@localhost~]# nmcli connection modify ens160 ipv4.method manual ipv4.addresses 192.168.1.165/24 ipv4.gateway 192.168.1.1 ipv4.dns 192.168.1.1
# 使用静态 IP 地址创建网络连接,其中,con-name 指定网络连接名,ifname 指定网卡名,type 指定设备类型
[root@localhost~]# nmcli connection add con-name company ifname ens160 type ethernet ip4 192.168.1.165/24 gw4 192.168.1.1
# 使用动态 IP 地址创建网络连接
[root@localhost~]# nmcli connection add con-name company01 type ethernet ifname ens160
```

3)hostname 和 hostnamectl 命令

显示和修改主机名使用 hostnamc 命令和 hostnamectl 命令。例如显示主机名,然后将主机名修改为 chen。

```
[root@localhost~]# hostname
[root@localhost~]# hostnamectl set-hostname chen
```

其中 set-hostname 是可以省略的,当省略时表示显示主机名和相关信息。通过 hostname 命令修改主机名只是临时有效,当重启系统后指定的主机名将失效。

3. 系统网络调试

Linux 系统主机通过所在局域网的网关与其他主机进行通信,当出现网络故障时,则需要通过相关测试工具对网络进行调试。具体可以通过以下方法。

查看本机 IP 地址、子网掩码、网关地址等信息设置是否正确,并测试网卡是否正常,该故障出现的主要原因常常是人为配置错误;测试与网关的连通性,如果正常,继续测试与局域网中其他主机的连通性;测试当前使用的 DNS 服务器是否可以进行域名解析;测试本地主机是否可以正常连接到其他主机。

在实际生产环境中,网络故障的种类多种多样,出现网络故障的原因也是千变万化,这就需要管理员不断积累经验。

常用网络调试命令包括测试网络连通性(ping)、显示网络相关信息(netstat)、显示数据包到达主机所经过的路由信息(traceroute)及显示域名和 IP 地址的对应关系(nslookup)等。

1)测试网络连通性

测试网络连通性使用 ping 命令,ping 命令使用 ICMP 协议对网络进行测试。ICMP(Internet Control Message Protocol,互联网控制消息协议)是一种用于在网络设备之间传递控制消息的网络层协议。它主要用于网络故障诊断和信息反馈。ICMP 还可用于报告网络错误、路由不可达等状态,但不用于传输实际数据。ping 命令中的常用选项见表 3-21。

表 3-21　ping 命令中的常用选项

序　号	选　项	含　义
1	-c	总共发送次数
2	-i	每次间隔时间(秒)
3	-l	指定网卡名称
4	-W	最长等待时间(秒)

使用 ping 命令进行测试的具体操作。例如测试 IP 为 192.168.1.174 的主机。

[root@localhost~]# ping -c 3 192.168.1.174

执行 ping 命令时,系统会使用 ICMP(Internet 控制报文协议)向远程主机发出要求回应的信息,若连接远程主机的网络没有问题,远程主机会回应该信息。由于在 Linux 操作系统中 ping 命令不会自动终止,因此在不添加"-c"选项时,需要使用"Ctrl+C"组合键来强行结束进程。

2)显示网络相关信息

显示网络相关信息使用 netstat 命令,包括正在监听的服务、已连接的会话、正在结束的会话、接口状态等信息。netstat 命令中的常用选项含义见表 3-22。

例如,使用 netstat 命令查看相关网络信息,包括 TCP 协议的连接状态, UDP 协议的连接状态,正在监听的服务状态及显示对应的源 IP 和目的 IP 地址:

[root@localhost~]# netstat -tuln

Netstat 命令在某些现代 Linux 发行版中可能被 ss 命令替代,后者提供更快和更详细的网络状态信息。

表 3-22　netstat 命令中的常用选项

序号	选　项	含　义
1	-a	显示所有连接中的 socket
2	-p	显示正在使用的 socket 信息
3	-l	显示正在监听的服务状态
4	-i	显示网卡列表信息
5	-u	显示 UDP 协议的连接状态
6	-t	显示 TCP 协议的连接状态
7	-n	显示对应的源 IP 地址和目的 IP 地址
8	-r	显示路由表信息

3)显示经过路由信息

显示数据包到达主机所经过的路由信息使用 traceroute 命令, traceroute 是一个用于追踪数据包在网络中传输路径的命令,通常用于检测网络延迟、排查网络连接问题。它显示数据包从源地址到目标地址所经过的每一跳(即每一个路由器)的延迟和 IP 地址。在 Linux 使用 traceroute 命令查看主机到达 Google 服务器经过的路由信息:

[root@localhost~]# traceroute google.com

4)显示域名和 IP 地址的对应关系

显示域名和 IP 地址的对应关系使用 nslookup 命令,此命令将会输出 DNS 服务器的解析结果,例如,显示 Google 服务器的域名和 IP 地址对应关系:

[root@localhost~]# nslookup www.google.cn

此命令可显示响应 DNS 解析的服务器 IP 地址信息及端口信息，Google 服务器域名及对应的 IP 地址信息,包括 IPv4 地址信息及 IPv6 地址信息。

4. 系统防火墙管理

Firewalld 是 Linux 中的一种动态防火墙管理工具,主要用于管理系统的防火墙规则和网络区域。Firewalld 相比于传统的 Iptables 更加灵活,它允许在不打断现有网络连接的情况下,动态地添加、修改或删除规则,非常适合服务器实时环境的需求。

1)Firewalld 的区域

Firewalld 提供了多个默认区域,每个区域适用于不同的网络环境,且有一组不同的规则和信任级别。具体区域及其含义见表 3-23。

表 3-23　Firewalld 的区域

序　号	区　域	含　义
1	drop	丢弃所有传入的网络连接,不给出任何响应
2	block	拒绝所有传入的网络连接,并返回 icmp-host-prohibited 消息
3	public	默认区域,允许有限的传入连接,如 SSH 等
4	external	用于启用 NAT 的外部网络连接,通常用于路由器设置
5	dmz	非军事区,允许选定的传入连接
6	work home trusted	适用于较为安全的网络环境,信任级别逐渐增加

2)防火墙的操作

①在系统中启动、停止或检查 Firewalld 状态。

启动防火墙操作:

[root@localhost~]# sudo systemctl start firewalld

停止防火墙操作:

[root@localhost~]# sudo systemctl stop firewalld

重启防火墙操作:

[root@localhost~]# sudo systemctl restart firewalld

查看防火墙状态:

[root@localhost~]# sudo systemctl status firewalld

②查看当前防火墙运行的状态和规则。

查看活动区域:

[root@localhost~]# firewall-cmd --get-active-zones

查看所有区域及其规则：

```
[root@localhost~]# firewall-cmd --list-all
```

查看特定区域规则：

```
[root@localhost~]# firewall-cmd --list-all --zone=public
```

③配置防火墙区域和接口。

查看系统中所有可用区域：

```
[root@localhost~]# firewall-cmd --get-zones
```

查看默认区域：

```
[root@localhost~]# firewall-cmd --get-default-zone
```

设置默认区域：

```
[root@localhost~]# firewall-cmd --set-default-zone=public
```

将接口 eth0 添加到 public 区域：

```
[root@localhost~]# firewall-cmd --zone=public --add-interface =eth0
```

④在防火墙上开放和关闭接口。

在 public 区域开放 TCP 80 端口：

```
[root@localhost ~]# firewall-cmd --zone=public --add-port =80/tcp
```

关闭 TCP 80 端口：

```
[root@localhost~]# firewall-cmd --zone=public --remove-port =80/tcp
```

5. 远程连接及安全传输

OpenSSH 是基于 SSH(secure shell)协议开发的免费开源软件,用于在网络上由一台计算机远程连接另外一台计算机。

OpenSSH 提供了服务端程序和客户端工具,能够加密服务器与客户端之间在远程文件传输过程中的所有数据,从而规避在非安全网络中窃听、拦截和其他攻击所造成的危害,并由此来代替传统远程控制方式,如 FTP 和 Telnet 等。

SSH 是建立在应用层基础上的安全协议,是目前较可靠、专为远程登录会话和其他网络服务提供安全性的协议。利用 SSH 协议可以有效防止远程管理过程中的信息泄露问题。SSH 最初是 UNIX 系统上的一个程序,后来又迅速扩展到其他操作系统。

1)OpenSSH 服务程序

sshd 是基于 SSH 协议开发的远程管理服务,不仅使用起来方便快捷,而且能够提供基于密码的验证,该方法使用账号和密码进行验证并登录。还提供了基于密钥的验证,该方法需要在本地生成密钥对,然后将密钥对中的公钥上传至服务器,并与服务器中的公钥进行比较,这种方式相较于第一种方式更加安全。

sshd 服务的配置信息保存在“/etc/ssh/sshd_config”文件中,用户只需根据需要修改配置参数,然后去掉行首的“#”使其生效。

2)配置安全的 SSH 服务

配置安全的 SSH 服务是 Linux 网络管理中的常见任务,通过安全的方式实现远程管理。以下是 SSH 服务的配置步骤,包括端口设置、安全策略以及使用 Firewalld 管理 SSH 访问权限。

```
[root@localhost~]# vim /etc/ssh/sshd_config
```

```
Port 22
AddressFamily any
ListenAddress 0.0.0.0
ListenAddress ::
PermitRootLogin no          # 禁止 root 用户 SSH 登录
AllowUsers chen wang        # 仅允许指定用户登录
PubkeyAuthentication yes    # 启用公钥认证
PasswordAuthentication no   # 禁用密码认证
MaxAuthTries 3              # 限制认证尝试次数为 3 次
```

修改完成后,需要对 SSH 服务进行重启。

```
[root@localhost~]# systemctl restart sshd
```

为了让 SSH 连接通过防火墙,需要在 Firewalld 中允许相应的端口并指定特定的地址能够访问 SSH 服务。

```
# 开启 SSH 服务端口
[root@localhost~]# firewall-cmd --zone=public --add-service =ssh –permanent
# 指定特定地址访问 SSH 服务
[root@localhost~]# firewall-cmd --zone=public --add-rich-rule ='rulefamily ="ipv4" source address="192.168.1.10" service name="ssh" accept' –permanent
[root@localhost~]# firewall-cmd --reload  # 重载防火墙配置使用秘钥验证,需要在本地客户端生成密钥对。
# 在本地客户端生成公钥和私钥
[root@localhost ~]# ssh-keygen -t rsa -b 4096
# 将公钥传送至指定用户的文件中
[root@localhost~]# ssh-copy-id -i ~/.ssh/id_rsa.pub user1 @server _ip
# 为秘钥文件设置正确的权限
[root@localhost~]# chmod 700 ~/.ssh && chmod 600 ~/.ssh/authori zed_keys
```

配置安全的 SSH 服务是保护远程管理访问的重要步骤。通过启用公钥认证、配置防火墙策略等措施,可以有效提升 SSH 服务的安全性。结合使用 Firewalld,可以进一步限制 SSH 访问权限,使服务器更加安全。

3)远程连接主机

远程连接主机使用 ssh 命令。例如远程连接地址为 192.168.1.101 的主机。

```
[root@localhost~]# ssh 192.168.1.101
```

在实际生产环境中,使用密码进行验证可能存在被暴力破解或嗅探(窃听网络上流经的数据包)截获的风险。因此,用户远程连接主机时,通常使用配置安全密钥验证方式对信息进行加密,以保证 sshd 服务的安全性。

4)安全的远程传输

常用的远程传输命令是 scp,它是一个基于 SSH 协议在网络之间进行安全传输的命令。例如将本地的“/book/poetry”文件复制到 IP 地址为 192.168.1.72 的远程主机的“/home”目录下。

```
[root@localhost~]# scp /book/poetry 192.168.1.72:/home
The authenticity of host '192.168.1.72 (192.168.1.72)' can't be established.
ECDSA key fingerprint is SHA256:2HStLGG1wN2OZICMXGBXQsjuqKViHQ +on-02CB20pea8.
Are you sure you want to continue connecting (yes/no)? yes
Warning: Permanently added '192.168.1.72' (ECDSA) to the list of known hosts.
root@192.168.1.72's password:
poetry   100%   100      84.2KB/s    00:00
# 登录远程主机查看是否复制成功
[root@localhost~]# ls -l /home/poetry
 -rw-r--r--. 1 root root 100 12 月    6 09:08 /home/poetry
```

cp 命令和 scp 命令都为文件复制命令，不同的是，cp 命令只能在本地磁盘中进行文件复制，而 scp 不仅能够通过网络传送数据，而且所传送的数据都将进行加密处理。

3.2.5 Windows 系统用户安全配置

Windows Server 是多用户、多任务的操作系统，拥有完备的系统账户和安全、稳定的工作环境，系统提供的账户类型主要包括用户账户和组账户。系统管理员根据不同用户的需求，建立不同的用户账户，指派不同的权限。

1. 用户与用户组

1)用户账户

用户账户根据登录和使用资源的范围可分为本地用户账户和域用户账户两类；根据创建方式可分为内置用户账户和自定义用户账户两类。本地用户账户是指驻留在本地计算机的安全账户管理数据库中的账户，域用户账户是指驻留在域控制器上的活动目录数据库中的账户。内置用户账户是指由系统自动创建的用户账户，如 Administrator(管理员账户)和 Guest(来宾账户)。自定义用户账户是指管理员手工创建的用户账户。

用户账户由“用户名”来标识，用户账户密码最长可以达到 127 个字符。账户策略包含两个子集。

①密码策略：用于确定密码设置，包括强制密码历史、密码最长使用期限、密码最短使用期限、密码长度最小值、密码必须符合复杂性要求和用可还原的加密来存储密码。

②账户锁定策略：决定系统锁定账户的时间、锁定哪些账户及账户锁定阈值。

2)身份认证协议

Windows Server 身份验证针对所有网络资源启用登录，用户可以使用密码向网络中的计算机验证身份。多种行业标准类型的身份验证如下。

① Kerberos V5 身份验证：与密码或智能卡一起使用的用于交互式登录的协议，它也适用于服务器的默认网络身份验证。

② SSL/TLS 身份验证：用户尝试访问 Web 服务器时使用的协议。

③ NTLM 身份验证：客户端或服务器使用早期的 Windows 时使用的协议。

④摘要式身份验证：将凭据作为 MD5 哈希或消息摘要在网络上传递。

⑤ Passport 身份验证：提供单一登录服务的用户身份验证服务。

3)常用系统账户

Administrator(管理员账户)，该账户具有辖区内的最高权利和权限。用户用这个账户可以管理“域”或者是“本地计算机”上的资源，以及域或本机的账户数据库。

Guest(客户账户)，默认状态为“禁用”。Guest 账户是为临时登录网络并使用网络中有限资源的用户提供的，它仅有少量的权利和权限。

4)常用系统组

① Administrators(管理员组)：默认情况下，Administrators 中的用户对计算机/域有不受限制的完全访问权。

② Power Users(高级用户组)：Power Users 可以执行除了为 Administrators 组保留的任务外的其他任何操作系统任务。该组的权限仅次于 Administrators 组。

③ Users(普通用户组)：Users 组是最安全的组，分配给该组的默认权限不允许成员修改操作系统的设置或用户资料。组用户不能修改系统注册表设置、操作系统文件或程序文件。Users 组用户可以关闭工作站，但不能关闭服务器。

④ Guests(来宾组)：来宾组与 Users 组有同等访问权，但来宾组的限制更多。

⑤ Backup Operators(备份操作员组)：该组的成员不受权限控制，可以备份和还原计算机上的文件。

⑥ Network Configuration Operators(网络配置操作员组)：该组内的用户可以在客户端执行一般的网络设置任务。

⑦ Remote Desktop Users(远程桌面用户组)：该组的成员可以通过远程计算机登录系统。

⑧ Print Operators(打印操作员组)：该组成员可以创建、删除和共享打印机，对所有打印机有管理权限。

⑨ System(系统组)：拥有和 Administrators 一样甚至比其更高的权限，这个组不允许任何用户加入。系统级的服务正常运行所需要的权限都是靠它赋予的。

5)特殊内置组

① Everyone：任何一个用户都属于该组。

② Authenticated Users：任何一个利用有效用户账户登录的用户都属于该组。

③ Anonymous Logon：任何未利用有效用户账户登录的用户都属于该组。

④ Interactive：任何在本地登录的用户都属于该组。

⑤ Network：任何通过网络连接登录此计算机的用户都属于该组。

2. 创建和管理本地用户

1)创建本地账户

具有管理员权限的用户可以用“计算机管理”中的“本地用户和组”管理单元来创建本地用户账户。

启动 Windows Server 操作系统，打开“服务器管理器”窗口，选择“工具”→“计算机管理”选项→“本地用户和组”→“用户”。

右击“用户”，在“新用户”对话框中输入用户名、全名、描述和密码，单击“创建”按钮，完成一个用户的创建。

2)将用户加入用户组

用户账户默认加入 Users 组，Users 组的用户一般不具备特殊权限，因此，当要分配给某一 Users 组用户一些权限时，可以将该用户账户加入其他组。例如将“student1”添加到管理员组：选择“隶属于”选项卡，可设置将该账户加入其他本地组中。

3)配置用户属性

选择“配置文件”选项卡，可设置用户账户的配置文件路径，登录脚本和主文件夹路径。

4)设置密码策略

管理员可以根据实际需要为用户设置密码策略。

选择“开始”→“管理工具”选项，双击“本地安全策略”，选择“安全设置”→“账户策略”→“密码策略”，在“策略”窗口中双击“密码必须符合复杂性要求”，选择“已启用”单选钮，单击“确定”。在“本地安全策略”窗口中双击“密码长度最小值”，可设置密码长度最小值。

在“本地安全策略”窗口中双击“密码最短使用期限”，可设置密码最短使用期限。密码最短使用期限确定用户可以更改密码之前必须使用该密码的时间(单位为天)。可以设置 1 到 998 天之间的某个值，或者通过将天数设置为 0，允许立即更改密码。

3. 创建和管理本地组

新建组账户

在“计算机管理”窗口中右击“本地用户和组”→“组”，选择“新建组”选项。在“组名”文本框中输入“组名”，单击“创建”。在“计算机管理”窗口的“组”界面中，还可以完成组账户的添加。

4. 用户系统权限设置

以为“student1”用户添加“关闭系统”权限为例进行介绍。

在“本地安全策略”窗口中选择“安全设置”→“本地策略”→“用户权限分配”选项，双击“关闭系统”，单击“添加用户或组”。

单击“高级”按钮，单击“立即查找”，在“搜索结果”中选择用户“student1”，单击“确定”。

返回“选择用户或组”对话框，单击“确定”，返回“关闭系统属性”对话框，单击“确定”。

3.2.6 Windows 系统文件安全配置

Windows Server 的文件及文件系统管理对于保障数据安全、提升系统性能和高效利用资源具有关键作用。

1. NTFS 文件系统

NTFS(New Technology File System)是 Windows Server 推荐使用的高性能文件系统。它支持许多新的文件安全、存储和容错功能，而这些功能是 FAT 文件系统所缺少的。

NTFS 使用一个称为主文件表(MFT)的层次数据库，文件和目录都用 MFT 中的记录来表示，记录的属性描述了它们的内容。

NTFS 是从 Windows NT 开始使用的文件系统，它是一个特别为网络和磁盘配额、文件加密等管理安全特性设计的磁盘格式。它支持对于关键数据以及重要数据的访问控制和私有权限控制。除了可以赋予计算机中的共享文件夹特定权限外，NTFS 文件和文件夹无论共享与否都可以赋予权限。NTFS 是唯一允许为单个文件指定权限的文件系统。

2. 磁盘配额管理

在 Windows 系统中,磁盘配额管理是一项专为 NTFS 卷设计的功能,可以帮助管理员优化存储资源并防止空间不足的风险。

磁盘配额管理包含两个关键的控制点:警告等级和配额限制。警告等级是一种提醒机制,当用户的空间使用量接近配额上限时,系统会发出通知,让用户注意到存储空间即将耗尽,避免突然超出配额。配额限制则是严格的上限,一旦用户达到这个限制,他们将无法再向卷中写入数据。

磁盘配额的灵活性体现在它既可以设置为监视用户的使用情况,也可以完全阻止超额使用(严格限制)。这种双重模式使得磁盘配额不仅适用于一般用户的数据管理,还能用于敏感业务系统的容量规划和安全保障。磁盘配额管理可以针对所有用户进行统一设置,也可以针对个别用户单独设置。

3. 文件和文件夹权限

1)NTFS 的权限

Windows Server 利用 NTFS 文件系统格式化磁盘分区,通过 NTFS 权限控制用户对文件和文件夹的访问,从而确保文件和文件夹的安全。NTFS 权限包括读取、读取和执行、写入、修改、列出文件夹内容和完全控制等。

2)NTFS 权限应用原则

NTFS 权限是累积的,用户对 NTFS 文件或文件夹的有效权限,是其对该文件或文件夹的 NTFS 权限和其所属组对该文件或文件夹的 NTFS 权限的组合;文件权限超越文件夹权限;拒绝权永远优先于允许权。

3)NTFS 权限的变化

Windows Server 在 NTFS 类型卷上提供了 NTFS 权限,不论用户访问本地计算机上的文件、文件夹资源,还是通过网络来访问,NTFS 权限都会起作用。

在 NTFS 分区内或分区间复制文件或文件夹时,系统将目标文件作为新文件对待,文件或文件夹将继承目标文件夹的权限。

在同一 NTFS 分区内移动文件或文件夹时,文件或文件夹不会发生任何变化,文件或文件夹的权限将被保留。

在 NTFS 分区间移动文件或文件夹时,系统将目标文件作为新文件对待,文件或文件夹将继承目标文件夹的权限。

无论是将文件或文件夹复制还是移动到 FAT 分区,所有权限将丢失。

4)文件和文件夹的所有权

在 Windows 系统中,每个文件和文件夹都有一个“所有权”属性,拥有所有权的用户可以完全控制该文件或文件夹的权限设置,包括读取、写入、修改、删除等操作权限。

一般情况下,创建文件或文件夹的用户会自动成为该资源的所有者。文件和文件夹的所有者可以更改其他用户的访问权限,包括添加或删除其他用户或组的访问权限。在某些情况下,管理员或特定用户可以将文件或文件夹的所有权转移给其他用户或组。

在 Windows 系统中,可以通过右键点击文件/文件夹,在“属性”窗口中更改文件和文件夹的所有权。

4. NTFS 文件的压缩特性

Windows Server 2012 R2 操作系统的数据压缩功能是 NTFS 文件系统的内置功能，该功能可以对单个文件、整个目录或卷上的目录树进行压缩。NTFS 文件压缩只能在用户数据文件上执行，而不能在文件系统原数据上执行。

5. 加密文件系统

加密文件系统（EFS）是 Windows Server 操作系统的一项功能，它允许将信息以加密的形式存储在硬盘上。EFS 加密对加密用户是完全透明的。

EFS 类似于权限，可以控制用户对文件的访问，如果硬盘上的文件已经使用了 EFS 进行加密，只有授权用户可以读取文件。Windows Server 的加密文件系统有如下特征。

（1）只能加密 NTFS 分区或卷上的文件或文件夹。

（2）加密与压缩互斥，不能加密压缩文件。

（3）仅授权用户和数据恢复代理可以访问加密文件。

（4）不能加密系统文件。

（5）利用颜色显示加密文件。

在 Windows 系统中，要授权他人访问已加密的文件，需要将文件的解密密钥添加到其他用户的账户中：右键点击已加密的文件或文件夹，选择“属性”，点击“高级”，勾选“加密内容以保护数据”。并点击“详细信息”，点击“添加”后选择需要授权的用户（此操作要求对方的账户拥有 EFS 加密证书），点击“确定”以保存更改。

3.2.7 Windows 系统磁盘安全配置

1. 磁盘存储基础

1）MBR 与 GPT 分区

MBR（主引导记录）和 GPT（GUID 分区表）分区在分区数量、容量、数据完整性和容错能力、操作系统兼容性等方面存在显著差异。

MBR 分区格式的最大限制在于其最多只能支持 4 个主分区，或者 3 个主分区加 1 个扩展分区，且最大支持的硬盘容量为 2 TB。GPT 分区格式最多可以创建 128 个分区，并且支持的最大硬盘容量可达 9.4 ZB。

在数据完整性和容错能力方面，GPT 分区表具有容灾功能，存在两份分区表，一份位于硬盘的起始位置，另一份位于硬盘的末尾。当一份分区表损坏时，系统可以自动切换到另一份分区表，从而保证了数据的完整性和系统的稳定性。MBR 分区表没有这样的备份机制，一旦 MBR 扇区损坏，可能会导致整个硬盘无法启动，数据丢失的风险较高。

MBR 作为传统的分区方式，几乎支持所有早期的操作系统，包括 Windows、Linux 和 Mac OS 等。GPT 分区格式主要使用 UEFI 引导方式，具有更快的启动速度和更好的兼容性，支持从网络、USB 等设备启动操作系统。

2）基本磁盘

在 Windows 系统中，基本磁盘是最常用的磁盘类型，它通过 MBR 或 GPT 格式化，磁盘的分区分为主分区和扩展分区。

主分区是可以直接用于存储数据和安装操作系统的分区。MBR 磁盘最多支持四个主分区，其中一个可被设置为活动分区，以便系统在启动时识别和加载。主分区可以直接访问。每个主分区都可以被格式化为 NTFS、FAT32 等文件系统，适合存储文件和数据。

扩展分区是一种特殊类型的分区，它允许在 MBR 磁盘上创建更多的逻辑分区。扩展分区本身不能直接存储数据，而是包含一个或多个逻辑分区，用户可以在这些逻辑分区上存储文件和数据。通过将逻辑分区放置在扩展分区中，用户可以克服主分区数量的限制，从而实现更复杂的存储需求。

3）动态磁盘

动态磁盘组织结构提供了多种类型的动态卷：简单卷是最基本的类型，它只在单个物理磁盘上创建，并提供了简单的数据存储解决方案；带区卷在两个或多个物理磁盘上以带区形式存储数据，提升了读取和写入性能；镜像卷则通过在两个物理磁盘上复制数据，提供了容错能力，确保在一个磁盘发生故障时数据仍然可用；RAID-5 卷结合了数据和奇偶校验，提供了容错能力，并将数据分布在三个或更多物理磁盘上，适用于需要高可用性和性能的场景。

4）磁盘管理工具

Chkdsk：该命令用于检查磁盘错误并修复发现的任何错误。它可以扫描文件系统的完整性，查找逻辑文件系统错误和坏道，并在需要时进行修复。

Convert：该命令用于将 FAT 或 FAT32 格式的卷转换为 NTFS 格式。

DiskPart：用于磁盘分区和卷管理。用户可以使用它创建、删除、扩展或格式化分区，以及更改分区的属性，常被用于复杂的磁盘管理任务。

Format：该命令用于使用特定文件系统格式化卷或已装入的驱动器。使用此工具之前需确保数据已备份。

Fsutil：是一个功能多样的命令，专门用于执行与 NTFS 文件系统相关的任务。它可以用来查询和管理磁盘空间、创建符号链接、管理硬盘配额以及更改文件系统属性等。Fsutil 是高级用户和系统管理员常用的工具。

Mountvol：该命令用于装入或卸载 NTFS 文件夹中的卷，为管理大型存储设备和多个卷提供了灵活性。

2. 基本磁盘管理

当用户将新磁盘添加到系统时，用户可以创建分区、格式化以及配置文件系统，使新磁盘能够存储数据并参与日常的文件管理。

1）创建主分区

用户可以根据需求在基本磁盘上创建一个或多个主分区。主分区用于直接存储数据和安装操作系统，创建主分区的过程完成后，主分区将被标记为活动分区。

2）创建扩展分区

磁盘管理控制台不直接提供创建扩展分区功能，只有在一块磁盘已有 3 个主分区的情况下，通过新建简单卷向导创建第 4 个简单卷时，才会自动将其设置为扩展分区。

当用户需要创建超过四个分区时，可以先创建一个扩展分区，再使用 DiskPart 命令行工具创建主分区和扩展分区。

3. 动态磁盘管理

动态磁盘管理允许用户创建和管理更复杂的磁盘结构。

1）基本磁盘转换为动态磁盘

右键单击“此电脑”或“计算机”，选择“管理”，然后在磁盘管理窗口中右键单击要转换的基本磁盘。选择“转换为动态磁盘”选项，按照向导完成转换。

转换为动态磁盘不会影响原有数据，但不能轻易再转回基本磁盘，除非删除整个磁盘上的所有卷。

2）创建简单卷

在磁盘管理中，找到未分配的磁盘空间，右键单击该空间。选择“新建简单卷”完成创建。

3）扩展动态卷

在磁盘管理中，右键单击要扩展的动态卷。选择“扩展卷”，启动扩展卷向导。

输入要扩展的空间大小，然后按照向导完成操作。

4）创建和管理 RAID-5 卷

实现 RAID-5 卷至少需要用 3 块硬盘，必须用多个动态磁盘上的未指派空间来组成一个 RAID-5 卷，整个 RAID-5 卷被视为一个整体。RAID-5 卷具备容错功能，能够通过 RAID-5 卷的其他成员重新生成数据以修复损坏的 RAID-5 卷。

右键单击“我的电脑”并选择“管理”，单击“磁盘管理”，右键单击未分配的空间，并选择“创建卷”。按照创建卷向导操作完成创建。

3.2.8 Windows 系统网络安全配置

这一节将从多个角度探讨 Windows 系统网络管理，包括网络配置、网络调试、防火墙管理、远程连接的安全性，以便更全面地掌握 Windows 系统在网络管理上的操作和最佳实践。

1. 系统网络管理

Windows 网络配置涉及设置网络连接、管理网络适配器、配置 IP 地址、DNS 和其他网络参数。以下是一些关键步骤和配置方法，以确保 Windows 系统能够有效连接到网络。具体配置如下。

通过“控制面板”进入“网络和共享中心”，点击“更改适配器设置”、右击适配器，选择“属性”、选择 TPC/IPv4 配置（TCP/IP 基本配置包括 IP 地址、子网掩码、默认网关、DNS 服务器配置等）。

2. 系统网络调试

1）基础网络调试命令

Windows server 提供了网络调试工具，可以使用 ipconfig 命令查看 IP 地址和网络适配器信息，使用 ping 命令测试网络连通性等。在命令行（cmd）下输入：

arp -a 查看当前网络上的 IP 地址和对应的 MAC 地址映射表；

Ipconfig 查看基本的网络配置，输入 ipconfig /all 可以查看更详细的信息，包括 DNS 服务器和 DHCP 状态；

ping [IP 地址或域名]可以看到往返时间和丢包率，判断网络连接是否正常；

tracert [IP 地址或域名]显示数据包经过的每个路由节点及其响应时间；

pathping [IP 地址或域名]将先执行 tracert，再进行 ping 测试，最终汇总结果；

netstat 查看活动的 TCP 连接，输入 netstat -a 可以显示所有连接和监听端口、netstat -b 显示与每个连接相关的可执行文件。

2）高级网络管理功能

“Windows PowerShell”提供了更为丰富的网络管理功能，如下。

BranchCache 用于在分支办公室之间缓存内容，提高网络效率。它可以缓存来自总部的文件和应用程序，减少带宽使用和延迟。通过 BranchCache，用户可以在分支站点之间共享和访问文件，提高访问速度和网络性能。

NetAdapter 用于管理网络适配器的配置。通过 NetAdapter，用户可以调整网络适配器的设置，以优化连接和解决网络问题。

NetConnection 用于管理网络连接的状态，查看连接的当前状态和属性。用户可以使用 NetConnection 检查当前网络连接的有效性，以及诊断网络问题。

NetLBFO 用于管理网络接口卡（NIC）的聚合，将多个 NIC 结合成一个逻辑连接，以增加带宽和提供冗余。

NetQoS 用于管理网络服务质量（QoS），确保应用程序和服务获得所需的带宽和优先级。

NetSecurity 用于管理网络安全配置，包括防火墙设置和安全策略。通过 NetSecurity，用户可以配置安全规则，以保护网络免受攻击和未授权访问。

NetSwitchTeam 用于管理网络交换机组，允许多个物理 NIC 连接到同一交换机组。

NetTCPIP 用于管理 TCP/IP 协议的配置，包括 IP 地址、DNS、网关等设置。

NetworkTransition 用于管理网络迁移，帮助用户在不同网络环境之间切换。

NetWNV 用于 Windows 网络虚拟化，允许在同一物理网络上创建多个虚拟网络。通过 NetWNV，用户可以在虚拟环境中配置和管理网络，以支持多租户和云计算场景。

3. 系统防火墙管理

1）打开防火墙控制台

依次单击“计算机—控制面板—系统和安全—Windows 防火墙—自定义设置”，即可打开 Windows 防火墙控制台。

2）高级安全配置

系统防火墙主界面，点击“高级设置”，点击左侧的“入站规则”，就可以看到服务器允许连接的程序以及端口规则的详细列表信息。

3）在防火墙上开放端口

选择“新建规则”在弹出的列表中建立需要开放远程连接端口号。选择 TCP 协议、设定特定端口、设定允许连接；设置规则应用的网络场景，例如允许规则应用在“域”和“公网”；最终为规则设置名称，完成防火墙规则的设置。

3.3 常见应用服务安全配置

应用服务器的配置主要包括网络接口、服务端口、权限管理、认证与加密、日志监控以及资源限制等多个方面。

网络接口和端口的合理配置能够有效控制访问范围，避免不必要的外部访问风险。服务器权限管理至关重要，合理的权限管理措施包括为每个应用创建单独的低权限用户，并赋予最小的操作权限，这样即使某一服务出现安全问题，被获取的权限也会限制在最小范围内。数据库和 Web 服务器等应用服务通常可以在各自的独立用户权限下运行，以保障系统的安全性。

配置强大的认证机制和加密措施是保护数据的关键。应用服务器的认证机制应尽量采用强密码或公钥认证方式，并在条件允许时使用多因素认证。此外，传输数据的过程中应启用加密协议，如 HTTPS 或 SSL，这样能够有效保护数据在传输中免受窃取或篡改。对于敏感数据的访问控制，可以在应用层配置访问权限，限制某些用户或进程只能执行特定的操作，防止非授权用户获取敏感数据。

日志记录是监控和管理服务器运行状态的关键手段，能够帮助管理员及时发现异常行为并进行故障排查。Web 服务器、数据库和 SSH 服务等关键应用的访问日志、错误日志等信息对于检测潜在安全威胁非常有用。合理设置日志管理策略，如定期归档和清理日志文件，能够防止日志文件无限增大对系统存储造成压力。此外，通过监控工具实时查看服务器运行状况，并生成可视化报表，能够帮助管理员更好地了解应用服务器的运行状态。

资源限制的配置能有效提高应用服务器的稳定性。通过设定适当的资源限制，可以防止资源耗尽导致的服务崩溃或系统卡顿，增强系统的整体抗压能力。特别是在多用户环境或运行多个服务的服务器上，资源限制配置显得尤为重要。

以下将以 Linux 服务器环境为例，介绍 Web 服务、数据库服务器、DHCP 服务器、文件共享服务器以及 DNS 服务器的安全配置。

3.3.1 Web 服务器安全配置

Apache HTTP Server 是一款开源且跨平台的 Web 服务器，广泛应用于各种网站。对服务器的部署和安全加固是 Web 服务器配置的重要步骤。以下内容涵盖如何部署服务器、配置站点资源，以及用安全加固措施保护服务器。

1. Apache HTTP Server 的部署

（1）安装 Apache HTTP Server。可以使用 yum 包管理器安装 Apache。Apache 的软件包名为 httpd。使用 yum 安装 Apache：

```
[root@localhost~]# yum install httpd
```

（2）启动并设置 Apache 开机自动启动。

启动 Apache 服务：

```
[root@localhost~]# systemctl start httpd
```

设置开机自启动：

```
[root@localhost~]# systemctl enable httpd
```

（3）配置防火墙开启 HTTP 和 HTTPS 端口。

默认情况下，Apache 使用 80 端口提供 HTTP 服务，443 端口提供 HTTPS 服务。为确保服务器能够正常访问，需要在防火墙中开放这些端口。

开放 HTTP 和 HTTPS 端口：

```
[root@localhost~]# sudo firewall-cmd –permanent --add-service =http
[root@localhost~]# sudo firewall-cmd –permanent --add-service =https
```

重新加载防火墙规则：

```
[root@localhost~]# sudo firewall-cmd --reload
```

（4）配置站点资源。

Apache 默认的网站根目录为/var/www/html，可以将网站资源文件（如 HTML、CSS、JavaScript、图像等）放置在该目录下。以创建一个简单的网站为例，在/var/www/html 目录中创建一个 index.html 文件作为站点首页：

```
[root@localhost~]#echo "<html><body><h1>Welcome to Apache on
```

2. Apache HTTP Server 的安全加固

（1）隐藏 Apache 版本信息和操作系统信息。

默认情况下，Apache 会在响应头中包含服务器的版本号和操作系统信息，可以通过编辑/etc/httpd/conf/httpd.conf 文件，ServerTokens Prod 将服务器响应头信息限制为“Apache”；ServerSignature Off 隐藏服务器生成的错误页面上的 Apache 版本信息。

（2）限制访问目录权限。

```
<Directory />
AllowOverride None
Require all denied
</Directory>
<Directory "/var/www/example.com">
AllowOverride None
Require all granted
</Directory>
```

该配置会阻止根目录的访问，仅允许访问站点目录/var/www/example.com。

（3）启用 HTTPS 加密。

启用 HTTPS 需要安装 mod_ssl 模块和有效的 SSL 证书。安装 mod_ssl[root@localhost ~]#sudo yum install mod_ssl

安装后，在 Apache 配置文件中设置 SSL 证书路径：

```
<VirtualHost *:443>
SSLEngine on
SSLCertificateFile /path/to/your_certificate.crt
SSLCertificateKeyFile /path/to/your_private.key
SSLCertificateChainFile /path/to/your_ca_bundle.crt
```

```
</VirtualHost>
```

配置完成后，重新加载 Apache 服务：

```
[root@localhost~]#sudo systemctl reload httpd
```

这样就启用了 HTTPS 加密，确保用户访问时使用加密连接。

（4）限制 HTTP 请求方法。

为了减少攻击面，可以限制 Apache 支持的 HTTP 请求方法。通常只需开放 GET 和 POST 请求，而其他方法如 DELETE、TRACE 等可以禁用。在配置文件中加入命令：

```
<LimitExcept GET POST>
Require all denied
</LimitExcept>
```

可以有效减少由于 DELETE、TRACE 等方法而产生的潜在安全风险。

（5）启用 mod_security 和 mod_evasive 模块。

模块 mod_security 是一个 Web 应用防火墙模块，可用于检测和阻止恶意请求；模块 mod_evasive 则用于防止暴力攻击和 DDoS 攻击：

```
[root@localhost~]#sudo yum install mod_security mod_evasive
```

安装后，通过配置文件设置规则来阻止恶意请求。例如，可以配置 mod_security 规则文件检测 SQL 注入、跨站脚本攻击等；而在 mod_evasive 配置文件中，可以设置请求速率限制，防止频繁访问带来的安全风险。

（6）使用最低权限运行 Apache。

Apache 服务应当以最低权限用户运行。通常 Apache 在 Linux 系统上以 apache 用户和组身份运行，确保即使被攻击，攻击者也不能获得系统的 root 权限。

```
[root@localhost~]#sudo User apache && Group apache
```

（7）整体配置文件。

按照 Apache 的部署和安全加固内容，包含站点部署、虚拟主机配置、目录权限、HTTPS 加密以及常见的安全加固设置。以默认的配置文件路径/etc/httpd/conf/httpd.conf 为例。整体配置文件如下。

```
# Apache HTTP Server 配置文件
# 基本配置和安全加固
# 服务器根目录
ServerRoot "/etc/httpd"
# 监听端口
Listen 80
Listen 443    # 启用 HTTPS
# 禁用服务器版本信息显示
ServerTokens Prod
ServerSignature Off
# 用户和组设置，确保以最低权限用户运行 Apache
User apache
Group apache
```

```
# 日志文件配置
ErrorLog "logs/error_log"
LogLevel warn
# 自定义日志格式
LogFormat "%h %l %u %t \"%r\" %>s %b \"%{Referer}i\" \"%{User-Agent}i\"" combined
CustomLog "logs/access_log" combined
# 动态模块加载路径
Include conf.modules.d/*.conf
# 服务器名称
ServerName www.example.com:80
# 根目录权限设置,默认禁止访问
<Directory />
AllowOverride None
Require all denied
</Directory>
# 网站根目录配置
DocumentRoot "/var/www/html"
<Directory "/var/www/html">
Options Indexes FollowSymLinks
AllowOverride None
Require all granted
</Directory>
# 禁用不必要的请求方法,限制为 GET 和 POST
<LimitExcept GET POST>
Require all denied
</LimitExcept>
# 配置虚拟主机,支持多个站点
<VirtualHost *:80>
ServerName example.com
ServerAlias www.example.com
DocumentRoot /var/www/example.com
<Directory "/var/www/example.com">
    Options -Indexes +FollowSymLinks
    AllowOverride All
    Require all granted
</Directory>
ErrorLog /var/log/httpd/example.com-error.log
CustomLog /var/log/httpd/example.com-access.log combined
```

```
</VirtualHost>
# 启用 HTTPS 虚拟主机
<VirtualHost *:443>
ServerName example.com
DocumentRoot /var/www/example.com
SSLEngine on
SSLCertificateFile /path/to/your_certificate.crt
SSLCertificateKeyFile /path/to/your_private.key
SSLCertificateChainFile /path/to/your_ca_bundle.crt
<Directory "/var/www/example.com">
    Options -Indexes +FollowSymLinks
    AllowOverride All
    Require all granted
</Directory>
ErrorLog /var/log/httpd/example.com-ssl-error.log
CustomLog /var/log/httpd/example.com-ssl-access.log combined
</VirtualHost>
# 启用和配置 mod_security( 如已安装 )
# 安全模块配置文件通常位于/etc/httpd/conf.d/security.conf 中
# IncludeOptional conf.d/mod_security.conf
# 启用和配置 mod_evasive( 如已安装 )
# 安全模块配置文件通常位于 /etc/httpd/conf.d/evasive.conf 中
# IncludeOptional conf.d/mod_evasive.conf
# 配置 MIME 类型
TypesConfig /etc/mime.types
# SSL 协议和密码配置( 推荐在 https.conf 或 ssl.conf 中配置 )
SSLProtocol all -SSLv2 -SSLv3
SSLCipherSuite HIGH:!aNULL:!MD5
# 加载额外的配置文件
IncludeOptional conf.d/*.conf
```

3.3.2 MySQL 服务器安全配置

常见的数据库服务器风险包括未授权的访问、SQL 注入攻击、数据泄露和泄密、数据篡改和破坏及服务中断的安全风险。本小节介绍 MySQL 数据库服务器的部署及安全加固。

1. MySQL 数据库的安装部署

（1）添加 MySQL Yum 仓库。

```
[root@localhost~]# yum localinstall
https://dev.mysql.com/get/mysql80-community-release-el7-3.noarch.rpm
```

（2）安装 MySQL。

```
[root@localhost~]# yum install mysql-community-server
```

（3）启动 MySQL 服务并设置开机自动启动。

启动 MySQL 服务：

```
[root@localhost~]# systemctl start mysqld
```

设置 MySQL 开机自启：

```
[root@localhost~]# systemctl enable mysqld
```

（4）获取 MySQL 临时 root 密码。

使用临时密码登录 MySQL 后台，并运行安全初始化命令进行初步加固设置。

登录 MySQL：

```
[root@localhost~]# mysql -u root -p
```

运行安全脚本：

```
[root@localhost~]# mysql_secure_installation
```

该脚本会进行包括更改 root 用户密码、删除匿名用户、禁止 root 用户远程登录、删除测试数据库及重新加载权限表等初步安全加固配置。

2. MySQL 数据库安全加固

数据库服务器的安全加固包括身份验证、访问控制、加密等措施。

1）使用强密码策略

在数据库中，所有账户都应使用强密码。

2）配置最小权限

确保所有用户仅拥有完成工作所需的最小权限，防止越权操作。例如，可以通过以下命令创建一个仅拥有 SELECT 权限的用户。

```
CREATE USER 'readonly_user'@'localhost' IDENTIFIED BY 'password';
GRANT SELECT ON your_database.* TO 'readonly_user'@'localhost';FLUSH PRIVI-
LEGES;
```

3）禁用不必要的网络访问

默认 MySQL 会监听所有接口上的 3306 端口。可以在 MySQL 配置文件（通常位于/etc/my.cnf）中进行配置，使 MySQL 服务只能被特定的主机访问。在 MySQL 中，创建用户时可以指定允许访问的主机。创建一个仅允许从特定主机 192.168.1.100 连接的用户：

```
CREATE USER 'username'@'192.168.1.100' IDENTIFIED BY 'passwo rd';
```

同时需要更改现有用户的主机限制，将其替换为指定 IP（'192.168.1.100'）即可限制为特定主机访问：

```
ALTER USER 'username'@'192.168.1.100' IDENTIFIED BY 'password';
```

最终设置 bind-address，指定 MySQL 只绑定到特定的 IP 地址，以进一步限制数据库的访问。将 bind-address 设置为 192.168.1.100：

```
[mysqld]
bind-address = 192.168.1.100
```

4）使用 SSL 加密连接

MySQL 支持 SSL 加密，可以确保数据在传输过程中的安全性。首先生成 SSL 证书并配置 MySQL 使用这些证书。可以在/etc/my.cnf 中配置 SSL 证书路径。

```
[mysqld]
ssl-ca = /path/to/ca.pem
ssl-cert = /path/to/server-cert.pem
ssl-key = /path/to/server-key.pem
```

启用后,客户端连接 MySQL 时会强制使用 SSL 进行加密连接。

3.3.3 DHCP 服务器安全配置

DHCP(Dynamic Host Configuration Protocol)是一种网络管理协议,用于动态分配 IP 地址和网络配置信息给客户端设备。能够统一设置和管理所有设备的网络配置信息,包括 IP 地址、子网掩码、网关和 DNS 服务器地址等。

1. DHCP 服务的交互过程

DHCP 服务的交互过程主要包含 4 个步骤,称为 DORA 过程,即:Discover(发现)、Offer(提供)、Request(请求)和 Acknowledge(确认)。当一台设备接入网络时,它通过该过程获取 IP 地址和网络配置。

1)Discover(发现)

当设备(DHCP 客户端)首次接入网络并请求 IP 地址时,会发送一个 DHCP Discover 广播消息来发现网络中的 DHCP 服务器。

2)Offer(提供)

当 DHCP 服务器接收到 DHCP Discover 消息后,提供一个可用的 IP 地址及相关配置信息给客户端,等待客户端确认。

3)Request(请求)

客户端接收到多个 DHCP Offer 后,会选择一个 DHCP 服务器,并以 DHCP Request 消息回复该服务器,表示接受其提供的 IP 地址,即确认选择了特定 DHCP 服务器的 IP 地址请求,并通知其他 DHCP 服务器放弃本次请求。

4)Acknowledge(确认)

在接收到客户端的 DHCP Request 消息后, DHCP 服务器将通过 DHCP Acknowledge (ACK)消息确认分配,即确认 IP 地址分配完成,客户端可以开始使用该 IP 地址。

2. DHCP 服务器的部署

1)安装 DHCP 服务

使用 yum 包管理工具来安装 DHCP 服务器:

```
[root@localhost ~]#sudo yum install dhcp-server -y
```

安装完成后,主要的配置文件一般位于/etc/dhcp/dhcpd.conf。服务启动脚本通常位于/usr/lib/systemd/system/dhcpd.service。

2)配置 DHCP 服务

通过编辑 DHCP 配置文件,打开/etc/dhcp/dhcpd.conf 文件进行编辑,设置 IP 地址池和相关网络配置信息。

```
# /etc/dhcp/dhcpd.conf
```

```
# 设置域名和 DNS 服务器
option domain-name "example.com";
option domain-name-servers ns1.example.com, ns2.example.com;
# 设置默认租约时间和最大租约时间
default-lease-time 600;
max-lease-time 7200;
# 设置网段配置
subnet 192.168.1.0 netmask 255.255.255.0 {
range 192.168.1.100 192.168.1.200;   #地址分配范围
option routers 192.168.1.1;       #默认网关
option subnet-mask 255.255.255.0;      #子网掩码
option broadcast-address 192.168.1.255;   #广播地址
}
# 定义固定 IP 地址分配（根据 MAC 地址）
host printer {
hardware ethernet 00:11:22:33:44:55;
fixed-address 192.168.1.50;
}
```

3）配置权限

限制配置文件的访问权限，确保只有 root 用户可以读取或修改配置文件：

```
[root@localhost~]# sudo chmod 600 /etc/dhcp/dhcpd.conf
```

4）启动和管理 DHCP 服务

```
[root@localhost~]#sudo systemctl start dhcpd
```

5）设置 DHCP 服务开机自启

```
[root@localhost~]#sudo systemctl enable dhcpd
```

3. DHCP 服务的安全加固

1）使用防火墙限制访问

配置防火墙，确保只有指定的网络设备和 IP 范围可以访问 DHCP 服务。添加防火墙规则，允许特定子网访问 DHCP 服务器：

```
[root@localhost~]# sudo firewall-cmd --zone=public --add-service=dhcp --permanent
```

2）只监听必要的网络接口

通过 INTERFACES 变量设置 DHCP 仅监听指定的网络接口。可以编辑/etc/sysconfig/dhcpd 文件并指定接口：

```
INTERFACES="ens160"
```

3）配置日志审计

配置 DHCP 日志文件，并定期审计日志以发现异常活动。配置错误日志（/var/log/messages），记录 DHCP 服务的相关信息。定期检查日志以检测是否有异常的 IP 请求或潜在的攻击迹象。

3.3.4 DNS 服务器安全配置

1. DNS 基础原理

DNS 通过将域名转换为 IP 地址，使用户能方便地访问网站和其他网络资源。DNS 是一个分布式的数据库系统，由多个 DNS 服务器共同协作以处理域名解析请求。其工作原理通常包括以下几个步骤。

（1）DNS 查询。当用户在浏览器中输入一个域名时，操作系统会首先检查本地 DNS 缓存以查看是否已经存储了该域名的解析结果。如果没有，系统会向配置的 DNS 服务器发送查询请求。

（2）递归解析。如果查询的是递归 DNS 服务器（通常由 ISP 提供），它会负责找到请求的域名。递归服务器会从根 DNS 服务器开始，逐级向下查询，直到找到最终的域名解析记录。

（3）根 DNS 服务器。根 DNS 服务器是 DNS 系统的顶层，负责管理顶级域（如.com、.org、.net 等）。当接收到查询请求时，根服务器会指向相应的顶级域名服务器。

（4）顶级域名服务器。顶级域名服务器存储着特定域名的名称服务器（NS 记录）。一旦找到相应的 NS 记录，递归 DNS 服务器将向该名称服务器发送请求。

（5）权威 DNS 服务器。最终，查询将到达权威 DNS 服务器，该服务器存储着实际的域名解析记录（如 A 记录、CNAME 记录、MX 记录等）。权威服务器会将所需的 IP 地址返回给递归 DNS 服务器，后者再将结果返回给客户端。

（6）缓存。为了提高效率，DNS 服务器和客户端会缓存解析结果，以减少后续相同查询的延迟。

2. 部署 BIND 服务器

BIND（Berkeley Internet Name Domain）是最常用的 DNS 服务器软件，广泛应用于 Unix 和 Linux 系统。

1）安装 BIND 服务组件

```
[root@localhost ~]#sudo yum install bind bind-utils
```

BIND 服务相关组件包括软件包“bind”和“bind-utils”，其中“bind”软件包允许用户和组织在互联网和内部网络上提供 DNS 服务，BIND 支持主从 DNS 服务器配置，允许数据的高可用性和负载均衡。“bind-utils”软件包是一组用于测试和调试 DNS 服务的命令行工具，主要包含 dig、nslookup 和 host 工具，提供了多种 DNS 记录查询检测工具。

2）配置 BIND 服务

BIND 的主配置文件位于/etc/named.conf，以下是一个基础配置示例。

```
# /etc/named.conf
options {
listen-on port 53 { any; };    # 监听所有接口的 53 端口
listen-on-v6 { any; };         # IPv6 配置
directory "/var/named";        # DNS 数据存放目录
dump-file "/var/named/data/cache_dump.db";    # 缓存转储文件
statistics-file "/var/named/data/named_stats.txt";    # 统计信息文件
```

```
memstatistics-file "/var/named/data/named_mem_stats.txt"; # 内存统计信息文件
allow-query { any; };    # 允许所有查询
};
// 定义区域(zone)
zone "example.com" IN {
type master;                 # 主区域
file "example.com.db"; # 区域数据文件
allow-update { none; };# 不允许动态更新
};
zone "0.0.127.in-addr.arpa" IN {
type master;
file "named.local";      # localhost 反向解析
};
```

3)创建区域数据文件

根据上述配置，需要创建 example.com.db 区域数据文件，文件路径为/var/named/example.com.db。

```
$TTL 86400 ; 1 day
@    IN    SOA        ns.example.com. admin.example.com. (
                 2024110301 ; serial
                 3600         ; refresh (1 hour)
                 1800         ; retry (30 minutes)
                 604800       ; expire (1 week)
                 86400         ; minimum (1 day)
)
; NS Records
@    IN    NS    ns.example.com.
ns    IN    A       192.168.1.10    ; # DNS 服务器的 IP 地址
; A Records
@    IN    A     192.168.1.10    ; #域名解析的 IP 地址
www IN    A     192.168.1.10    ; #www 域名解析的 IP 地址
```

4)启动 BIND 服务

启动 BIND 服务，并配置为开机自动启动:

```
[root@localhost~]#sudo systemctl start named
[root@localhost~]#sudo systemctl enable named
```

3. BIND 服务安全加固

通过合理配置 BIND 和实施必要的安全措施，可以显著降低 DNS 服务器受到攻击的风险，从而为用户提供可靠的域名解析服务。

1)限制访问控制

通过修改/etc/named.conf 中的 allow-query 选项，限制谁可以查询 DNS 服务。例如，限制只有内部网络可以查询：

```
allow-query { 192.168.1.0/24; };
```

2）关闭不必要的功能

可以通过设置 allow-update 为 none 来禁用动态 DNS 更新：

```
allow-update { none; };
```

3）启用 DNSSEC 功能

DNSSEC（DNS Security Extensions）可以防止 DNS 响应被篡改。为此，需要在区域配置中添加相应的 DNSSEC 设置。确保在/etc/named.conf 中添加 DNSSEC 相关的配置：

```
zone "example.com" IN {
    type master;
    file "example.com.db";
    allow-update { none; };
    auto-dnssec maintain; # 自动维护 DNSSEC
    inline-signing yes;    # 启用内联签名
};
```

3.4 数据备份与恢复策略

数据是最宝贵的资产之一，制定和实施有效的数据备份与恢复策略是确保数据安全和业务连续性的重要手段。

3.4.1 数据备份的重要性

数据备份是防止数据丢失、损坏或不可访问的核心措施，是信息管理中不可或缺的一部分。其重要性体现在：保护业务连续性、防范网络攻击以及满足合规要求。

3.4.2 数据备份的类型

数据备份可以根据不同的需求和场景，分为不同的类型。通常包括完整备份、增量备份和差异备份等。

1. 完整备份

完整备份是对数据进行全量备份，即将所有选定的数据复制到备份介质中。这种方式的优点是数据恢复过程非常简单快捷；缺点是备份过程时间长，备份文件占用存储空间大，通常适用于周期性备份或在初次备份时使用。

2. 增量备份

增量备份只备份自上一次备份以来发生变化的数据。备份速度快且节省存储空间，但在恢复时，增量备份可能会比较复杂，需要从最新的完整备份开始，依次恢复每一个增量备份。

3. 差异备份

差异备份备份自上一次完整备份以来所有改变的数据。它在备份时比增量备份占用更多的空间，但恢复过程比增量备份简单，只需要完整备份和最近一次差异备份即可完成恢复。

4. 镜像备份

镜像备份创建源数据的精确副本，通常用于需要保持系统镜像的场景。这种备份的恢复时间较短，但对存储资源的要求较高，且不支持单个文件的恢复。

5. 快照备份

快照是数据在某一时刻的拷贝，它不是传统的文件拷贝，而是捕捉文件系统或数据卷的状态。快照备份占用资源较少，恢复速度快，适用于频繁的备份需求。

3.4.3　数据备份的方法

1. 本地备份

本地备份是将数据备份到本地的存储设备上，如硬盘、磁带、NAS 等。优点是数据传输速度快，恢复时间较短。然而，本地备份面临较大的物理风险，如火灾、洪水等自然灾害，可能会导致备份设备损坏。

2. 远程备份

远程备份是将数据备份到远程的物理存储设备上，通常通过网络进行数据传输。远程备份可以防止本地灾害带来的数据损失，但由于数据传输依赖网络，备份和恢复速度可能较慢，特别是在数据量大的情况下。

3. 云备份

云备份是将数据备份到云服务提供商的存储系统中。云备份的优势在于它的高可用性、弹性扩展性和地理位置冗余性。然而，云备份也有其劣势，例如长期依赖第三方服务，可能存在数据隐私和安全问题。此外，云备份的传输速度依赖于互联网带宽。

4. 混合备份

混合备份结合了本地备份和云备份优势，数据同时备份到本地和云端。混合备份提供了更高的可靠性和灵活性，当本地数据丢失时，可以快速恢复云端备份，确保数据的可用性。这种方法适用于对数据安全性和恢复速度有高要求的企业。

3.4.4　数据恢复策略

数据恢复是指在数据丢失或损坏后，将备份的数据恢复到工作系统中的过程。数据恢复策略包括恢复点目标（RPO）和恢复时间目标（RTO）。

1. 恢复点目标（RPO）

恢复点目标定义了在灾难发生时，可以容忍的数据丢失量。RPO 的设定直接影响备份频率。如果对数据的实时性要求高，那么 RPO 就要设置得更短，备份频率也需要更高。

2. 恢复时间目标（RTO）

恢复时间目标指的是从灾难发生到业务恢复正常运行所需的时间。RTO 的设定反映了对业务连续性的要求，RTO 越短，数据恢复过程就需要越快，通常需要依赖自动化和高效的恢复机制。

3. 全面的恢复测试

即使备份策略完美无缺，如果没有定期测试，恢复过程可能会面临各种问题。因此，应定期进行数据恢复测试，验证恢复策略的有效性，确保在灾难发生时能够顺利恢复数据。

4. 优先级恢复

在灾难发生时，可能无法立即恢复所有数据，因此需要根据业务的优先级制定恢复顺序。通常，关键业务数据和系统应优先恢复。

5. 多级恢复计划

为了应对不同类型的灾难，应制订多级恢复计划。小规模故障可能只需恢复少量数据，而严重的灾难可能需要全面恢复系统和数据。

3.4.5 数据备份与恢复策略的实施

实施数据备份与恢复策略需要从技术、流程和人员 3 个层面入手，确保备份和恢复系统的正常运作。

1. 技术实施

选择合适的备份软件和存储介质是技术实施的核心，可以根据自身的数据量、恢复需求和预算选择适合的工具和服务。无论是本地备份、远程备份还是云备份，都需要确保备份系统能够高效运行，并能够满足 RPO 和 RTO 的要求。

2. 流程管理

备份与恢复的流程管理同样重要，应制订明确的备份计划，指定备份频率和数据类型。同时，备份过程应自动化，减少人为操作的失误。恢复流程也应提前规划，定义清晰的恢复步骤和职责分工，确保在紧急情况下能够快速响应。

3. 人员培训

确保相关人员熟悉备份和恢复的流程和工具是关键环节。定期对负责备份和恢复的员工进行培训，尤其是在引入新系统或工具时，员工必须掌握新的操作方法和应急响应技巧。

3.5 密码学与加密技术基础

密码学（Cryptography）是信息安全的核心科学之一，它通过复杂的数学方法来保护信息的机密性、完整性和真实性。随着全球数字化进程的加速，密码学不仅仅局限于保护信息的传输，还涵盖了从身份验证到区块链、数字签名、电子商务等诸多现代信息技术的安全保障。

3.5.1 对称加密技术

对称加密（Symmetric Encryption）是一种最为传统且应用最广泛的加密技术。它的核心思想是使用相同的密钥进行加密和解密操作，即加密和解密过程使用的密钥是相同的。

1. 对称加密技术的工作原理

对称加密的基本原理可以简单描述为明文数据通过某种加密算法和密钥转换为密文，然后接收方使用相同的密钥，通过解密算法将密文恢复为明文。在整个过程中，密钥的保密性至关重要,一旦密钥泄露,加密的安全性就会受到极大威胁。

2. 常见的对称加密算法

(1)DES(数据加密标准,Data Encryption Standard)。

DES 是 20 世纪 70 年代由美国国家标准局(NBS)提出的标准对称加密算法,使用 56 位的密钥对数据进行加密。

(2)3DES(三重 DES,Triple DES)。

3DES 采用三次加密的方式对数据进行处理,在安全性上得到了显著提升。

(3)AES(高级加密标准,Advanced Encryption Standard)。

AES 是 DES 的继任者,2001 年成为美国联邦政府的加密标准。AES 的设计具有极高的安全性和加密效率,它支持 128 位、192 位和 256 位的密钥长度,被广泛应用于现代信息系统的加密任务中。

3. 对称加密的使用场景

(1)数据存储保护:对称加密常用于对文件、数据库等敏感数据的加密存储,以防止未经授权的访问。

(2)网络传输安全:在网络通信中,对称加密通常用于确保数据传输的安全性,例如 SSL/TLS 协议在初始阶段使用非对称加密进行密钥交换,随后使用对称加密(如 AES)来加密大部分数据流量。

(3)VPN 与无线安全:虚拟专用网络(VPN)和无线网络安全协议(如 WPA2)也广泛使用对称加密来保护传输中的数据。

4. 对称加密的优缺点

对称加密的优点是高效且实现简单,缺点是密钥管理和分发困难,扩展性差。

3.5.2 非对称加密技术

非对称加密(Asymmetric Encryption)是现代密码学的一个重大突破,它通过使用一对密钥(公钥和私钥)解决了对称加密中存在的密钥管理和分发问题。公钥可以公开用于加密,私钥则必须由接收方妥善保管,并用于解密。

1. 常见的非对称加密算法

(1)RSA 算法。RSA 是 1977 年由 Ron Rivest、Adi Shamir 和 Leonard Adleman 三位数学家共同发明的,它是目前应用最为广泛的非对称加密算法之一。破解 RSA 密钥极其困难,其被广泛应用于数字签名、加密通信以及电子商务中。

(2)Diffie-Hellman 密钥交换协议。Diffie-Hellman 协议是 1976 年提出的一种密钥交换协议,允许通信双方在没有预先共享密钥的情况下,通过公开通信通道生成一个共享的加密密钥,其在 HTTPS 和 VPN 等场景中得到了广泛应用。

(3)ECC(椭圆曲线密码学,Elliptic Curve Cryptography)。ECC 是一种基于椭圆曲线数学理论的加密算法。ECC 在移动设备和其他低功耗环境中的应用非常广泛。

2. 非对称加密的使用场景

(1)数字证书和 SSL/TLS。在互联网通信中,SSL/TLS 协议使用非对称加密来安全地交换对称加密密钥;Web 服务器通过数字证书向用户证明其身份,用户通过服务器的公钥加密通信密钥,服务器再用私钥解密,以此确保数据传输的安全。

(2)数字签名。在电子邮件、文档签名和软件分发中,非对称加密用于生成和验证数字签名。

(3)密钥交换。非对称加密的关键优势在于它的密钥分发机制。公钥可以自由公开,通信双方不需要通过安全通道交换密钥,从而避免了对称加密中“密钥分发”这一难题。

3. 非对称加密的优缺点

非对称加密的优点是安全性高,适合用于身份验证和签名;其缺点是计算复杂度高和密文体积大。

3.5.3 数字签名

数字签名(Digital Signature)是用于验证数字信息真实性和完整性的技术。

1. 数字签名的工作原理

数字签名的生成过程可以分为以下几个步骤。

(1)发送方使用哈希函数将要发送的信息生成一个固定长度的哈希值。

(2)发送方使用其私钥对哈希值进行加密,生成数字签名。

(3)发送方将原始信息和数字签名一起发送给接收方。

(4)接收方使用发送方的公钥对数字签名进行解密,得到原始的哈希值。

(5)接收方将解密得到的哈希值与自己计算的哈希值进行比较,如果两者相同,则证明信息没有被篡改且发送方的身份真实。

数字签名广泛应用于电子邮件、软件分发、电子商务和金融交易等场景。数字签名不仅确保了信息的完整性,还为信息的不可否认性提供了保障。

2. 数字签名与哈希函数的结合应用

在数字签名中,通常会将待签名的数据进行哈希处理,然后再对哈希值进行签名。这是因为加密整个数据的计算开销较大,而哈希函数能够将任意长度的输入数据压缩为固定长度的哈希值,因此使用哈希值进行签名可以大大提高签名的效率。常用的哈希算法包括“SHA-256”“SHA-3”等。

哈希函数在数字签名、数据完整性校验等场景中得到了广泛应用。通过将哈希函数与数字签名相结合,用户可以快速验证数据是否被篡改,同时确保签名的高效性。

3.5.4 公钥基础设施

公钥基础设施(PKI, Public Key Infrastructure)是指管理公钥和数字证书的技术和规范的集合。在 PKI 中,证书颁发机构(CA, Certificate Authority)负责对公钥持有者的身份进行验证并签发数字证书。

1. PKI 的组成部分

(1)证书颁发机构(CA):负责为用户签发和管理数字证书。

(2)注册机构(RA, Registration Authority):注册机构负责用户身份的验证工作,它是 CA 的代理机构。

(3)密钥存储库(Key Repository):密钥存储库用于存放和管理用户的公钥及相关数字

证书。用户可以通过查询密钥存储库获取其他用户的公钥。

（4）证书撤销列表（CRL, Certificate Revocation List）：当某个数字证书失效或被撤销时，CA 会将该证书的序列号添加到 CRL 中。

2. 数字证书的工作原理

在 PKI 体系中，数字证书是用来证明公钥持有者身份的一种电子文档，它由证书颁发机构（CA）签发，包含了持有者的公钥、身份信息以及 CA 的数字签名等内容。

当用户需要与某个系统或网站进行安全通信时，他们首先会请求该系统的数字证书。收到证书后，用户可以验证证书的签名，确认其是否由可信任的 CA 颁发。然后，用户可以使用证书中的公钥进行加密通信，确保数据传输的安全性。

PKI 广泛应用于现代互联网和企业网络中的安全通信与身份认证。此外，PKI 还用于电子邮件加密、虚拟专用网络（VPN）、电子交易和电子签名等场景，确保信息的保密性、完整性和真实性。

3.5.5　密码学与加密技术发展趋势

密码学为信息的保密性、完整性、真实性和不可否认性提供了坚实保障。

未来，随着量子计算、区块链等新兴技术的发展，密码学将面临更多的机遇与挑战。

1. 量子计算对加密技术的影响

随着量子计算技术的快速发展，传统的加密算法面临着前所未有的挑战。量子计算具有强大的并行计算能力，理论上可以在极短时间内破解目前广泛使用的 RSA 和 ECC 等非对称加密算法。

为应对这一挑战，密码学界正在积极研究抗量子密码（Post-quantum Cryptography）算法。这些算法基于不同于传统难题的数学结构，能够在量子计算环境下保持安全性。

目前，NIST（美国国家标准与技术研究院）正在进行抗量子密码标准的选拔工作，全球众多密码学研究机构和企业也正在探索量子安全的加密技术，以应对未来可能出现的量子计算威胁。

2. 密码学在区块链技术中的应用

区块链技术是近些年密码学的一个重要应用领域。在区块链系统中，密码学算法被用于保护交易数据的安全性，确保数据的不可篡改性和参与者的匿名性。

区块链中的核心技术之一是“数字签名”，每笔交易都由交易发起方使用其私钥进行签名，其他节点可以通过公钥验证交易的合法性。此外，区块链系统还广泛使用了哈希函数，区块链中的每个区块都包含前一个区块的哈希值，形成一个不可篡改的链条结构。

密码学为区块链的安全性提供了重要保障，而区块链的去中心化特性也展示了密码学在无信任环境下的强大应用潜力。

3. 密码学在其他领域的应用

随着信息技术的不断进步，密码学的应用将会变得更加广泛和深入，将在量子安全加密算法、隐私保护技术、物联网（IoT）安全等领域有着更广泛的应用。

习 题

一、单项选择题

1.Linux 日志文件的默认路径是(　　)

A. /var/log　　B. /etc/issue　　C. /etc/syslogd　　D. /var/syslog

2. 备份自上一次备份以来发生变化的数据称为(　　)

A. 完整备份　　B. 差异备份　　C. 增量备份　　D. 副本备份

3. 位于整个硬盘的 0 磁道 0 柱面 1 扇区的是(　　)

A. DIR 区　　B. DBR 区　　C. FAT 区　　D. MBR 区

4. 以下网络工具中,可用于查找与域名关联的特定 IP 地址的是(　　)

A. ifconfig　　B. netstat　　C. nslookup　　D. traceroute

5. 以下哪个命令可以用来查看当前设备的配置(　　)

A. display version　　B. display current-configuration

C. display interface　　D. display log

6. 两台汇聚交换机运行 OSPF,并使用 P2P 连接类型建邻居,但工程师忘记在其中一台交换机的接口下配置 P2P 类型,这种情况下,两台交换机邻居关系为(　　)

A. Init,彼此之间不能学习到路由　　B. 2-way,彼此之间不能学习到路由

C. full,彼此之间不能学习到路由　　D. down,彼此之间不能学习到路由

7. 802.1x 用于 WLAN 的安全认证,无线客户端与哪种设备之间进行身份认证(　　)

A. AP　　B. AC

C. AS　　D. WLAN 交换机

8.Windows NT 和 Windows 2000 系统可以设置在几次无效登录后锁定帐号,这样可以防止(　　)

A. 木马　　B. 暴力破解　　C. IP 欺骗　　D. 缓存溢出攻击

9. DES 是一种“块”密文的加密算法,块的长度为(　　)

A. 56 位　　B. 64 位　　C. 112 位　　D. 128 位

10. 在 Windows Server 中,可以帮助管理员限制未经授权的用户访问敏感文件和目录的功能是(　　)

A. Windows Defender Antivirus　　B. BitLocker 加密

C. 文件和文件夹权限　　D. Windows Update

二、判断题

1. 在 BIND(Berkeley Internet Name Domain)服务器的配置中,主配置文件通常是 named.conf,该文件用于定义 DNS 区域、转发器和访问控制等设置。

2. 在 Linux 中,“/etc/sysconfig/network/ifcfg-网卡名”文件用于保存网卡的配置,包括设备类型、网卡名、IP 地址、子网掩码、网关地址和 DNS 服务器等信息。

3. 在 Windows 操作系统中,管理员可以使用“计算机管理”工具来创建本地用户账户,

并设置密码过期策略、账户锁定策略等安全设置。

4. 在 Windows 域环境中，域控制器负责管理用户账户、计算机账户及其权限，并且所有域内的用户可以使用统一的账户在域内的任何计算机上登录。

5. 在 Windows 操作系统中，网络和共享中心可以用于管理网络连接、查看网络状态以及配置网络共享设置，包括文件和打印机共享。

6. 路由器主要依靠 IP 地址来转发数据包，而交换机则主要依靠 MAC 地址进行转发。

7. 交换机可以通过查看数据包中的目标 IP 地址来决定如何转发数据包。

8. 在 Linux 操作系统中，配置 SELinux 能够增强系统的安全性，防止未授权的访问和操作。

9. MySQL 服务器默认情况下允许从任何 IP 地址进行连接，管理员应该通过配置`bind-address`来限制连接的 IP 地址。

10. DHCP 服务器通过动态分配 IP 地址来简化网络管理，但也可能成为网络攻击的目标。为了安全性，管理员应该限制哪些设备可以使用 DHCP 服务。

三、双项选择题

1. 关于静态路由的工作原理，下列哪些选项是错误的(　　)

A. 静态路由的配置信息会自动更新，无须管理员手动输入

B. 静态路由根据动态路由协议自动生成路由条目

C. 管理员手动输入目的网络的 IP 地址、子网掩码、下一跳地址或出口接口

D. 静态路由的配置信息存储在路由器的路由表中

E. 当数据包到达时，路由器会查找路由表中的静态路由条目进行转发

2. 关于无线局域网的 IEEE 802.11 系列标准，下列选项中正确的是(　　)

A. 802.11b 和 802.11n 标准工作在 5 GHz 频段

B. 802.11a 和 802.11ac 标准工作在 5 GHz 频段，传输速率较高

C. 802.11ad 和 802.11ay 标准工作在 60 GHz 频段，适合短距离大数据量传输

D. 802.11 g 和 802.11ax 均不支持向后兼容性

E. 802.11b 标准的传输速率达到 1 Gbps

3. 关于 Linux 文件系统的目录结构，以下选项中错误的是(　　)

A. 应用程序的资源文件通常存放在“/usr/share”目录下

B. 应用程序的配置文件一般位于“/etc”目录中

C. 临时文件会存放在“/var/tmp”目录中，供应用程序使用

D. 用户的个人数据文件应存放在“/tmp”目录中

E. 系统日志文件通常位于“/var/log”目录下

4. 关于 Linux 中的“ls”命令及其选项，以下选项中错误的是(　　)

A. 使用“-a”选项可以显示所有文件，包括以“.”开头的隐藏文件

B. 使用“-l”选项可以以长格式显示文件的属性和大小等详细信息

C. 使用“-d”选项可以显示所有子目录的详细信息

D. 使用“-R”选项可以以递归方式显示目录及其子目录的内容

E. 使用“-t”选项可以以文件最近一次的修改时间排序显示文件

5. 关于公钥基础设施（PKI）的组成部分，以下选项中正确的是（　　）

A. 证书颁发机构（CA）负责验证用户身份，并签发数字证书

B. 注册机构（RA）是 CA 的代理，负责用户身份的验证工作

C. 密钥存储库用于存放和管理用户的私钥及相关数字证书

D. 证书撤销列表（CRL）用于列出失效或被撤销的数字证书

E. 密钥存储库通常是一个私有的数据库，无法公开访问

6. Windows 系统登录流程中使用的系统安全模块包括（　　）

A. 安全账号管理模块　　B. 访问控制模块

C. 本地安全认证模块　　D. 安全引用监控器模块

E. 网络传输加密模块

7. 在非对称加密技术中，以下描述正确的是（　　）

A. 非对称加密使用一对公钥和私钥，公钥加密，私钥解密

B. 非对称加密比对称加密速度更快，适合大规模数据加密

C. 私钥用于加密，公钥用于解密

D. 非对称加密主要应用于数字签名和密钥交换

E. 非对称加密算法如 RSA 和 ECC 广泛应用于 VPN 连接的加密

8. 在 Windows Server 中，帮助管理员管理用户账户的安全性的方法有（　　）

A. 使用本地安全策略配置密码复杂度要求

B. 使用 Windows Update 安装所有安全补丁

C. 启用 Windows Defender Antivirus 并进行定期扫描

D. 使用组策略设置强密码和账户锁定策略

E. 配置用户账户控制(UAC)以限制高权限操作

9. 在 Windows Server 的文件共享中，能够提高文件共享安全性的措施有（　　）

A. 配置共享文件夹的 NTFS 权限

B. 启用 Windows Server 的防火墙并限制共享端口

C. 使用加密协议（如 SMB 3.0）进行文件传输

D. 仅允许管理员账户进行文件夹共享操作

E. 将共享文件夹仅设置为只读权限

10. 可以确保备份的完整性和可靠性的做法包括（　　）

A. 设置自动备份任务并定期进行测试恢复　　B. 将备份存储在与主机不同的物理位置

C. 只进行增量备份，不进行全量备份　　D. 使用加密技术保护备份数据的安全

E. 定期验证备份文件的完整性

四、多项选择题

1. 关于静态路由特点的表述正确的是（　　）

A. 适合拓扑结构简单的网络　　B. 不消耗路由器的 CPU 和内存资源

C. 能够自动适应网络拓扑变化　　D. 需要手动配置和维护

E. 具有较强的故障恢复能力

2. 以下关于在 OSPF 区域设计的选项中,属于合理设计原则的有(　　)

A. 尽量将整个网络设计为单一区域,减少区域间的复杂性

B. 将不常变动的网络设备或子网放入骨干区域(Area 0)

C. 在大型网络中,尽量划分多个区域来控制路由表的规模和 LSA 传播范围

D. 骨干区域(Area 0)应作为所有其他区域的中心,以保证区域间的连接

E. 在多区域设计中,每个非骨干区域应直接连接到骨干区域

3. 关于 Linux 文件系统的目录结构的正确表述是(　　)

A. 根目录"/"是所有文件和目录的顶级目录

B. "/home"目录用于存放系统配置文件

C. "/etc"目录中包含几乎所有的系统配置文件

D. "/usr"目录下的"/usr/bin"存储一般用户可执行的程序

E. "/tmp"目录用于存放用户的个人数据

4. 以下关于 Apache HTTP Server 的配置内容的表述正确的是(　　)

A. ServerRoot 指定了 Apache 服务器的根目录

B. Listen 指令用于配置 Apache 监听的端口

C. DocumentRoot 定义了存放网站文件的目录

D. User 和 Group 指令用于设置 Apache 运行时的权限用户和组

E. ErrorLog 指令用于配置访问日志的存储路径

5. 关于非对称加密的工作过程的表述正确的是(　　)

A. 非对称加密使用一对密钥,包括公钥和私钥

B. 公钥必须安全地保留在发送方的设备上

C. 只有持有私钥的人才能解密使用公钥加密的数据

D. 加密过程是由接收方完成的

E. 即使密文被第三方截获,也无法解密,因为只有接收方持有私钥

6. 以下关于路由交换技术的正确表述是(　　)

A. 路由器通过查找路由表来决定数据包的转发路径

B. 交换机基于 MAC 地址进行数据包转发

C. 路由器仅在二层(数据链路层)工作,不涉及三层(网络层)

D. 交换机能够处理和转发 IP 地址包

E. 路由器能够连接不同网络,并进行数据包的 IP 地址路由

7. 关于 Linux 操作系统安全的表述正确的是(　　)

A. 启用 SELinux(安全增强 Linux)可以有效限制系统资源的访问

B. 仅使用 root 账户进行日常操作可以提高系统的安全性

C. 配置防火墙并限制开放端口是提升系统安全的重要措施

D. 定期更新系统和安装安全补丁有助于防止已知漏洞的攻击

E. 禁用不必要的服务可以减少系统的攻击面

8. 以下关于 Linux 操作系统的操作表述正确的是(　　)

A. 使用 chmod 命令可以改变文件的权限

B. ls 命令用于显示文件的内容,而不是文件的属性

C. ps 命令可以查看当前系统运行的进程

D. tar 命令用于创建和提取压缩文件

E. dd 命令可以用于磁盘的备份和恢复

9. 关于 MySQL 服务器安全配置的表述正确的是(　　)

A. 通过配置 MySQL 的`bind-address`可以限制只有特定 IP 可以连接数据库

B. `root`账户的默认密码应更改为强密码以提高安全性

C. MySQL 的错误日志可以泄露敏感信息,应禁用错误日志以保护数据

D. 通过配置 MySQL 的`skip-name-resolve`选项可以禁止 DNS 反向解析

E. 启用 SSL 加密可以确保客户端与服务器之间的数据传输安全

10. 关于 DNS 服务器安全配置的表述正确的是(　　)

A. 配置 DNS 服务器仅允许特定的 IP 访问,限制不必要的查询请求

B. 启用 DNSSEC(DNS 安全扩展)可以防止 DNS 欺骗攻击

C. DNS 服务器的日志应公开,以便于黑客利用漏洞进行攻击

D. 定期更新 DNS 软件及其补丁程序可以防止安全漏洞被利用

E. 限制递归查询功能,防止 DNS 放大攻击

第四章　恶意代码及防范

恶意代码是一种有害的计算机代码或 web 脚本，其设计目的是通过发掘系统漏洞，创建具备信息搜集、破坏功能的代码，并通过制作后门、窃取信息等方式，达到非法获取数据、对文件和计算机系统进行破坏的目的。恶意代码不仅使企事业单位和个人用户蒙受巨大的经济损失，还严重威胁到国家的网络安全。恶意代码攻击已成为信息战、网络战最重要的入侵手段之一。恶意代码问题无论从政治上、经济上、还是军事上，都成为信息安全乃至国家安全必须首要考虑并解决的问题。

4.1　恶意代码概念

恶意代码（Malicious Code）是指没有业务作用却会带来潜在威胁的代码程序，从某种程度上讲，所有不必要的代码都可以看作恶意的。不必要代码比恶意代码具有更宽泛的含义，包括所有可能与组织安全策略相冲突的软件。

最常见的恶意代码有计算机病毒（简称病毒）、特洛伊木马（简称木马）、计算机蠕虫（简称蠕虫）、后门、逻辑炸弹等。见表 4-1。

表 4-1　最常见的恶意代码类型及描述

恶意代码类型	定义特征	典型实例
计算机病毒（Virus）	通过感染文件（可执行文件、数据文件、电子邮件等）或磁盘引导扇区进行传播，一般需要宿主程序被执行或人为交互才能运行	Brain，Concept，CIH
蠕虫（Worm）	一般不需要宿主的单独文件，通过网络传播，自动复制，无须人为交互便可感染传播	Morris，Code Red，Slammer
恶意移动代码（Malicious mobile code）	从远程主机下载到本地执行的轻量级恶意代码，不需要或仅需要极少的人为干预。代表性的开发工具有：JacaScript，VBScript，Java 以及 ActiveX	Santy Worm
后门（Backdoor）	绕过正常的安全控制机制，从而为攻击者提供访问途径	Netcat，BO，冰河
特洛伊木马（Trojan）	伪装成有用软件，隐藏其恶意目标，欺骗用户安装执行	Setiri
僵尸程序（Bot）	使用一对多的命令与控制机制组成僵尸网络	Sdbot，Afobot
融合型恶意代码	融合上述多种恶意代码技术，构成更具破坏性的恶意代码形态	Nimda
内核套件（Rootkit）	通过替换或者修改系统关键可执行文件（用户态），或者通过控制操作系统内核（内核态），用以获取并保持最高控制权（root access）	LRK，FU，hdef

4.1.1 恶意代码的分类

恶意代码的分类标准主要是代码的独立性和自我复制性。

独立的恶意代码是指具备一个完整程序所应该具有的全部功能,能够独立传播、运行的恶意代码,这样的恶意代码不需要寄宿在另一个程序中;非独立恶意代码只是一段代码,必须嵌入某个完整的程序中,作为该程序的一个组成部分进行传播和运行。对于非独立恶意代码,自我复制过程就是将自身嵌入宿主程序的过程,这个过程也称为感染宿主程序的过程。对于独立恶意代码,自我复制过程就是将自身传播给其他系统的过程。不具有自我复制能力的恶意代码必须借助其他媒介进行传播。恶意代码的分类标准见表 4-2。

表 4-2 恶意代码的分类标准

类别	实例
具有自我复制能力的依附性恶意代码	主要代表是病毒
具有自我复制能力的独立性恶意代码	主要代表是蠕虫
不具有自我复制能力的依附性恶意代码	主要代表是后门
不具有自我复制能力的独立性恶意代码	主要代表是木马

4.1.2 不同恶意代码的区别

(1)病毒。侧重于破坏系统和程序的能力。病毒具备自我复制能力,一般嵌入主机的程序中。当被感染文件执行病毒,如用户打开一个可执行文件时,病毒就会自我繁殖。病毒一般都具有破坏性。

(2)木马。侧重于窃取敏感信息的能力。大多数木马程序对计算机系统不会造成功能性损害,但会对用户数据进行非法搜集和传输,危害极大。同时,一些木马程序通过伪装系统文件的方式存在;另外有的还会以应用软件的形式出现,因为它一般是以一个正常的应用程序身份在系统中运行的,所以这种程序通常不容易被发现。

(3)蠕虫。侧重于网络中的自我复制能力和自我传染能力。蠕虫是一种可以自我复制的完全独立的程序,它的传播不需要借助被感染主机中的程序和用户的操作,而是通过系统存在的漏洞和设置的不安全性来进行入侵,如通过共享的设置来侵入。蠕虫可以自动创建与它的功能完全相同的副本,并能在无人干涉的情况下自动运行,大量地复制会占用计算机的空间,使计算机的运行缓慢甚至瘫痪。

不同恶意代码的区别见表 4-3。

表 4-3 不同恶意代码的区别

	病毒	木马	蠕虫
存在形式	寄生	独立文件	独立文件
传染途径	通过宿主程序运行	植入目标主机	系统漏洞
传染速度	慢	最慢	快

续表

	病毒	木马	蠕虫
攻击目标	本地文件	文件、网络主机	存在漏洞的网络程序
触发机制	攻击者指定条件	自启动	自动攻击有漏洞的程序
防范方法	从宿主文件清除	清除启动项和木马服务程序	更新安全补丁
对抗主体	用户、反病毒软件	用户、管理员、反病毒软件	应用程序供应商、用户和管理员

4.1.3　计算机病毒潜伏阶段的表现

计算机病毒潜伏阶段，是指从病毒感染计算机系统，潜伏在系统内开始，一直到激发条件满足，计算机病毒发作之前的一个阶段。在这个阶段，计算机病毒的行为主要以潜伏、传播为主，计算机病毒会以各式各样的手法来隐藏自己，在不被发现的同时又自我复制，以各种手段进行传播。下面讨论一些计算机病毒发作前常见的表现。

1. 计算机经常性无缘无故地死机

病毒感染了计算机系统后，将自身驻留在系统内并修改中断处理程序等，会引起系统工作不稳定，造成死机现象发生。

2. 操作系统无法正常启动

关机后再启动，操作系统报告缺少必要的启动文件，或启动文件被破坏，系统无法启动。这些很可能是由于计算机病毒感染系统文件所引起的，这使得文件结构发生变化，无法被操作系统加载、引导。

3. 运行速度异常

运行速度是衡量计算机的数据处理能力，包括文字处理能力和图像处理能力的重要技术指标。计算机内置资源的配置水准高低，决定了计算机运行速度的快慢。引起计算机系统运行速度异常的原因有很多，例如，同时启用了大量的应用程序会使得计算机运行速度减慢。另外，程序混乱、磁盘损坏、文件卷标改动、数据存储区域改动和外接设备故障等都可能引起系统运行速度异常。由计算机病毒引起的运行速度异常主要分为以下几类。

一类是由于计算机病毒占用了大量的系统资源，造成系统资源不足，运行变慢。应用程序出错也可能耗费大量的内存，从而引起运行变慢。如果是应用程序出错，重启后系统运行速度应可以恢复正常。而由计算机病毒引起的运行变慢，重启后系统运行依然很慢。

另外，存储空间显著缩小也会影响速度。如果系统突然因为磁盘爆满而引起系统速度缓慢，这时需要查明原因。如果没有连续地向磁盘写入文件，则很有可能是计算机病毒所为。计算机病毒发作时常常生产大量的文件，从而占据大量的磁盘空间。为了不被用户觉察，计算机病毒生成的文件常常是隐形文件。用许多莫名其妙的数据或字符填满磁盘空间是计算机病毒危害的常见现象。有些计算机病毒则不断把磁盘上的簇标记为坏，也会使磁盘的可用存储空间迅速减少。

引导区的计算机病毒，由于在系统引导过程中需要完成计算机病毒的自我加载，会在系统的功能入口处引入计算机病毒传染模块与表现模块，必然会使得系统启动速度减慢，但这种现象很不容易察觉。

4. 内存不足的错误

某个以前能够正常运行的程序,在程序启动的时候报系统内存不足,或者使用应用程序中的某个功能时报内存不足,这可能是计算机病毒驻留后占用了系统中大量的内存空间,使得可用内存空间减小的缘故。

5. 打印、通信及主机接口发生异常

计算机病毒作为一种应用程序,除了会带来危害外,都以现有计算机技术为支撑基础,都为计算机所接受,也包括外接设备,因此计算机病毒的传染性、潜伏性、破坏性对打印和通信方面的外接设备也同样适用。

在硬件没有更改或者是损坏的情况下,以前工作正常的打印机,近期发现无法进行打印操作,或打印出来的是乱码;或是串口设备无法正常工作,例如调制解调器不拨号,这些都很可能是计算机病毒驻留内存后占用了打印端口或串行通信端口的中断服务程序,使之不能正常工作的表现。

计算机病毒引起的打印与通信异常实际上都是计算机病毒对主机接口进行了破坏造成的。计算机病毒对接口的危害,归根结底在于干扰和破坏人机交流,破坏系统安全。外设与主机的接口很多,例如: COM, LPT, USB 和 PS2 等。计算机病毒对接口中断服务程序的破坏,影响了系统外设正常的工作。

"Win32.Bugbear.B"是一种用微软 Visual C++写成的 E-mail 蠕虫病毒。该蠕虫通过电子邮件进行传播。系统感染该计算机病毒后,该计算机病毒会遍历所有的共享资源,并尝试像复制到磁盘一样将共享资源复制到打印机中,这可能会导致在本地局域网的打印机打印出垃圾信息。

"HongKong"计算机病毒,会驻留内存并使内存减少 1 KB。该计算机病毒发作时封闭.COMl 及 LPT1 接口,使得位于该接口的外部设备无法与计算机通信。

"TYPO"计算机病毒,会感染当前目录下的.COM 文件,使文件增加 867 字节,同时修改接口参数,使得打印频频出错。

6. 无意中要求对软盘进行写操作

在计算机使用者没有进行任何读、写软盘的操作时,操作系统却提示软驱中没有插入软盘,或者要求在读取、复制写保护的软盘上的文件时打开软盘的写保护,这些很可能是计算机病毒在偷偷地向软盘传播。这实际上是计算机病毒的一种 BUG,它在向软盘传播计算机病毒时没有检查软驱中是否有盘就试图向里面写内容。

7. 以前能正常运行的应用程序经常发生死机或者非法错误

在硬件和操作系统没有进行改动的情况下,以前能够正常运行的应用程序产生非法错误和死机的情况明显增加,这就可能是由于计算机病毒感染应用程序后破坏了应用程序本身的正常功能,或者是由于计算机病毒程序存在着兼容性方面的问题所造成的。

8. 系统文件的时间、日期和大小发生变化

这是最明显的计算机病毒感染迹象。计算机病毒感染应用程序文件后,会将自身隐藏在原始文件的后面,文件大小大多会有所增加,文件的访问和修改日期及时间也会被改成感染时的时间。文件型计算机病毒在计算机病毒总量中占有很大的比重,而包括可执行程序文件在内的应用程序文件,其大小通常都不受磁盘空间限制,这为计算机病毒程序的依附和隐藏提供了方便。除文件型计算机病毒外,引导型计算机病毒、混合型计算机病毒都能使文

件发生异常变化。感染计算机病毒后，文件可能出现以下异常情况。

（1）根目录下文件异常。

由于计算机病毒对正常程序进行了干扰，使根目录下多出一个或多个莫名其妙的文件，它们有时是隐形文件。

“Pentagon”属于引导型计算机病毒，其驻留内存，传染软盘和硬盘的主引导扇区，篡改引导扇区内容，同时在根目录下会多出一个名为PENTAGON.TXT的文件。

“Machosoft”属于文件型计算机病毒，其具有自身加密功能，不驻留内存，.com文件和.exe文件被计算机病毒感染后，根目录下会多出一个名为IBMNETIO.SYS的隐含文件。

（2）文件扩展名异常。

文件被计算机病毒感染后，文件的扩展名常常被改变，因而造成系统引导混乱。

“Burger”计算机病毒，文件被该病毒感染后长度不变。其一次只传染一个.COM文件，若盘上的.COM文件全都被感染后，其就开始对.EXE文件发难，并将.EXE文件改为.COM文件。

（3）可执行文件执行时出现错误。

计算机病毒作者的目的在于破坏可执行文件，干扰系统的正常运行。

“OW”计算机病毒，感染当前目录下扩展名的第一个字母为c的任何文件。其一次只感染一个文件，不驻留内存。如果找不到符合条件的感染文件，就在屏幕上显示错误信息。文件受其感染后均遭破坏。

（4）文件大小异常。计算机病毒对感染的文件通过加密、隐藏和移位等方法改变文件的长度。大多数情况下使文件字节增加，但也有使文件字节减少的情况，有的文件则看起来无任何变化。

“Telecom”计算机病毒，传染.COM文件，使其长度增加3 700字节，增加的字节被计算机病毒隐藏起来，用DIR命令检查时，文件大小无异常变化。

“DIR2”计算机病毒，驻留内存，感染所有.EXE文件和.COM文件。计算机病毒采用加密技术，把文件的大小、日期和时间等原始资料进行复制，以应付DIR命令的检查，使其看起来一切完好如初。当用干净盘启动机器后，再用DIR命令检查，会发现文件大小仅剩1 024字节。

（5）文件日期、时间异常。

在计算机日志和计算机审计中，文件的生成、修改日期和时间是重要的资料，计算机病毒对日期和时间的篡改其实也是对计算机日志和审计的篡改。

“Dust”计算机病毒，被其感染的文件长度不变，该计算机病毒将当前目录下.COM文件的开头部分用计算机病毒程序覆盖。调用执行程序时，计算机病毒首先跳出来发难，屏幕上出现乱七八糟的文字。被感染文件的日期和时间全部改变。

“Macgyver”计算机病毒，驻留内存并使内存减少3 KB，感染硬盘分区表及.EXE文件，但不感染Boot区。文件被感染后长度增加几KB，日期增加100年，同时，插入一支莫名其妙的乐曲。

9. 宏病毒的表现现象

当运行Word，打开Word文档后，该文件另存时只能以模板方式保存而无法另存为一个doc文档，这往往是打开的Word文档中感染了Word宏病毒的缘故。虽然宏病毒会感染doc文档文件和dot模板文件，但被它感染的doc文档属性必然会被改为模板而不是文档，而且，用户在另存文档时，也无法将该文档转换为任何其他方式，而只能用模板方式存盘。如果发现 Word 文档莫名其妙地以模板文件存盘，则很可能是感染了宏病毒。

另外，大多数宏病毒中包含有 AutoOpen、AutoClose、AutoNew 和 AutoExit 等自动宏，通过这些自动宏，宏病毒取得文档（模板）操作控制权。有些宏病毒通过 FileOpen、FileClose、FileNew 和 FileExit 等宏控制文件操作。因而可以通过查看模板中是否有这些宏来断定是否有宏病毒。在 Word 中选择“工具”菜单中的“宏”命令，再在弹出的级联菜单中选择“宏”，在“宏的位置”下拉列表框中选择要查看的模板，就可以在“宏名”下拉列表框中看到该模板所含有的宏。

宏病毒的传染通常是 Word 在打开一个带宏病毒的文档或模板时，激活计算机病毒宏。计算机病毒宏将自身复制到 Word 通用模板中，以后在打开或关闭文件时宏病毒就会把计算机病毒复制到该文件中。如果发现通用模板（Normal.dot）中有 AutoOpen 等自动宏、FileSave 等文件操作宏或一些怪名字的宏，而自己又没有加载特殊模板，这就有可能是感染计算机宏病毒了。因为大多数用户的通用模板中是没有宏的。

宏病毒通常伴随着非法存盘操作。如果发现打开一个 Word 文档时，它未经任何改动，立即就有存盘操作，有可能是该文档带有计算机病毒。因为，宏病毒中总是含有对文档读写操作的宏指令。宏病毒很容易被制造出来，所以它也很常见。要清除宏病毒必须清除掉 normal.dot，大多数计算机病毒查杀软件都有这种功能。有些宏病毒设计者很狡猾，它将计算机病毒体驻留在其他 dot 文件中。例如“BMH”计算机病毒，它不仅感染普通模板，还会创建一个叫做 SNrml.dot 的文件，放置到\Office\Startup 目录中。即使防计算机病毒软件清除了 normal.dot 文件，对 BMH 计算机病毒也没有影响，因为该计算机病毒可以通过 SNrml.dot 来继续感染系统。要想彻底清除这种计算机病毒，必须清除掉 normal.dot 和 SNrml.dot 这两个文件。

10. 磁盘空间迅速减少

使用者没有安装新的应用程序，而系统可用的磁盘空间却迅速减少，这可能是计算机病毒感染造成的。需要注意的是，经常浏览网页、回收站中的文件过多、临时文件夹下的文件数量过多过大和计算机系统有过意外断电等情况也可能会造成可用的磁盘空间迅速减少。另一种情况是 Windows 系统下的内存交换文件的增长，在 Windows 系统下内存交换文件会随着应用程序运行的时间和进程的数量增加而增长，一般不会减少，而且同时运行的应用程序数量越多，内存交换文件就越大。

11. 网络驱动器卷或共享目录无法调用

使用者对于有读权限的网络驱动器卷、共享目录等无法打开和浏览，或者对有写权限的网络驱动器卷、共享目录等无法创建和修改文件。虽然目前还很少有纯粹地针对网络驱动器卷和共享目录的计算机病毒，但已有的计算机病毒的某些行为可能会影响对网络驱动器卷和共享目录的正常访问。

12. 陌生人发来的电子邮件

当收到陌生人发来的电子邮件，尤其是那些标题很具诱惑力，如一则笑话，或者一封情书等，又带有附件的电子邮件，使用者要警觉是否染毒。当然，这些电子邮件要与广告电子邮件、垃圾电子邮件和电子邮件炸弹区分开。一般来说广告电子邮件有很明确的推销目的，会有它推销的产品介绍，垃圾电子邮件的内容要么自成章回，要么根本没有价值，这两种电子邮件大多是不会携带附件的。电子邮件炸弹虽然也带有附件,但附件一般都很大,少则上兆字节,多的有几十兆甚至上百兆字节,而电子邮件计算机病毒的附件大多是脚本程序,通常不会超过 100 KB。当然,电子邮件炸弹在一定意义上也可以看成是一种黑客程序,是一种计算机病毒。

电子邮件附件计算机病毒通常利用双扩展名来隐藏自己，Windows 系统默认隐藏已知文件类型的扩展名,所以当收件人收到诸如*.txt.exe、*.rtf.scr、*.doc.com 和*.HTM.pif 等形式的邮件附件,常常误以为收到的文件后缀为“*.txt、*.rtf、*.doc 和*.HTM”,而很可能毫无防备地打开这些文件,从而不知不觉地感染了计算机病毒。

有些电子邮件是以 ZIP 压缩包的形式来传播的。以前人们普遍认为 ZIP 压缩包中一般不会有计算机病毒,从而受好奇心的驱使对压缩包进行解压而感染计算机病毒。“I-Worm/Mimail(邮米计算机病毒)”就是一个压缩文件,计算机病毒的大小是 16 KB。它可以感染 Windows 9X，Windows NT，Windows 2000，Windows XP 以及 Windows ME 等流行的操作系统。

要预防通过电子邮件感染计算机病毒,必须注意不要轻易打开陌生人的邮件附件,并且在文件夹选项中,设置不隐藏已知类型文件的后缀名。另外,启动邮件计算机病毒防火墙也是非常重要的手段。

13. 自动链接到一些陌生的网站

使用者在没有上网时,计算机会自动拨号并连接到 Internet 上一个陌生的站点,或者在上网的时候发现网络速度特别慢,存在陌生的网络链接,这种链接大多是黑客程序将收集到的计算机系统的信息“悄悄地”发回某个特定的网址,可以通过 Netstat 命令查看当前建立的网络链接,再比照访问的网站来发现。需要注意的是有些网页中有一些脚本程序会自动链接到一些网页评比站点,或者是广告站点,这时候也会有陌生的网络链接出现。当然,这种情况也可以认为是非法的。

综上所述,一般的系统故障是有别于计算机病毒感染的,系统故障大多只符合上面所涉及的一点或两点现象,而计算机病毒感染所出现的现象会多得多。根据上述描述的现象,就可以初步判断计算机和网络是否感染上了计算机病毒。

4.2　恶意代码基本原理

4.2.1　隐蔽技术

1. 本地隐蔽

防止本地系统管理人员觉察而采取的隐蔽手段。包括文件隐蔽、进程隐蔽、网络连接隐蔽、编译器隐蔽和 RootKit 隐蔽。

(1)文件隐蔽。将恶意代码的文件命名为与系统的合法程序文件名相似的名称,或者干脆取而代之,或者将恶意代码文件附加到合法程序文件中。

文件隐蔽的案例主要可以分为几类,以下是一些常见的实例。

①隐藏文件和目录。恶意软件可以将自己藏在系统的隐藏文件或目录中。例如，Windows 系统中以点(.)开头的文件会被默认隐藏,攻击者可以利用这个特性来躲避用户的注意。

②使用压缩文件。恶意软件可以将其代码打包成压缩文件(如 ZIP、RAR),并伪装成正常文件。用户在解压后可能会不知不觉地执行恶意代码。

③利用文件扩展名。攻击者可以更改文件的扩展名,使其看起来像是无害的文件。例如,将可执行文件的扩展名改为.txt,用户可能误以为这是一个文本文件,而实际执行了恶意代码。

④隐蔽在合法软件中。恶意代码可能被嵌入到看似合法的软件中,例如通过供应链攻击,攻击者在软件的更新包中加入恶意代码,从而在用户更新时潜藏于其中。

⑤使用脚本语言。一些恶意代码使用脚本语言(如 JavaScript 或 VBScript)隐藏在 HTML 文件或文档中,用户打开文件后执行脚本,导致恶意代码被执行。

⑥通过文档宏。恶意文档(如 Word、Excel)中可以包含宏,用户在打开文档时启用宏功能,就可能会执行隐藏的恶意代码。

⑦伪装成系统文件。攻击者可以将恶意代码伪装成系统文件,放置在系统目录中,这样用户和安全软件都容易忽略。

这些技术手段使得恶意代码能够有效地避开安全检测和用户的注意,从而达到其目的。为了防止这种情况,用户应定期更新安全软件,避免打开不明来源的文件,并注意查看文件属性。

(2)进程隐蔽。附着或替换系统进程,使恶意代码以合法服务的身份运行,从而隐蔽恶意代码。还可以通过修改进程列表程序,修改命令行参数使恶意代码进程的信息无法查询。也可以借助 RootKit 技术实现进程隐蔽。

在恶意代码中,进程隐蔽的案例有以下几种常见方法。

①根套接字(Rootkit)。恶意软件使用根套接字技术,隐藏自己的进程,使其在任务管理器或系统监控工具中不可见。

② DLL 注入。通过将恶意动态链接库(DLL)注入到合法进程中,恶意代码可以与目标进程共享内存,从而在用户不知情的情况下执行。

③进程替换。攻击者可能会替换或重命名合法进程,以掩盖恶意活动,用户和安全软件难以察觉。

④服务隐藏。一些恶意软件以服务的形式运行,并通过修改注册表或系统设置,使其在启动时自动运行而不易被发现。

反检测技术。恶意代码可以使用反调试和反虚拟机技术,避免在虚拟环境中被检测,从而更隐蔽地运行。

⑤利用合法进程:攻击者可以利用系统的合法进程(如 svchost.exe)进行恶意操作,使其活动看起来正常。

这些技术使得恶意代码能够在系统中持续存在并执行,从而对用户和系统安全造成威胁。为降低风险,建议定期进行安全扫描和系统监控。

(3)网络连接隐蔽。借用现有服务的端口实现网络连接隐蔽,如使用 80 端口,攻击者在自己的数据包设置特殊标识,通过标识识别连接信息,未标识的 WWW 服务网络包仍转交给原服务程序处理。

在恶意代码中,网络连接隐蔽的案例通常包括以下几种方法。

①使用加密通信。恶意软件可以使用 SSL/TLS 等加密协议与控制服务器通信,使网络流量难以被检测和分析。

②伪装成合法流量。恶意软件通过伪装成正常应用程序的流量(例如 HTTP、HTTPS)来隐藏其活动,从而逃避网络监控。

③利用异步 DNS 请求。一些恶意代码使用 DNS 隧道技术,通过 DNS 请求隐藏数据,绕过防火墙和监控系统。

④随机端口和协议。恶意软件可能会使用随机端口或不常用的协议进行通信,以避免被安全设备识别。

⑤定时连接。通过在特定时间间隔内进行网络连接,恶意软件可以减少被发现的风险,从而在长时间内隐蔽存在。

⑥使用同伴网络(Peer-to-Peer)。某些恶意软件使用 P2P 技术,将数据传输分散到多个节点中,使得追踪和识别变得更加困难。

⑦反向连接。恶意软件可能在受害者的计算机上建立反向连接,攻击者可以通过这种方式直接控制受害者的设备,而不易被察觉。

这些技术使得恶意软件能够在网络中潜伏,进行数据窃取或远程控制,而不被用户或安全系统发现。为了防范这些威胁,建议使用网络监控工具和入侵检测系统,定期检查网络流量。

(4)编译器隐蔽。由编译器在对程序代码进行编译时植入恶意代码,从而实现恶意代码在用户程序中的隐藏和原始分发攻击。恶意代码的植入者是编译器开发人员。

在恶意代码中,编译器隐蔽的案例主要包括以下几种方法。

①代码混淆。恶意软件开发者可以使用代码混淆技术来隐藏源代码的真实意图,通过重命名变量、函数以及修改代码结构,使得代码难以理解,防止分析人员轻易识别恶意行为。

②使用编译器选项。某些编译器提供选项,可以在编译时隐藏代码特征或减少调试信息。攻击者可以利用这些选项来使得恶意代码更难以被进行逆向工程分析。

③嵌入恶意代码。攻击者可能会在正常程序的编译过程中,将恶意代码嵌入到合法的二进制文件中,使得最终生成的程序同时包含正常和恶意功能。

④动态链接库(DLL)劫持。恶意代码可以利用合法程序在运行时加载 DLL 的机制,创建伪造的 DLL 文件来执行恶意代码,而用户并不知情。

⑤编译器后门。在某些情况下,恶意代码可能会针对特定的编译器进行攻击,插入后门或修改编译器行为,以便在编译过程中执行特定的恶意操作。

⑥利用虚拟化或容器技术。恶意软件可能会在虚拟环境中进行编译,以避免被静态分析工具检测,并在运行时释放恶意代码。

这些隐蔽技术使得恶意代码更难以被检测和分析,给安全防护带来了挑战。为了降低风险,开发者和安全专家应加强代码审查和使用静态和动态分析工具。

(5)RootKit 隐蔽。利用适当的 Rootkit 工具,可以很好地隐蔽自身或指定的文件、进程和网络连接等,很难被管理员发现。

在恶意代码中,RootKit 的隐蔽案例主要包括以下几种方式。

①内核级 RootKit。通过修改操作系统内核, RootKit 可以直接控制系统,隐藏进程、文

件和网络连接,使得用户和安全软件难以检测。

②驱动程序劫持。RootKit 可以通过替换或伪装成合法的设备驱动程序,获得高权限,从而执行恶意操作而不被察觉。

③ API 钩子。通过钩子技术,RootKit 可以拦截系统调用,修改返回数据,从而隐藏恶意活动,比如伪造文件和进程列表。

④文件系统劫持。RootKit 可以修改文件系统的行为,使得特定的文件或目录不被显示,从而隐蔽恶意代码。

⑤定制网络协议。某些 RootKit 可能会实施自定义网络协议,以绕过常规网络监控,保持隐蔽的网络通信。

⑥自我保护机制。许多 RootKit 具备自我保护能力,能检测到杀毒软件和安全工具的运行,并采取措施抵抗被删除或禁用。

这些技术使得 RootKit 能够在系统中长期潜伏,实施各种恶意活动而不被发现。定期更新安全软件和系统补丁是防范 RootKit 的有效措施。

2. 网络隐藏

网络隐藏主要是指在网络通信过程中,对通信内容以及传输通道进行有效的隐藏和保护,防止外部攻击者或未授权用户窃取、篡改或监听信息。网络隐藏通常分为通信内容隐蔽和传输通道隐蔽两个重要方面。

(1)通信内容隐蔽。这是指通过使用各种加密技术对传输的内容进行加密处理,以确保即使数据被截获,未经授权的用户也无法读取或理解其含义。常见的加密算法包括对称加密算法(如 AES)、非对称加密算法(如 RSA)以及混合加密方式。通过加密,信息的发送方和接收方能够有效地保护通信的机密性,防止敏感数据在传输过程中被窃听或暴露。此外,配合使用数字签名和消息认证码(MAC)等技术,还能进一步确保信息的完整性和真实性。

(2)传输通道隐蔽。传输通道隐蔽主要是通过利用隐蔽通道技术(Covert Channel)来隐藏通信的实际传输通道。这类隐蔽通道不受常规的网络安全机制控制,能够利用系统中的某些共享资源或未预料到的通信路径进行信息传递。隐蔽通道可以分为两类。

①存储隐蔽通道。这是通过共享系统中的存储资源(如文件、内存等)传递信息的方式。攻击者或隐蔽通信的双方可以通过操纵这些共享资源来交换信息,例如修改文件的权限或属性,利用磁盘空间的使用率等隐蔽方式来传递数据。

②时间隐蔽通道。这是通过控制通信过程中各个操作的时间间隔来隐蔽地传递信息。例如,攻击者可以通过操纵网络包发送的时间或系统任务调度的顺序,利用时间差来编码和传输信息。这种方式难以通过传统的监控手段检测,因为它并不依赖于明显的网络流量,而是通过微小的时间差传递信息。

总结来说,网络隐藏技术是现代网络安全中的重要一环,它不仅通过加密算法保护通信内容,还通过隐蔽通道技术隐藏传输路径,从而提高了整体网络的安全性和抗攻击能力。在实际应用中,这些技术广泛应用于军事、金融、政府等对信息安全要求极高的领域和机构。

4.2.2 生存技术

恶意代码的生存技术指的是恶意软件为了提高其在受害系统中的存活时间、降低被发现和清除的可能性所采取的一系列技术手段。这些技术通过增强隐蔽性和对抗检测，提高恶意代码的生存能力。主要包括以下 4 种类型。

（1）反跟踪技术。反跟踪技术旨在通过增加分析恶意代码的难度，从而减少安全研究人员或自动化工具发现恶意代码的机会。具体措施可能包括代码混淆、反调试、反沙箱等手段。代码混淆会使恶意代码的源代码难以理解和进行逆向工程分析；反调试技术能够检测出调试器的存在并改变其行为，阻止研究人员通过调试工具分析恶意代码；反沙箱技术则通过检测虚拟环境或沙箱的存在，避免在此类受控环境中运行，使恶意代码在真实系统中更加难以被捕获和分析。

（2）加密技术。恶意代码使用加密技术来保护其核心代码和数据，从而避免被直接分析或进行逆向工程分析。通过对自身的加密和解密，恶意代码可以有效防止静态分析工具识别其特征和功能。这种技术通常配合动态解密，当恶意代码运行时，它会自行解密并执行恶意行为，但在未被激活前保持加密状态，难以通过常规的文件扫描检测。这大大增强了恶意代码的隐蔽性。

（3）模糊变换技术。模糊变换技术（Obfuscation）是一种通过对恶意代码的结构进行模糊处理来隐藏其真实意图的方法。这可以有效规避基于特征码的检测系统，因为这些系统通常依赖已知的恶意代码特征来识别威胁。通过定期更改代码结构、重命名变量、插入无关代码或调整控制流，模糊变换技术使得恶意代码的特征变得难以捉摸，从而提升其生存能力。这种技术特别适用于对抗基于静态分析和签名匹配的防护措施。

（4）自动生成技术。恶意代码还可以借助自动生成技术，在已有的恶意代码基础上，自动生成具有不同特征的新版本，从而避开特征码检测系统。通过这一技术，恶意代码可以动态改变自身的代码结构或行为模式，使每一个生成的变种都与原始版本有所不同。自动生成技术使得基于特征码的检测系统难以跟上恶意代码的变化速度，因为每次检测都需要新的特征码来捕捉新的变种。这使得安全厂商在更新其检测数据库时面临较大的挑战。

恶意代码的生存技术通过反跟踪、加密、模糊变换和自动生成等手段，提高了其隐蔽性、对抗性和自我保护能力。这些技术使得恶意代码能够在受到监控和防御的系统中长期存活，并在检测与分析技术不断进步的情况下，依然保持较高的存活能力和传播潜力。有效对抗这些技术需要不断更新的检测策略以及更高级的分析工具。

4.2.3　攻击技术

恶意代码攻击技术是指利用系统和网络的漏洞或特性，侵入或控制目标系统，以达到隐藏、传播或执行恶意操作的目的。这些技术通常具有隐蔽性、破坏性和高效性。以下是几种常见的攻击技术。

（1）进程注入技术。进程注入是一种将恶意代码注入到操作系统或网络系统中的合法服务进程中的技术。通过将自身代码嵌入到这些关键进程中，恶意代码不仅能够实现自身的隐藏，还能随着系统服务的启动和加载而自动运行。这种技术使得恶意代码很难被传统的进程监控工具检测到，因为它表面上运行于合法进程中，欺骗性极强，且可以通过系统的合法权限执行恶意行为。

（2）三线程技术。恶意代码采用三线程技术，即同时开启 3 个独立的线程来分担不同的任务。通常，第一个线程是主线程，负责核心的远程控制功能，允许攻击者对受感染的系统进行操作；第二个线程为监视线程，主要用于实时监控主线程的状态；第三个线程是守护线程，用来保障主线程的持续运行。一旦监视线程发现主线程被安全软件或用户终止，它将通过守护线程立即重新启动主线程，从而确保恶意代码的持续执行。

（3）端口复用技术。端口复用技术通过重复利用系统或网络服务中已打开的合法端口（如 HTTP 服务的 80 端口）来进行通信。这种技术能够欺骗防火墙和入侵检测系统，因为它使用的端口是合法服务的端口，网络流量也看似正常。由于大多数防火墙允许常用端口的流量通过，端口复用技术可以有效绕过这些安全防护机制，从而隐蔽地进行恶意操作。

（4）超级管理技术。超级管理技术是一种对反恶意代码系统（如杀毒软件、防火墙）的直接攻击方式。恶意代码通过获取系统的超级管理员权限或利用系统漏洞，对这些安全防护软件进行攻击，使其无法正常运行或被强制关闭。这种技术能够显著降低目标系统的防御能力，使其暴露在更多的恶意攻击面前。

（5）端口反向连接技术。端口反向连接技术是一种使恶意代码的服务端（即被控制端）主动向攻击者的客户端（即控制端）发起连接的技术。与传统的服务端被动监听连接请求不同，反向连接可以绕过防火墙等安全设备，因为它是由被感染的主机主动发起的。通过这种方式，攻击者能够有效控制目标主机，而不需要通过直接的网络攻击进行连接。

（6）缓冲区溢出技术。缓冲区溢出是一种经典的攻击技术，恶意代码通过向程序的缓冲区输入超出其预期长度的数据，导致缓冲区溢出并覆盖内存中的其他数据。通过精心构造的溢出数据，攻击者可以植入并执行恶意代码，从而获取目标系统的控制权。缓冲区溢出技术通常依赖于系统或网络服务中的安全漏洞，是攻击者获取高权限控制权的常见手段之一。

以上攻击技术展示了恶意代码利用系统和网络漏洞或特性的多种手段。这些技术具有高度的隐蔽性和破坏性，能够绕过安全检测机制并维持恶意代码的长期存活。为了有效应对这些攻击，系统和网络管理员需要不断更新防护措施，及时修补安全漏洞，并使用先进的检测技术。

4.3 恶意代码防范基础知识

4.3.1 传播方式

恶意代码的传播方式多种多样，通常利用系统和软件的漏洞或用户的疏忽大意来实现感染和扩散。以下是常见的几种传播方式。

1. 利用操作系统和应用软件的漏洞传播

恶意代码常常利用操作系统或应用软件中的安全漏洞进行传播。攻击者通过漏洞攻击，能够远程执行恶意代码，甚至完全控制目标主机。这种传播方式尤其在漏洞尚未修复的情况下极具威胁性，例如利用“零日漏洞”（即未被公开或修补的漏洞）进行攻击。

2. 通过网站传播

网站传播是指恶意代码通过恶意或被攻击的网站传播到用户的主机上。常见的方式如下。

（1）挂载恶意代码在网页上。攻击者在合法或恶意网站上植入恶意代码，当用户浏览这些网页时，恶意代码会自动下载并在用户主机上执行。例如，利用浏览器插件漏洞或自动下载机制，用户不需要点击任何链接，恶意代码就能够在后台悄悄运行。

（2）捆绑正常应用软件。攻击者将恶意代码与正常应用软件打包在一起，当用户下载并运行该应用时，恶意代码也会自动在系统中运行。这种捆绑方式在一些免费软件下载中尤为常见，用户可能在不知情的情况下运行了恶意程序。

3. 利用移动媒介传播

恶意代码还可以通过移动存储设备（如 U 盘、移动硬盘、SD 卡等）进行传播。当用户将这些受感染的移动设备连接到主机时，恶意代码可能会利用自动运行（Autorun）功能自动执行，感染用户的系统。这种传播方式在物理接触的环境中，尤其是局域网或共享设备中，广泛存在。

4. 利用用户之间的信任关系传播

恶意代码也可以通过社交工程手段，利用用户之间的信任关系进行传播。攻击者常冒充可信的联系人，通过虚假链接、恶意附件信、伪造图片或邮件等手段，诱骗用户点击和下载恶意代码。例如，钓鱼邮件或虚假的即时通信消息就是常见的攻击方式，用户一旦点击链接或下载附件，恶意代码便会在系统中执行。

总之，恶意代码的传播主要源自用户的软件存在漏洞或用户操作不慎，或是两者结合的结果。通过漏洞传播、网站传播、移动媒介传播和利用信任关系传播是恶意代码最常用的手段。为了防止感染，用户应保持软件和操作系统的及时更新，避免访问不安全的网站，并小心对待任何不明来源的文件和链接。

4.3.2 攻击机制

恶意代码的行为表现各异，破坏程度千差万别，但基本作用机制大体相同，其整个作用过程分为 6 个部分。

（1）侵入系统。侵入系统是恶意代码实现其恶意目的的必要条件。恶意代码入侵的途径很多，包括前面传播方式的各种途径。如：从互联网下载的程序本身就可能含有恶意代码；接收已感染恶意代码的电子邮件；从光盘或 U 盘往系统上安装软件；黑客或者攻击者故意将恶意代码植入系统等。

（2）维持或提升权限。恶意代码的传播与破坏必须盗用用户或者进程的合法权限才能完成。

（3）隐蔽策略。为了不让系统发现恶意代码已经侵入系统，恶意代码可能会改名、删除源文件或者修改系统的安全策略来隐藏自己。

（4）潜伏。恶意代码侵入系统后，等待一定的条件，并具有足够的权限时，就发作并进行破坏活动。

（5）破坏。恶意代码本质上具有破坏性，其目的是造成信息丢失，泄密，破坏系统完整性等。

（6）重复（1）至（5）对新的目标实施攻击过程。

4.3.3 防范手段

1. 恶意代码的预防技术

增强安全策略与意识。制定明确的安全政策是保护组织信息资产的第一步。这包括定期开展安全培训,帮助员工识别钓鱼邮件、恶意链接等潜在威胁。同时,通过建立报告机制,鼓励员工主动报告可疑活动,增强全员的安全意识和参与感。

减少漏洞。减少系统和应用程序中的安全漏洞是防止恶意代码攻击的关键。实施补丁管理策略,定期检查并更新软件,确保所有应用程序和操作系统保持最新状态。此外,主机加固措施包括禁用不必要的服务和端口,限制用户权限,从而减少潜在的攻击面。

减轻威胁。部署防病毒软件和间谍软件检测工具,可以帮助实时监控和清除已存在的恶意代码。同时,入侵检测和防御系统能够及时识别异常活动并采取行动。此外,合理配置防火墙和路由器安全设置,能够有效阻挡未经授权的访问,进一步保护网络安全。通过这些综合措施,可以显著降低受到恶意代码威胁的风险。

2. 恶意代码检测技术

恶意代码检测技术是指通过一系列技术手段识别和检测系统中潜在的恶意软件,以避免恶意代码对系统或网络造成破坏。恶意代码检测技术通常分为静态检测和动态检测两大类,每种方法都有其独特的优势和适用场景。通用恶意代码检测技术包括静态和动态检测技术。

1)静态检测技术

静态检测技术在不执行代码的情况下进行分析,通常通过检查文件或程序的结构和特征来识别潜在的恶意代码。常见的静态检测技术如下。

签名检测:通过匹配已知恶意代码的特征(如哈希值、字节序列)来识别恶意软件,常用于杀毒软件。适用于检测已知威胁,但对未知变种效果有限。

启发式检测:通过分析代码的结构和行为特征,识别潜在的恶意代码。它利用规则和算法来发现未知或变种的恶意软件。

静态分析:不执行程序,而是对代码进行静态检查,识别潜在漏洞、恶意模式和不安全的编程实践。这种方法可以在开发阶段提前发现问题。

源代码审计:对软件源代码进行手动或自动审计,识别安全漏洞和潜在的恶意代码。常用于开源项目和企业内部软件开发。

完整性检查:定期监测关键文件和系统目录的完整性,通过校验和或哈希值检查是否有未经授权的更改。

合规性检查:确保系统和应用程序遵循安全标准和政策,通过审查发现潜在的恶意代码风险。

安全配置管理:评估和维护系统和应用程序的安全配置,确保符合最佳实践,降低被恶意代码攻击的风险。

基于区块链的检测:利用区块链的透明性和不可篡改性,进行文件和代码的完整性检查,确保数据的真实性。

行为白名单:维护一个正常操作的白名单,任何不在白名单中的行为都会被标记为可疑,帮助识别潜在的恶意活动。

安全日志分析：通过分析系统和应用的日志文件，识别异常活动和潜在的安全威胁。

API 安全测试：对 API 进行静态测试，以识别安全漏洞和潜在的恶意利用。

2）动态检测技术

动态检测技术在执行代码时进行监控和分析，以观察程序的实际行为和特征。常见的动态检测技术如下。

行为检测：实时监控程序的运行时行为，检测是否存在异常活动，如文件修改、注册表更改、网络连接等。这种技术可有效发现潜在的恶意软件。

沙箱技术：在隔离环境中执行可疑程序，观察其行为，以判断是否恶意。沙箱可以防止潜在威胁对实际系统造成损害。

动态分析：通过分析程序在运行时的内存使用、系统调用和网络活动，以识别恶意行为。通常与沙箱结合使用。

网络流量分析：实时监测和分析网络流量，识别异常连接或数据传输，检测潜在的恶意活动。

终端检测与响应（EDR）：集成多种检测和响应机制，提供对终端设备的全面监控，快速识别和应对恶意行为。

网络入侵检测系统（NIDS）：实时监控网络流量，检测异常模式和潜在攻击，识别恶意活动。

进程间通信监控：监测不同进程之间的通信行为，识别可能的恶意活动或数据泄露。

系统调用监控：记录和分析系统调用，识别恶意软件的活动模式，以便发现异常行为。

API 调用监控：监控应用程序的 API 调用，识别异常或恶意的函数调用行为，以检测潜在的攻击。

资源使用监控：分析进程的 CPU、内存和网络使用情况，识别异常高消耗的进程，可能暗示恶意活动。

用户行为分析：监测用户行为的异常模式，识别是否有恶意软件在后台进行数据窃取或其他活动。

情境感知安全：根据用户行为、设备和网络环境动态调整安全策略，提高恶意软件检测的有效性。

自动化响应：在检测到恶意活动时，通过自动化工具快速采取行动，阻止攻击或隔离受感染系统。

虚拟补丁：在漏洞被发现后，通过配置或防火墙规则迅速进行防护，降低恶意代码的利用风险。

IoT 安全监控：监测和保护物联网设备，防止恶意代码通过这些设备入侵网络。

容器安全：监测和保护容器化应用的安全，确保容器内部没有恶意代码。

3. 混合检测技术

结合了静态和动态分析的特性，通常是在分析过程中既涉及代码结构，也监测运行时行为。常见的混合检测技术如下。

灰盒测试：结合静态和动态分析，提供程序的部分内部信息，以更全面地识别潜在威胁。

回归测试：在系统更新或更改后，重新测试已知安全状态，以确保没有新恶意代码进入系统。

自动化漏洞修复：通过自动化工具及时修复已知漏洞，缩小恶意代码的攻击面。

多层防护：结合防火墙、入侵防御系统（IPS）、反恶意软件工具等，实现多层次防护。

集成威胁情报：整合多种威胁情报来源，以提高检测的准确性和实时性。

自适应安全策略：根据实时威胁情报和网络活动自动调整安全策略，提高检测能力。

4. 静态与动态检测技术的比较

静态检测技术（基于特征的扫描和校验和法）能够快速检测已知威胁，但其依赖于预先建立的恶意代码库，对于变形或新型恶意代码的检测能力有限。

动态检测技术（沙箱技术和蜜罐技术）则通过监控程序的实际行为来识别威胁，不依赖于预设特征库，因而对未知的或加密的恶意代码更有效。然而，动态检测通常需要更多的资源和时间，且某些恶意代码可能具备规避检测环境的能力。

4.4 防病毒软件的基本原理与安装

4.4.1 防病毒软件的作用

防病毒软件的主要作用是检查计算机是否染有病毒，并清除已感染的部分病毒，以保护网络安全。防病毒软件通过集成监控识别、病毒扫描和清除、自动升级、主动防御等功能，以及数据恢复、防范黑客入侵、网络流量控制等附加功能，成为计算机防御系统的重要组成部分。以下是防病毒软件的具体作用。

（1）查毒与杀毒。防病毒软件的首要功能是查找计算机中的病毒，尤其是针对存储设备进行病毒查找，确定计算机感染了哪些病毒，并进行清除。这不仅包括查找出病毒，还应该对这些病毒进行清除，这是防病毒软件的重要功能。

（2）防毒。防毒是防病毒软件的根本目的，通过对计算机的输入输出进行监视和防治，防止病毒侵入计算机系统。

（3）数据恢复。当计算机被病毒感染后，防病毒软件不仅能查杀病毒，还能对计算机被破坏后采取一定的补救措施，特别是对存储器设备进行修复，有些防病毒软件还提供对硬盘数据的恢复功能。

（4）实时扫描。实时扫描功能可以在文件进行转入、转出、存储和检索操作时，不间断地对其进行扫描，以检测其中是否存在病毒和其他恶意代码。

（5）预置扫描。预置扫描可以预先选择日期和时间来扫描文件服务器，定期、自动地对服务器进行扫描，提高防毒管理的效率。

（6）人工扫描。人工扫描方式可以要求防病毒软件在任何时候扫描文件服务器上指定的驱动器盘符、目录和文件，扫描的时间长短取决于要扫描的文件和硬盘资源的容量大小。

（7）防火墙技术。虽然防病毒软件本身不直接提供防火墙技术，但它们通常与防火墙等安全工具一起使用，形成更全面的安全防护体系。

综上所述，防病毒软件通过其多种功能和技术，为计算机系统提供了全面的保护，确保系统的安全性和稳定性。

4.4.2 防病毒软件基本原理

防病毒软件的基本原理是通过病毒特征数据库匹配和实时监测来检测和清除病毒。防病毒软件会定期更新病毒特征数据库,在计算机上扫描文件和程序,检测是否存在已知的病毒。一旦发现病毒,软件会立即采取措施进行隔离、删除或修复。

防病毒软件的工作原理包括以下几个方面。

(1)病毒特征数据库匹配。防病毒软件的设计者会分析各种已知的病毒程序,提取出病毒的特征代码,并存储在一个数据库中。当用户安装杀毒软件后,软件会对计算机系统中的内存、磁盘以及下载的文件进行扫描。扫描过程中,软件会将系统中的文件逐一与病毒特征数据库中的特征代码进行比较,从而发现并识别出感染病毒的文件。

(2)实时监测。除了基于病毒特征数据库的匹配检测外,防病毒软件还具备实时监测功能。这意味着软件会在计算机运行过程中持续监控系统的行为,包括文件的访问、修改和删除等操作。杀毒软件会分析系统行为是否符合病毒的行为特征,并及时发出警报。

(3)病毒数据库更新。由于病毒不断变化和更新,防病毒软件的病毒特征数据库也需要不断更新和升级。许多防病毒软件都具备自动更新机制,能够定期从互联网下载最新的病毒特征数据库,确保软件的检测能力始终保持在最新状态。

(4)恢复与隔离功能。一旦防病毒软件检测到感染病毒的文件,它会尝试清除文件中的病毒代码,恢复文件的原始状态。在某些情况下,如果病毒已经严重破坏了文件,无法直接清除病毒,防病毒软件可能会将感染的文件隔离到一个特定的区域,以防止病毒进一步传播和破坏。

防病毒软件的作用不仅限于检测和清除已知病毒,还包括实时保护、邮件和网页过滤等功能。防病毒软件会运行在后台监控计算机的活动,实时检测潜在的威胁。它还会在接收和发送电子邮件时扫描附件,过滤掉包含病毒的邮件。此外,防病毒软件还能检测并拦截携带恶意代码的网页,防止用户访问危险的网站

4.4.3 防病毒软件安装

360 安全卫士是一款由中国互联网安全公司奇虎 360 开发的免费防病毒软件。它不仅能够帮助用户检测和清除电脑中的恶意软件,还提供了系统优化、垃圾清理、软件管理等多种实用功能。下面是关于如何安装 360 安全卫士的教程。

第一步:下载 360 安全卫士

打开您的浏览器,访问 360 安全卫士官方网站 https://www.360.cn/,如图 4-1 所示。点击离线安装包下载安装程序。选择一个易于找到的位置保存下载的文件。

图 4-1　下载 360 安全卫士

第二步:运行安装程序

找到您刚刚下载的 360 安全卫士安装程序文件(通常为.exe 格式)。双击该文件来启动安装向导,如图 4-2 所示。在电脑中选择一个合适的位置来安装软件,然后点击“同意并安装”。

第三步:安装程序

安装向导会显示安装进度和显示“致 360 安全卫士用户的一封信”,安装完成后,请仔细阅读条款,然后叉掉即可进入软件,如图 4-3 所示。

图 4-2 运行安装程序

图 4-3 安装程序

第四步:启动 360 安全卫士

安装完成后,可能可以选择直接启动 360 安全卫士。如果没有自动启动,您可以在桌面或开始菜单中找到 360 安全卫士图标,双击打开。首次使用时,建议执行一次全盘扫描以确保您的计算机安全无虞。

进入软件后可以点击“立即体验”,如图 4-4 所示。进行电脑的安全检测,如图 4-5 所示,并耐心等待直到看到检测完成的提示信息。

图 4-4　启动 360 安全卫士

图 4-5　进行电脑的安全检测

第五步:安全修复

检测完成后,查看检测结果,如图 4-6 所示。如果全部需要修复和清理的可以点击"一键修复",如果部分应用不适合清理,可以手动一个一个清理或修复。注意一旦清理,数据就会被清空,所以清理前要慎重考虑。

图 4-6 安全修复

通过以上步骤,您就成功地在自己的电脑上安装了 360 安全卫士。记得定期检查软件的状态并保持其更新,这样可以更好地保护您的个人数据不受侵害。如果您遇到任何问题或者需要更多高级设置的帮助,请参考官方文档或联系客服支持。

第六步:软件卸载

卸载软件需先打开电脑的控制面板,选择程序,点击"卸载程序",如图 4-7 所示。

图 4-7 软件卸载

在程序中选择 360 安全卫士,右击选择"卸载",跳出弹窗选择确定,如图 4-8 所示。

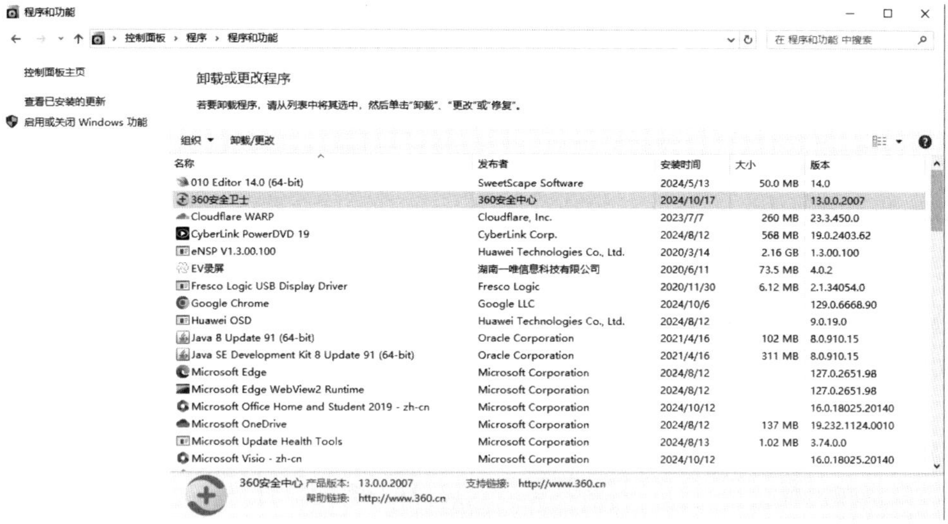

图 4-8　选择“卸载”，跳出弹窗

选择“继续卸载”，如图 4-9 所示，弹出提示，随便勾选选择一个卸载理由，点击“确定”按钮卸载软件，如图 4-10 所示。

图 4-9　选择“继续卸载”

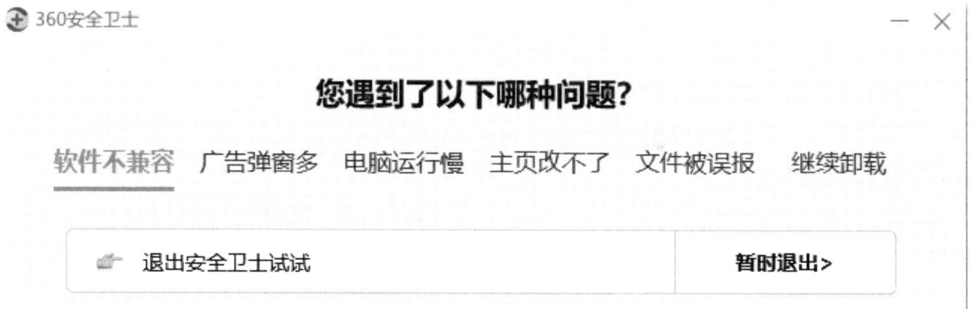

图 4-10　选择卸载理由

通过以上步骤，可成功在电脑上卸载 360 安全卫士。

习　题

一、单项选择题

1. 目前使用的防病毒软件的作用是查出(　　)

A. 任何已感染的病毒　　B. 并清除任何病毒

C. 已知的病毒，清除部分病毒　　D. 所有类型的恶意代码并修复系统

2. 通常以电子邮件附件的形式传播的恶意代码是(　　)

A. 恶意软件　　B. 数据库

C. 文本编辑器　　D. 防病毒软件

3. 专门用于盗取用户的敏感信息（例如密码和信用卡号）的恶意代码是(　　)

A. 木马（Trojan）　　B. 拖拽程序（Ransomware）

C. 病毒（Virus）　　D. 间谍软件（Spyware）

4. 可以有效防止恶意代码攻击的防护措施是(　　)

A. 安装和定期更新杀毒软件　　B. 关闭计算机以防止攻击

C. 不使用互联网　　D. 定期备份重要文件

5. 恶意代码“勒索软件”所属的类型是(　　)

A. 用于增强系统性能的代码

B. 通过加密用户文件并要求赎金来恢复访问的恶意软件

C. 用于删除无用文件的代码

D. 一种常见的系统更新程序

6. 病毒正确的存在形式是(　　)

A. 寄生　　B. 复制　　C. 感染　　D. 程序

7. 蠕虫是一种可以自我复制的完全独立的程序，针对它的防范方法是(　　)

A. 清除启动项　　B. 从宿主文件中清除

C. 更新安全补丁　　D. 注销进程

8. 在恶意代码中，网络连接隐蔽的案例通常包括的方法是(　　)

A. 根套接字（Rootkit）：恶意软件使用根套接字技术，隐藏自己的进程，使其在任务管理器或系统监控工具中不可见。

B. DLL 注入：通过将恶意动态链接库（DLL）注入到合法进程中，恶意代码可以与目标进程共享内存，从而在用户不知情的情况下执行。

C. 使用加密通信：恶意软件可以使用 SSL/TLS 等加密协议与控制服务器通信，使网络流量难以被检测和分析。

D. 代码混淆：恶意软件开发者可以使用代码混淆技术来隐藏源代码的真实意图，通过重命名变量、函数以及修改代码结构，使得代码难以理解，防止分析人员轻易识别恶意行为。

9. 下列选项中属于恶意代码预防技术的是(　　)

A. 动态检测技术　　B. 灰盒测试

C. 自适应安全策略　　D. 源代码审计

10. 可以进行数据加密并要求赎金的恶意代码是(　　)

A. 木马(Trojan)　　B. 勒索软件(Ransomware)

C. 病毒(Virus)　　D. 间谍软件(Spyware)

二、判断题

1. 当计算机出现经常性无缘无故地死机,运行速度异常,系统文件的时间、日期和大小发生变化等现象时,可优先考虑计算机是否感染病毒。

2. 独立的恶意代码是指是一段代码,须嵌入某个完整的程序中,作为该程序的一个组成部分进行传播和运行。

3. 独立的恶意代码是指具备一个完整程序所应该具有的全部功能,能够独立传播、运行的恶意代码。

4. 非独立恶意代码是一段代码,不必嵌入某个完整的程序中,仅作为该程序的一个组成部分进行传播和运行即可。

5. 对于非独立恶意代码,自我复制过程就是将自身嵌入宿主程序的过程,这个过程也称为感染宿主程序的过程。

6. 大多数木马程序对计算机系统不会造成功能性损害,但会对用户数据进行非法搜集和传输,危害极大。它的触发机制为攻击者指定条件。

7. 木马病毒侧重于网络中的自我复制能力和自我传染能力,蠕虫病毒侧重窃取敏感信息的能力。

8. 恶意代码的生存技术是利用系统和网络的漏洞或特性,侵入或控制目标系统,以达到隐藏、传播或执行恶意操作的目的。

9. 防病毒软件的基本原理是通过病毒特征数据库匹配和实时监测来检测和清除病毒。

10. 编译器隐蔽是指附着或替换系统进程,使恶意代码以合法服务的身份运行,从而隐蔽恶意代码。还可以通过修改进程列表程序,修改命令行参数使恶意代码进程的信息无法查询。

三、双项选择题

1. 恶意代码的分类标准包括代码的(　　)

A. 独立性　　B. 自我复制性　　C. 多样性　　D. 复杂性

E. 唯一性

2. 混合检测技术,通常是在分析过程中既涉及代码结构,也监测运行时行为。常见的混合检测技术包括(　　)

A. 多层防护:结合防火墙、入侵防御系统(IPS)、反恶意软件工具等,实现多层次防护。

B. 用户行为分析:监测用户行为的异常模式,识别是否有恶意软件在后台进行数据窃取或其他活动。

C. 情境感知安全：根据用户行为、设备和网络环境动态调整安全策略，提高恶意软件检测的有效性。

D. 资源使用监控：分析进程的 CPU、内存和网络使用情况，识别异常高消耗的进程，可能暗示恶意活动。

E. 集成威胁情报：整合多种威胁情报来源，以提高检测的准确性和实时性。

3. 动态检测技术，在执行代码时进行监控和分析，以观察程序的实际行为和特征。常见的动态检测技术包括(　　)

A. 启发式检测：通过分析代码的结构和行为特征，识别潜在的恶意代码。它利用规则和算法来发现未知或变种的恶意软件。

B. 终端检测与响应（EDR）：集成多种检测和响应机制，提供对终端设备的全面监控，快速识别和应对恶意行为。

C. 基于区块链的检测：利用区块链的透明性和不可篡改性，进行文件和代码的完整性检查，确保数据的真实性。

D. 沙箱技术：在隔离环境中执行可疑程序，观察其行为，以判断是否恶意。沙箱可以防止潜在威胁对实际系统造成损害。

E. 行为白名单：维护一个正常操作的白名单，任何不在白名单中的行为都会被标记为可疑，帮助识别潜在的恶意活动。

4. 恶意代码的生存技术指的是恶意软件为了提高其在受害系统中的存活时间、降低被发现和清除的可能性所采取的一系列技术手段，包括(　　)

A. 反跟踪技术　　B. 解密技术　　C. 自动变换技术　　D. 模糊生成技术

E. 加密技术

5. 恶意代码的行为表现各异，破坏程度千差万别，但基本作用机制大体相同，对其部分作用过程描述正确的是(　　)

A. 侵入系统。侵入系统是恶意代码实现其恶意目的的必要条件。恶意代码入侵的途径较单一，因此对攻击者能力要求很高。

B. 维持或提升权限。恶意代码的传播与破坏必须盗用用户或者进程的合法权限才能完成。

C. 隐蔽策略。为了不让系统发现恶意代码已经侵入系统，恶意代码可能会更改源文件名、删除源文件或者修改系统的安全策略来隐藏自己。

D. 潜伏。恶意代码侵入系统后，立刻获取对应权限，进行破坏活动。

E. 最后一环节：重复侵入系统和破坏两个过程，并对新的目标实施攻击过程。

6. 进程隐藏的常见方法有(　　)

A. 使用加密通信　　B. 伪装成合法流量

C. DLL 注入　　D. 随机端口和协议

E. 根套接字

7. 网络连接隐蔽的常见方法有(　　)

A. 反向连接　　B. 使用同伴网络

C. 嵌入恶意代码　　D. 动态链接库（DLL）劫持

E. 编译器后门

8. RootKit 的隐蔽的常见方法包括(　　)
A. 反检测技术
B. 根套接字(Rootkit)
C. 利用虚拟化或容器技术
D. 自我保护机制
E. 定制网络协议
9. 网络隐藏的常见类型包括(　　)
A. 通信内容隐蔽
B. RootKit 隐蔽
C. 随机端口和协议
D. 时间隐蔽通道
E. 使用脚本语言
10. 恶意代码的生存技术主要包括(　　)
A. 模糊变换技术　B. 反跟踪技术　C. 三线程技术　D. 进程注入技术
E. 端口复用技术

四、多项选择题

1. 可能表明系统受到恶意代码感染的行为是(　　)
A. 计算机运行缓慢
B. 弹出广告或警告信息
C. 文件意外丢失或损坏
D. 网络连接正常且速度快速
E. 不明程序自动启动
2. 恶意软件的传播方式有(　　)
A. 电子邮件附件
B. 下载不明软件
C. USB 闪存驱动器
D. 访问不安全的网站
E. 更新系统补丁
3. 针对恶意代码的防护措施包括(　　)
A. 定期更新操作系统和软件
B. 使用强密码并定期更换
C. 随意点击不明链接
D. 安装防病毒软件并定期扫描
E. 禁用所有网络连接
4. 以下选项中属于常见的恶意代码的是(　　)
A. 计算机病毒　B. 特洛伊木马　C. 计算机蠕虫　D. 后门
E. 逻辑炸弹
5. 蠕虫的主要特征包括(　　)
A. 以独立文件形式存在
B. 以植入目标主机为主要传染途径
C. 传播速度快
D. 以存在漏洞的网络程序为主要攻击目标
E. 以自动攻击有漏洞的程序为触发机制
6. 木马的主要特征有(　　)
A. 以独立文件形式存在
B. 以植入目标主机为主要传染途径
C. 传播速度块
D. 以文件、网络主机为主要攻击目标
E. 以自启动为触发机制

7. 病毒的主要特征包括(　　)

A. 以独立文件形式存在

B. 通过宿主程序运行为主要传染途径

C. 传播速度慢

D. 以本地文件为主要攻击目标

E. 以攻击者指定条件为触发机制

8. 文件隐藏的类型主要分为(　　)

A. 隐藏文件和目录

B. 使用压缩文件

C. 利用文件扩展名

D. 通过文档宏

E. 服务隐藏

第五章　网络与信息安全管理

网络与信息安全管理旨在保护信息系统的机密性、完整性和可用性，其中包括硬件的防护以及系统的防护。

有效地提升网络与信息的安全管理水平是网络管理员必备的技能：使用访问控制、数据加密、防火墙配置、入侵检测系统(IDS)与防御机制以及备份更新等方法可以提高网络与信息安全；对网络设备和操作系统进行安全防护有 VLAN 的划分、ACL 控制、系统用户最小化管理、系统访问权限管理以及系统补丁更新等方法。

5.1　网络安全管理

5.1.1　交换机 VLAN 划分

1. VLAN 的基本概念

虚拟局域网(VLAN)。是指在一个物理网络中，通过逻辑划分将不同的主机分配到不同的逻辑子网中，以实现网络资源的灵活分配和管理。VLAN 技术可以有效隔离广播域，提高网络的安全性和性能。

2. VLAN 的作用

(1)提升网络安全性。通过将不同部门的用户划分到不同的 VLAN 中，减少不必要的网络访问，增强安全性。

(2)优化网络性能。控制广播域的大小，减少广播流量对网络性能的影响。

(3)简化网络管理。使得网络的管理和维护更加灵活和简便。

(4)提高网络灵活性。方便地进行网络调整和扩展。

3. VLAN 的划分方法

(1)基于端口划分的 VLAN。根据交换机的端口进行 VLAN 划分，是最常见且最简单的方法。适用于静态环境。

(2)基于 MAC 地址划分的 VLAN。根据设备的 MAC 地址进行划分，设备移动时 VLAN 成员资格自动保留。适用于设备位置经常变动的环境。

(3)基于协议划分的 VLAN。根据网络层协议如 IP 协议进行划分，适用于需要基于具体应用或服务划分 VLAN 的情况。

(4)基于策略划分的 VLAN。结合多种因素(如端口 、MAC 地址、协议等)进行综合划分，提供更灵活的配置。

4. VLAN 配置实例

(1)基于端口划分的 VLAN 配置。

假设某企业需将财务部门和研发部门划分为不同的 VLAN,财务部门为 VLAN 10,研发部门为 VLAN 20。

①创建 VLAN、为 VLAN 命名:

```
configure terminal
vlan 10
name Finance
vlan 20
name R&D
```

②将端口分配给 VLAN:

```
interface range FastEthernet 0/1-10
switchport mode access
switchport access vlan 10
interface range FastEthernet 0/11 - 20
switchport mode access
switchport access vlan 20
```

③验证配置:

```
show vlan brief
```

(2)基于 MAC 地址划分 VLAN 的配置。

假设某企业需要将员工分为两个部门,分别是销售部和研发部。销售部的 MAC 地址范围为 00:1 A:2B:XX:XX:XX,研发部的 MAC 地址范围为 00:1B:2 C:XX:XX:XX。我们将这两个部门划分为不同的 VLAN,销售部为 VLAN 10,研发部为 VLAN 20。

①创建 VLAN:

```
configure terminal
vlan 10
name Sales
vlan 20
name R&D
```

②配置静态 MAC 地址表项:

```
configure terminal
mac-address-table static 001a.2b00.0000 vlan 10
mac-address-table static 001b.2c00.0000 vlan 20
```

5.1.2 交换机、路由器的远程(安全)管理方式

远程管理是一项关键技能,它允许管理员通过远程连接来配置和监控交换机、路由器,而不必亲自到现场。远程管理有助于提高办公效率,节省设备管理的时间和成本。通常使用加密协议(如 SSH)确保远程访问数据传输的安全性。

以下是一个基于 SSH（安全外壳协议）进行交换机（路由器）远程管理的实例。

1. 交换机（路由器）的配置

进入配置模式：

```
enable
configure terminal
hostname Switch1
domain mycompany.local
crypto key generate rsa
ip ssh version 2
login block-for 10 attempts 1 interval
login block-after 10 attempts 60
username admin privilege 15 secret yourpassword
line vty 0 4
transport input ssh
login local
end
write memory
```

2. 终端软件远程管理交换机、路由器

打开软件（以 SecureCRT 为例），点击"文件"→"快速连接"，弹出"快速连接"对话框，如图 5-1 所示，点击"连接"，登录设备。

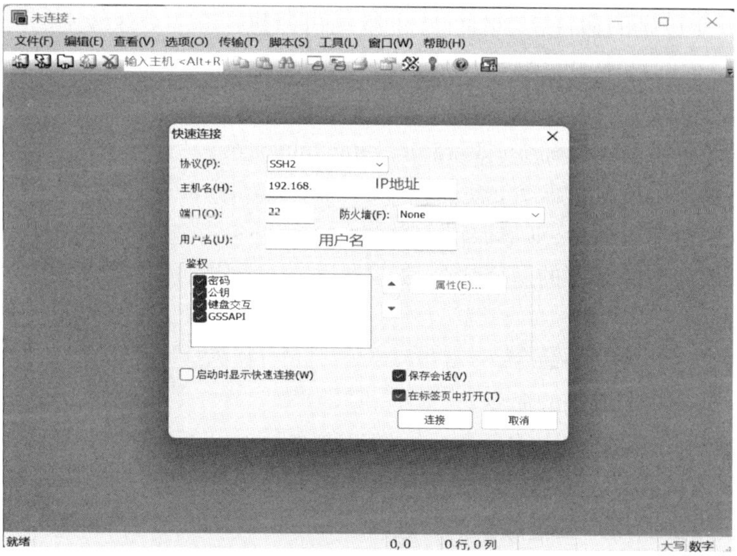

图 5-1　远程管理软件设置登录选项

5.1.3 交换机、路由器的用户安全级别及管理

1. 交换机的用户安全级别

交换机的用户安全级别通常分为以下几类。

1)LEVEL 0(访问级)

可以执行用于网络诊断等功能的命令。包括 ping、tracert、telnet 等命令，执行该级别命令的结果不能被保存到配置文件中。

2)LEVEL 1(监控级)

可以执行用于系统维护、业务故障诊断等功能的命令。包括 debugging、terminal 等命令，执行该级别命令的结果不能被保存到配置文件中。

3)LEVEL 2(系统级)

可以执行用于业务配置的命令，主要包括路由等网络层次的命令，用于向用户提供网络服务。

4)LEVEL 3-15(管理级)

最高级，可以运行所有命令：关系到系统的基本运行、系统支撑模块功能的命令，这些命令对业务提供支撑作用。包括文件系统、FTP、TFTP、XModem 下载、用户管理命令、级别设置命令等。

2. 路由器的用户安全级别

在 Cisco 路由器中，可以设置 0~15 共 16 个不同的权限级别。级别 15 为缺省的特权 EXEC 级别，拥有最高级别的访问权限。级别 1 为缺省的用户 EXEC 级别，仅能执行有限的命令，不能对交换机进行配置。用户级别也分为 0~15 级，其中 0 级只能执行 0 级别的命令，1 级可以执行 0、1 级别的命令，以此类推，3~15 级可以执行 0、1、2、3 级别的命令。

每个权限等级的具体功能如下。

(1)命令级别。

0 级：可以执行网络诊断命令，如 tracert、ping、telnet 等。

1 级：可以执行系统维护命令，如 display current-configuration。

2 级：可以执行配置命令，如修改设备名称。

3 级：可以执行系统基本的运行命令，如文件系统的配置、用户管理命令。

(2)用户级别。

0 级：只能执行 0 级别的命令。

1 级：可以执行 0、1 级别的命令。

2 级：可以执行 0、1、2 级别的命令。

3-15 级：可以执行 0、1、2、3 级别的命令。

3. 交换机、路由器用户安全级别的管理

假设我们要为某台交换机配置两个用户，一个为 1 级，另一个为 15 级。

```
enable
username user1 privilege 1 secret your_password
username user15 privilege 15 secret your_complex_password
end
```

```
write memory
```

5.2　系统安全管理

5.2.1　用户与组的概念与管理

1. 用户(User)

用户是指操作系统中的一个实体,可以是人或进程,系统为每个用户分配一个唯一的标识符 UID(用户标识号)。每个用户都有自己的主目录(Home Directory),用于存储用户的个人文件。

2. 组(Group)

组是具有相似属性的用户的集合,系统为每个组分配一个唯一的标识符 GID(组标识号)。组的主要作用是简化权限管理,可以将一组用户的权限统一管理。

3. 用户和组的关系

(1)一个用户可以属于一个或多个组,但只能有一个主组。

(2)每个组可以包含零个或多个用户。

(3)组的权限设置会应用到所有属于该组的用户上。

4. Linux 操作系统用户账户管理

1)创建用户

使用 useradd 命令创建新用户,并指定用户的主目录和其他选项。

```
sudo useradd -m -d /home/newuser -s /bin/bash newuser
```

2)修改用户

使用 usermod 命令修改现有用户的属性,如更改主目录、登录 Shell 等。

```
sudo usermod -d /new/directory -m newuser
```

3)删除用户

使用 userdel 命令删除用户,可以选择是否删除用户的主目录。

```
sudo userdel -r newuser
```

5. Linux 操作系统组账户管理

1)创建组

使用 groupadd 命令创建新组。

```
sudo groupadd newgroup
```

2)修改组

使用 groupmod 命令修改现有组的属性,如更改组名。

```
sudo groupmod -n newname newgroup
```

3)删除组

使用 groupdel 命令删除组。

```
sudo groupdel newgroup
```

6. Linux 操作系统用户和组的关系管理

1）添加用户到组

使用 usermod 命令将用户添加到组。

```
sudo usermod -aG newgroup newuser
```

2）从组中删除用户

使用 gpasswd 命令将用户从组中删除。

```
sudo gpasswd -d newuser newgroup
```

7. Windows 操作系统用户账户管理

1）创建用户

使用“计算机管理”工具创建新用户，并指定用户的主目录和其他选项。

打开计算机管理工具，使用 compmgmt.msc 命令，具体操作如图 5-2 所示。

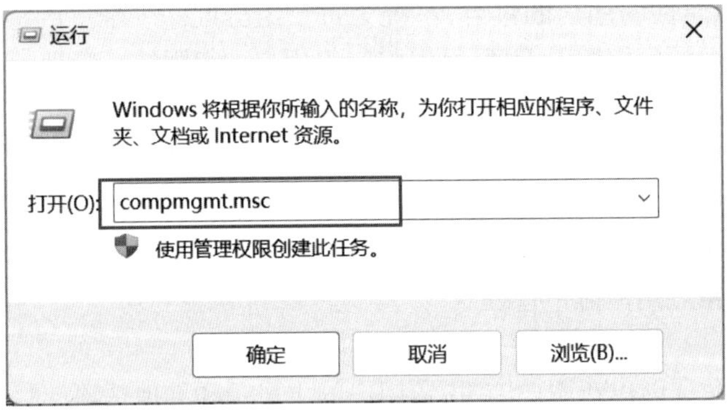

图 5-2 运行计算机管理命令

导航到“本地用户和组”>“用户”，右键点击“用户”，选择“新用户...”，输入用户名、密码等信息，点击“创建”，具体操作如图 5-3 所示。

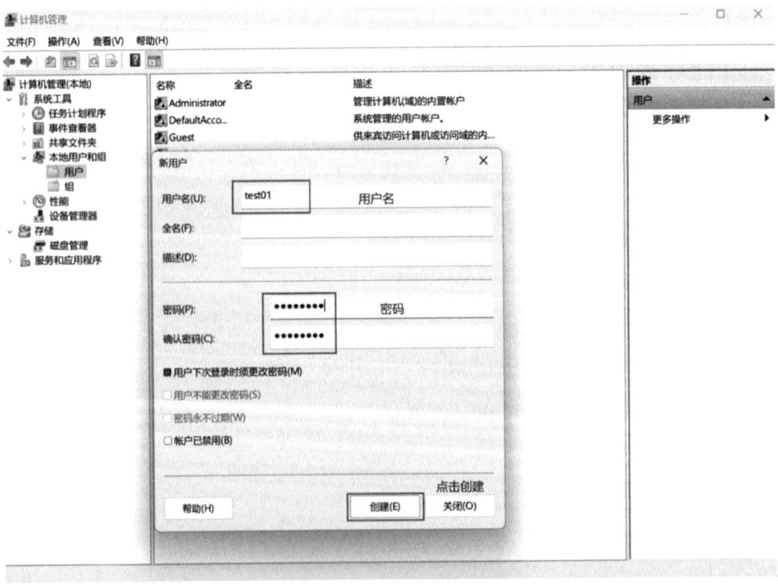

图 5-3 创建新用户

2）修改用户

使用“计算机管理”工具修改现有用户的属性，如更改主目录、登录 Shell 等。

找到需要修改的用户，右键点击，选择“属性”，修改所需属性，点击“确定”，修改用户时，可修改用户“常规”信息，用户“隶属于”信息，以及用户配置文件，具体内容如图 5-4 所示。

图 5-4　修改用户信息

3）删除用户

使用“计算机管理”工具删除用户。

打开计算机管理工具

导航到“本地用户和组”>“用户”

找到需要删除的用户，右键点击，选择“删除”。

8. Windows 操作系统组账户管理

1）创建组

打开计算机管理工具

导航到“本地用户和组”>“组”，右键点击“组”，选择“新建组...”

输入组名等信息，点击“创建”

2）修改组

使用“计算机管理”工具修改现有组的属性，如更改组名。

打开计算机管理工具

导航到“本地用户和组”>“组”

找到需要修改的组，右键点击，选择“属性”

修改所需属性，点击“确定”

3)删除组

使用"计算机管理"工具删除组。

打开计算机管理工具

导航到"本地用户和组" > "组"

找到需要删除的组,右键点击,选择"删除"

9. Windows 操作系统用户和组的关系管理

1)添加用户到组

使用"计算机管理"工具将用户添加到组。

打开计算机管理工具

导航到"本地用户和组" > "组"

找到需要修改的组,双击打开属性窗口,切换到"成员"选项卡,点击"添加..."按钮,选择需要添加的用户,点击"添加",然后点击"确定"。

2)从组中删除用户

使用"计算机管理"工具将用户从组中删除。

打开计算机管理工具

导航到"本地用户和组" > "组"

找到需要修改的组,双击打开属性窗口

切换到"成员"选项卡,选择需要删除的用户,点击"删除"按钮,然后点击"确定"。

5.2.2 文件访问权限的设置

1. 文件访问权限

文件访问权限是操作系统用来限制对资源访问的机制,权限一般分为读、写、执行。系统中每个文件都拥有特定的权限、所属用户及所属组,通过这样的机制来限制哪些用户或用户组可以对特定文件进行相应的操作。

1)Linux 操作系统中文件访问权限

Linux 权限授权,默认是授权给 3 种角色,分别是 user、group、other,Linux 权限与用户之间的关联如下:

U 代表 User,G 代表 Group,O 代表 Other;

每个文件的权限基于 UGO 进行设置;

权限三位一组(rwx),同时需授权给 3 种角色,UGO;

每个文件拥有一个所属用户和所属组,对应 UGO,不属于该文件所属用户或所属组使用 O 来表示;

如图 5-5 所示。

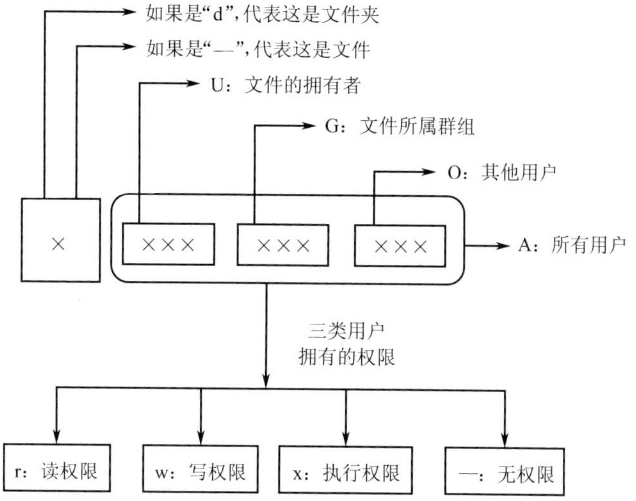

图 5-5　Linux 文件属性信息

例如:某文件属性信息为

➢ -rw-rw-r-x

该文件是普通文件,文件所有者与同组用户对文件具有读写的权限,而其他用户仅具有读取和执行的权限。

➢ drwx--x—x

该文件是目录文件,目录所有者具有读写与进入目录的权限,同组及其他用户能进入该目录,但无法读取任何数据。

每类用户在设置时均对应 3 个权限,分别为读、写、执行。可使用 3 位二进制数表示,拥有权限为 1,反之为 0。在表示三类用户拥有权限时,可使用数字来表示,文件的读写权限对应关系见表 5-1。

表 5-1　文件的读写权限对应关系表

八进制位	权限	权限符号	二进制位
7	读\写\执行	rwx	111
6	读\写	rw-	110
5	读\执行	r-x	101
4	读	r–	100
3	写\执行	-wx	011
2	写	-w-	010
1	执行	–x	001
0	无权限	—	000

例如,权限符号为 rw-,其二进制数为 110,即 r 值为 1, w 值为 1, x 为 0。转化为十进制数为 $110_2=1*2^2+1*2^1+0*2^0=6_{10}$

2)Windows 操作系统中文件访问权限

在 Windows 操作系统中,文件访问权限用于控制用户对文件和文件夹的访问。这些权限包括完全控制、修改、读取及运行、列出文件夹内容、读取、写入和特别权限等。

①完全控制(Full Control)。

该权限允许用户对文件夹、子文件夹、文件进行全权控制,如修改资源的权限、获取资源的所有者、删除资源的权限等,拥有完全控制权限就等于拥有了其他所有的权限。

②修改(Modify)。

该权限允许用户修改或删除资源,同时让用户拥有写入及读取和运行权限。

③读取和运行(Read & Execute)。

该权限允许用户拥有读取和列出资源目录的权限,另外也允许用户在资源中进行移动和遍历,这使得用户能够直接访问子文件夹与文件,即使用户没有权限访问这个路径。

④列出文件夹目录(List Folder Contents)。

该权限允许用户查看资源中的子文件夹与文件名称。

⑤读取(Read)。

该权限允许用户查看该文件夹中的文件以及子文件夹,也允许查看该文件夹的属性、所有者和拥有的权限等。

⑥写入(Write)。

该权限允许用户在该文件夹中创建新的文件和子文件夹,也可以改变文件夹的属性、查看文件夹的所有者和权限等。

具体信息如图 5-6 所示。

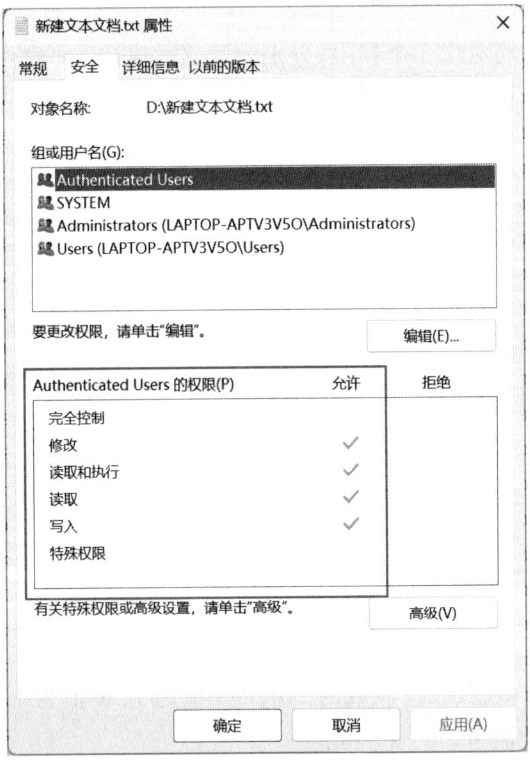

图 5-6 文件属性信息

2. 文件访问权限的修改

1)Linux 操作系统的文件访问权限的修改

Linux 操作系统中的文件通常使用 chmod 命令来修改文件的访问权限，chmod 命令的格式是：

chmod　[选项]　模式　文件名

例 5-1　命令 chmod -R u+rwx 目录或文件名

-R 为命令的选项,代表递归处理所有子文件;

u+rwx 为命令的模式,由三部分组成,其中“u”代表用户、“+”代表操作,“rwx”代表权限,意为向所有用户添加读取、写入以及执行权限。

其中,常用选项见表 5-2。

表 5-2　chmod 命令选项作用

选项	作用
-c	改变权限成功后再输出成功信息
-R	递归处理所有子文件
-f	改变权限失败后不显示错误信息
-v	显示执行过程详细信息

常用的用户表示符见表 5-3。

表 5-3　chmod 常用用户表示符

用户表示符	说明
u	所有者
g	拥有者同组用户
o	其他用户
a	所有用户

常用的权限操作符见表 5-4。

表 5-4　chmod 权限操作符含义

权限操作符	含义
+	表示添加权限
-	表示移除权限
=	表示设置权限为特定的值

常用的权限符号见表 5-5。

表 5-5 chmod 常用权限符号含义

符号	含义
r	读取权限
w	写入权限
x	执行权限

例 5-2 命令 chmod 756 目录或文件名

其中 756 分别代表所有者、组成员用户以及其他用户的权限。用户的权限使用数字表示。

数字表示法中，每个数字由三个比特位组成（比特位是一个二进制位），例如 101_2。每个比特位分别对应读（r）、写（w）、执行（x）权限。数字表示法见表 5-6。

表 5-6 chmod 权限数据表示法含义

符号	含义
4	读取权限
2	写入权限
1	执行权限

要设置某个权限，将相应的数值相加，例如，读写权限为 6（4+2）

在例 5-2 中，chmod 756 代表的含义如下。

所有者权限为：读（4）+写（2）+执行（1）=7

组内成员用户权限为：读（4）+执行（1）=5

其他用户权限为：读（4）+写（2）=6

该命令的文字表示法如下：

chmod u=rwx,g=rx,o=rw 文件或目录

注意事项如下。

①对于二进制文件（可执行文件），使用+x 设置执行权限才能运行。

②对于目录，读权限是获取目录内容列表的必要条件，写权限是创建、删除目录或修改目录内容的必要条件，执行权限是要进入目录的必要条件。

③修改文件或目录的权限需要具有足够的权限。

④使用-R 选项时，要小心避免修改了系统关键文件或目录的权限。

5.2.3 系统补丁管理

1. 漏洞

在计算机科学中，漏洞是指软件、硬件或协议中存在的缺陷或弱点，这些缺陷可以被攻击者利用来非法访问系统资源、窃取数据或破坏系统功能。漏洞通常是无意的，并且可以在软件开发的各个阶段引入。漏洞的类型通常有以下几种。

缓冲区溢出：当程序尝试向固定长度的缓冲区写入超过其容量的数据时发生。

代码注入:攻击者将代码注入到应用程序中,以执行恶意操作。

身份验证绕过:攻击者绕过正常的登录过程,获取未经授权的访问权限。

逻辑错误:程序中的逻辑缺陷可能导致不安全的数据处理。

2. 后门

后门是一种故意设置的隐藏入口,它允许系统的作者或其他知道特定秘密的人绕过正常的安全措施,直接访问系统或其功能。后门可能是善意的(如为了远程维护),也可能是恶意的(如为了未授权的访问)。后门的类型通常有以下几种。

硬件后门:在硬件中设置的秘密通道或功能,难以检测和移除。

软件后门:在软件代码中嵌入的后门,可能通过特定的输入或信号触发。

网络后门:通过网络协议实现的后门,允许远程访问系统。

3. 漏洞与后门的影响

(1)数据泄露:敏感信息可能被未经授权的人员访问。

(2)系统崩溃:恶意利用漏洞可能导致系统不稳定或崩溃。

(3)完全控制:通过后门,攻击者可以获得系统的完全控制权。

(4)信任损失:一旦后门被揭露,用户对系统的信任会大大降低。

4. 漏洞与后门的应对策略——系统补丁

1)系统补丁的基本概念

系统补丁是由软件供应商发布的程序更新,旨在修复软件中的漏洞、错误或缺陷。这些补丁是维护和提升系统安全性、稳定性与性能的关键手段。主要目的是修复安全漏洞,防止恶意攻击者利用这些漏洞进行入侵;同时改进系统性能和兼容性,确保系统平稳运行。

2)系统补丁的类型

安全补丁:用于修复安全漏洞,防止未经授权的访问和数据泄露。

功能更新:增加新功能或改善现有功能的补丁。

驱动程序更新:针对硬件设备的驱动程序进行优化和修复。

服务包(Service Pack):包含一系列更新和修复的集合,通常在大型版本更新之间发布。

3)系统补丁管理

① Windows 系统补丁更新。

选择打开 Win10 系统桌面,然后点击开始菜单,选择“设置”打开,进入“Windows 设置”界面后,点击“更新和安全”选项,进入“更新与安全”设置界面,选择“windows 更新”,选中后再点击右边的“检查更新”。

② Linux 操作系统系统更新。

在 Linux 中,系统更新和升级涉及更新软件包、内核和系统工具。不同的 Linux 发行版有不同的包管理系统,如 Debian/Ubuntu 使用 APT, Red Hat/CentOS 使用 YUM 或 DNF, Fedora 使用 DNF 等。以下是一些常见发行版中进行系统更新和升级的方法。

a. Debian/Ubuntu 系统使用 apt 包管理器进行更新和升级。

更新软件包列表:sudo apt update 从配置的软件仓库中获取最新的软件包信息。

升级所有已安装的软件包: sudo apt upgrade //安装所有可用的更新,但不会删除任何软件包。

安装新版本的内核:如果系统提供了新版本的内核,可以使用 apt 进行安装: sudo apt install(linux 新的内核版本)

清理不再需要的软件包：sudo apt autoremove //删除被安装为其他软件包依赖但已不再需要的软件包。

b. Red Hat/CentOS 系统使用 yum 或 dnf 包管理器进行更新和升级。

更新软件包列表：sudo yum check-update 或者使 dnf：sudo dnf check-update 命令。

升级所有已安装的软件包：sudo yum update 或者：sudo dnf update。

安装新版本的内核：sudo yum install kernel 或者使用 dnf：sudo dnf install kernel。

3. Fedora 系统使用 dnf 包管理器

更新软件包列表：sudo dnf check-update//检查可用的更新。

升级所有已安装的软件包：sudo dnf upgrade//安装所有可用的更新。

安装新版本的内核：通常为自动安装，手动安装：sudo dnf install kernel-core。

4. 注意事项

在执行系统更新和升级之前，建议备份重要数据。

在升级系统之前，确保已经测试了新版本的兼容性，确保补丁与现有软件和硬件兼容。特别是对于关键的业务系统。

补丁安装失败：检查系统日志，确保满足补丁的前置条件，如重启系统或释放磁盘空间。

系统不稳定：某些补丁可能导致系统不稳定，需回滚补丁或等待供应商发布修复版本。

习 题

一、单项选择题

1. VLAN ID 的范围是(　　)

A. 1~1 000　　B. 1~4 096　　C. 1~65 535　　D. 1~16 777 216

2. 静态 VLAN 完成配置是基于(　　)

A. IP 地址　　B. MAC 地址　　C. 端口号　　D. 用户名

3. 可以在不同 VLAN 之间传输数据的协议是(　　)

A. HTTP　　B. SSH　　C. VTP　　D. IPX

4. 在交换机上创建 VLAN 的命令是(　　)

A. vlan database　　B. vlan <vlan-id>

C. create vlan <vlan-id>　　D. vlan add <vlan-id>

5. 通常进行 VLAN 配置的设备是(　　)

A. 服务器　　B. 工作站　　C. 交换机　　D. 打印机

6. 在 Cisco 交换机上用来删除一个 VLAN 的命令是(　　)

A. delete vlan <vlan-id>　　B. no vlan <vlan-id>

C. remove vlan <vlan-id>　　D. clear vlan <vlan-id>

7. VLAN 接口类型主要是(　　)

A. Access, Trunk, Hybrid　　B. Static, Dynamic, Auto

C. Layer2, Layer3, Layer4　　D. Switched, Routed, Bridged

8. VLAN Trunking 模式允许通过一条物理链路传输多个 VLAN 的数据，这种模式通常使用的封装方式为(　　)

A. QinQ　　B. ISL

C. IEEE 802.1Q　　D. Dot1X

9. 在配置 VLAN 时用来进入 VLAN 配置模式的命令是(　　)

A. config terminal　　B. interface vlan <vlan-id>

C. vlan database　　D. vtp server

10. VLAN 间路由使用的最常见的设备是(　　)

A. 二层交换机　　B. 三层交换机或路由器

C. 集线器　　D. 无线接入点

11. 如果一个交换机端口被配置为 Access 模式意味着(　　)

A. 它属于多个 VLAN　　B. 它只能属于一个 VLAN

C. 它不能传输任何 VLAN 的数据　　D. 它只能传输特定类型的数据包

12. VLAN 的配置信息传播到网络中的其他设备使用的协议是(　　)

A. CDP(Cisco Discovery Protocol)　　B. VTP(VLAN Trunking Protocol)

C. STP(Spanning Tree Protocol)　　D. ARP(Address Resolution Protocol)

13. 远程登录到网络设备进行配置所使用的协议是(　　)

A. HTTP　　B. SSH　　C. SMTP　　D. FTP

14. 在 Cisco 交换机上用来启用 SSH 服务的命令是(　　)

A. enable ssh　　B. ssh server enable

C. enable secret ssh　　D. ip ssh server

15. Telnet 协议使用的默认端口号是(　　)

A. 21　　B. 22　　C. 23　　D. 80

16. 为了提高远程管理的安全性，替代 Telnet 建议使用(　　)

A. HTTP　　B. FTP　　C. SSH　　D. SNMP

17. 在交换机上配置远程管理时用来设置本地用户名和密码的命令是(　　)

A. username <username> password <password>

B. set password <password>

C. config user <username> <password>

D. add user <username> <password>

18. 在配置远程管理时，为确保交换机只接受来自特定 IP 地址的管理请求应使用(　　)

A. access-list　　B. banner motd　　C. login local　　D. ip access-class

19. 在 Cisco 交换机上，可以用来生成新的 SSH 密钥对的命令是(　　)

A. generate rsa key　　B. crypto key generate rsa

C. create ssh key　　D. rsa generate key

20. 在配置远程管理时，可以防止未经授权的访问的方法是(　　)

A. 使用强密码　　B. 禁用远程访问

C. 使用静态 IP 地址　　D. 使用 MAC 地址过滤

21. 在 Cisco 路由器上,用来设置用户权限级别的命令是(　　)

A. set level　　B. access-level　　C. privilege　　D. role

22. Linux 系统中用来添加一个新用户的命令是(　　)

A. adduser　　B. newuser　　C. createuser　　D. useradd

23. Linux 系统中用来删除一个用户的命令是(　　)

A. removeuser　　B. deleteuser　　C. deluser　　D. userdel

24. Linux 系统中用来修改现有用户的密码的命令是(　　)

A. changepassword　　B. updatepassword

C. passwd　　D. modifypass

25.Linux 系统中用来查看当前登录的用户列表的命令是(　　)

A. show users　　B. who　　C. listusers　　D. display users

26. 在 Linux 系统中用来切换到另一个用户的命令是(　　)

A. switch user　　B. become

C. su - <username>　　D. change user

27.Linux 系统中用来创建一个新的组的命令是(　　)

A. addgroup　　B. newgroup　　C. creategroup　　D. groupadd

28. Linux 系统中用来删除一个组的命令是(　　)

A. removegroup　　B. deletegroup　　C. delgroup　　D. groupdel

29. Linux 系统中用来将用户添加到组中的命令是(　　)

A. addusertogroup　　B. usermod -aG <group> <username>

C. joingroup　　D. useraddgroup

30. Linux 系统中用来更改文件或目录的权限的命令是(　　)

A. changeperm　　B. perms

C. chmod <permissions> <file>　　D. modifyperm

31. Linux 系统中用来查看用户的组成员身份的命令是(　　)

A. listgroups　　B. groups <username>

C. viewgroups　　D. memberof <username>

32. Linux 系统中用来更改文件的所属组的命令是(　　)

A. changegroup　　B. modgroup

C. chown :<group> <file>　　D. groupchange

33. Linux 系统中用来列出所有用户账户的命令是(　　)

A. listusers　　B. getallusers

C. cat /etc/passwd　　D. viewallusers

34. Linux 系统中用来查看文件或目录权限的命令是(　　)

A. ls -l　　B. chmod　　C. chown　　D. id

35. Linux 中表示读权限的符号是(　　)

A. r　　B. w　　C. x　　D. a

36. Linux 中表示写权限的符号是(　　)

A. r　　B. w　　C. x　　D. a

37. Linux 中表示执行权限的符号是(　　)

A. r　　B. w　　C. x　　D. a

38. Linux 中用来递归地更改目录及其内容的权限的命令是(　　)

A. chmod -R <permissions> <directory>

B. chmod --recursive <permissions> <directory>

C. chmod <permissions> <directory>

D. chmod --all <permissions> <directory>

39. Linux 中表示没有权限的符号是(　　)

A. r　　B. w　　C. x　　D. -

40. Linux 中用来设置文件权限为只读的命令是(　　)

A. chmod 400 filename　　B. chmod 444 filename

C. chmod 600 filename　　D. chmod 700 filename

41. Linux 中用来设置文件权限为可读写但不可执行的命令是(　　)

A. chmod 666 filename　　B. chmod 644 filename

C. chmod 755 filename　　D. chmod 777 filename

42. Linux 系统中用来更新软件包和补丁的命令是(　　)

A. update　　B. upgrade

C. apt-get update && apt-get upgrade　　D. patch <patch-file>

43. Windows 中用来管理补丁的工具是(　　)

A. Windows Update　　B. Linux Update Manager

C. Software Updater　　D. Patch Manager

44. Linux 中用来更新所有已安装的软件包的命令是(　　)

A. apt-get update　　B. apt-get upgrade　　C. apt-get install *　　D. apt-get remove

45. Linux 系统中用来仅更新特定软件包的命令是(　　)

A. apt-get update <package-name>　　B. apt-get upgrade <package-name>

C. apt-get install <package-name>=<version>　　D. apt-get remove <package-name>

46. Windows 中常用于补丁文件的文件扩展名的是(　　)

A. .exe　　B. .msi　　C. .msp　　D. .bat

47. Windows 中通过图形用户界面安装补丁的步骤是(　　)

A. 控制面板 -> 系统和安全 -> Windows Update

B. 设备管理器 -> 操作 -> 扫描检测硬件改动

C. 任务管理器 -> 文件 -> 运行新任务

D. 文件资源管理器 -> 查看 -> 选项

48. Linux 中图形用户界面更新软件包和补丁的步骤是(　　)

A. 系统设置 -> 软件和更新 -> 更新管理器

B. 终端 -> apt-get update && apt-get upgrade

C. 文件管理器 -> 右键点击 -> 打开方式 -> 软件中心

D. 应用程序菜单 -> 附件 -> 终端

49. 在 Windows 中卸载已安装的补丁的步骤是(　　)

A. 控制面板 -> 程序 -> 程序和功能 -> 查看已安装的更新

B. 设备管理器 -> 操作 -> 卸载设备

C. 任务管理器 -> 文件 -> 运行新任务 -> appwiz.cpl

D. 文件资源管理器 -> 查看 -> 选项 -> 查看已安装的更新

50. 在 Windows 中通过组策略禁用 Windows 自动更新的步骤是(　　)

A. 控制面板 -> 系统和安全 -> Windows Update -> 更改设置 -> 从不检查更新(不推荐)

B. 本地组策略编辑器 -> 计算机配置 -> 管理模板 -> Windows 组件 -> Windows Update -> 删除使用所有 Windows Update 功能的访问权限

C. 服务 -> Windows Update -> 停止

D. 注册表编辑器 -> HKEY_LOCAL_MACHINE\SOFTWARE\Policies\Microsoft\Windows\WindowsUpdate\AU -> Start 值设为 4

二、判断题

1. VLAN 可以通过减少广播域的大小来提高网络性能和安全性。
2. 每个 VLAN 可以跨越多个交换机。
3. VLAN 间通信需要通过路由器或三层交换机实现。
4. VLAN ID 的范围是 1 到 4 096。
5. 在二层交换机上可以直接配置 VLAN 间的路由。
6. VLAN 可以通过 MAC 地址进行划分。
7. 静态 VLAN 分配比动态 VLAN 分配更安全。
8. VLAN 标签用于标识数据包属于哪个 VLAN。
9. VLAN Trunking Protocol (VTP) 用于在交换机之间传播 VLAN 信息。
10. 私有 VLAN (PVLAN) 允许将一个主 VLAN 分割成多个隔离的子 VLAN。
11. VLAN 配置只能在管理界面上进行,不能通过命令行界面进行。
12. VLAN 之间的通信不需要任何额外的设备。
13. VLAN 可以帮助限制广播域,但无法完全消除广播流量。
14. SSH 是一种安全的远程管理协议,适用于对路由器进行配置和管理。
15. Telnet 是一种加密的远程管理协议,可以安全地用于对路由器进行配置。
16. HTTPS 是一种安全的远程管理协议,可以通过 Web 界面对路由器进行配置。
17. 在远程管理路由器时,不需要使用强密码来保护管理账户。
18. 通过命令行界面(CLI)进行远程管理比通过 Web 界面更安全。
19. 在多用户系统中,root 用户拥有最高权限。
20. 普通用户无法安装软件,只有管理员用户才有此权限。
21. 在 Linux 中,用户的主目录默认位于 `/home` 目录下。
22. sudo 命令允许普通用户以超级用户权限执行某些命令。
23. 删除用户时,其主目录和邮件目录也会被自动删除。
24. 系统补丁用于修复软件中的漏洞和错误。

25. 定期安装系统补丁可以提高系统的安全性。
26. 在生产环境中应用补丁前，应该先在测试环境中进行测试。
27. 所有系统补丁都必须立即安装，否则会导致系统崩溃。
28. Windows Update 是一种用于在 Windows 系统中安装补丁的工具。
29. Linux 系统中可以使用 yum 或 apt-get 命令来安装补丁。
30. 忽略系统补丁可能会导致系统受到恶意攻击。

三、双项选择题

1. 以下关于 VLAN 的描述正确的是(　　)
A. VLAN 是一种物理上的网络划分方法　B. VLAN 之间的通信需要通过路由器
C. VLAN 可以跨越多个交换机　D. 一个 VLAN 可以包含多个 IP 地址
E. 一个 VLAN 可以有多个 ID
2. VLAN 的主要作用是(　　)
A. 隔离广播域　B. 提高网络带宽　C. 增强网络安全性　D. 管理网络带宽
E. 提高网络速度
3. VLAN 中可以转发不同 VLAN 之间流量的设备是(　　)
A. 二层交换机　B. 三层交换机　C. 路由器　D. 集线器
E. 防火墙
4. Linux 中可以改变文件或目录的所属组的命令是(　　)
A. chmod　B. chown　C. chgrp　D. chattr
E. groupmod
5. 远程管理交换机时可以实现对交换机远程访问的两种方法是(　　)
A. Telnet 和 SSH　B. HTTP 和 FTP　C. SSH 和 HTTP　D. Telnet 和 HTTP
E. HTTP 和 UDP
6. 在配置交换机进行远程管理时，用于设置虚拟终端密码的命令是(　　)
A. enable password　B. line vty 0 4　C. login　D. enable secret
E. password 12345678
7. 交换机上配置远程管理时用于启用交换机的 SSH 服务的命令是(　　)
A. ip domain-name　B. username privilege 15 password
C. ip ssh　D. enable password
E. ssh enable
8. 在交换机上配置远程管理时，用于设置交换机的 enable 密码的命令是(　　)
A. enable password cisco　B. enable secret cisco
C. service password-encryption　D. username admin privilege 15 secret cisco
E. username admin password 12345678
9. 在远程管理交换机时，实现对交换机的文件传输的两种方法是(　　)
A. TFTP 和 FTP　B. HTTP 和 HTTPS　C. SCP 和 FTP　D. Telnet 和 SSH
E. HTTP 和 UDP

10. 在 Linux 系统中可以用于创建新用户的命令是(　　)

A. useradd　B. adduser　C. newuser　D. createuser

E. finduser

11. Linux 系统中可以删除用户的两个命令是(　　)

A. userdel　B. deluser　C. removeuser　D. deleteuser

E. moduse

12. Linux 系统中用于切换用户的两个命令是(　　)

A. switchuser　B. su　C. become　D. changeuser

E. vty 0

13. Linux 系统中用于创建新组的两个命令是(　　)

A. groupadd　B. addgroup　C. newgroup　D. creategroup

E. modgroup

14. Linux 系统中用于删除组的两个命令是(　　)

A. groupdel　B. delgroup　C. removegroup　D. deletegroup

E. modgroup

15. Linux 系统中用于将用户添加到组的命令是(　　)

A. usermod　B. addusertogroup　C. gpasswd　D. useraddgroup

E. chown

16. Linux 系统中用于从组中删除用户的命令是(　　)

A. deluserfromgroup　B. gpasswd -d

C. removeuserfromgroup　D. usermod –G

E. delgroupuser

17. 信息安全中常见的系统漏洞类型是(　　)

A. SQL 注入　B. 缓冲区溢出　C. XSS 攻击　D. CSRF 攻击

E. 蠕虫病毒

18. 信息安全中常见的系统补丁管理工具有(　　)

A. WSUS(Windows Server Update Services)　B. Nessus

C. QualysGuard　D. OpenVAS

E. Update

19. 在信息安全中,常见的系统补丁部署策略包括(　　)

A. 手动更新　B. 自动更新　C. 定期扫描　D. 实时监控

E. 策略报告

20. 信息安全中常见的系统补丁回滚机制有(　　)

A. 备份恢复　B. 快照还原　C. 增量更新　D. 差异更新

E. 数据恢复

四、多项选择题

1. VLAN 的优点包括(　　)

A. 提高网络性能　B. 增强安全性　C. 简化管理　D. 降低成本
E. 增加效率

2. 在交换机上配置 VLAN 时可以使用的模式包括(　　)
A. Access 模式　B. Trunk 模式　C. Dynamic 模式　D. Static 模式
E. Hybrid 模式

3. 在配置 VLAN 时，可以查看当前 VLAN 配置的命令是(　　)
A. show vlan brief　B. show vlan summary
C. show vlan status　D. show vlan id <ID>
E. show vlan dynamic

4. 在配置 VLAN 时，可以添加一个接口到 VLAN 中的命令有(　　)
A. switchport access vlan <ID>
B. interface range <RANGE> add to vlan <ID>
C. switchport mode access vlan <ID>
D. interface range <RANGE> member vlan <ID>
E. interface range <RANGE> add vlan <ID>

5. 配置 VLAN 时可以查看 VLAN 详细信息的命令包括(　　)
A. show vlan detail　B. show vlan id <ID> details
C. display vlan detailed information　D. view vlan detailed settings
E. display vlan br

6. 在配置 VLAN 时，可以设置 VLAN 的 IP 地址的命令有(　　)
A. interface vlan <ID> ip address <IP_ADDRESS> subnet mask <SUBNET_MASK>
B. ip address <IP_ADDRESS> subnet mask <SUBNET_MASK> on vlan <ID>
C. set interface vlan <ID> ip address <IP_ADDRESS>/<PREFIX_LENGTH>
D. modify interface vlan <ID> ip address P_ADDRESS>/<PREFIX_LENGTH>
E. add interface valn　<ID> ip address <IP_ADDRESS>/<PREFIX_LENGTH>

7. 以下方式可以用来对路由器进行远程管理配置的是(　　)
A. SSH　B. Telnet　C. HTTP　D. FTP
E. TFTP

8. 在配置 Telnet 远程登录时，需要设置的参数包括(　　)
A. Telnet 密码　B. 虚拟终端类型　C. IP 地址　D. 特权密码
E. 加密方式

9. 为了增强远程管理的安全性，可以采取的措施包括(　　)
A. 使用 SSH 代替 Telnet　B. 更改默认的管理端口
C. 定期更换密码　D. 启用 HTTPS 协议
E. 启用 SSL 配置

10. 配置路由器远程管理命令的正确命令包括(　　)
A. line vty 0 4　B. login local
C. transport input ssh　D. ip http server
E. vty enable

11. 配置 Telnet 远程访问时的必要步骤包括(　　)

A. 配置 VTY 线路　　B. 设置特权密码

C. 开启 Telnet 服务　　D. 指定 Telnet 访问的 IP 地址

E. 指定远程访问的用户名

12. 在路由器上配置远程管理时,可以用于远程连接的接口包括(　　)

A. Console　　B. AUX　　C. Ethernet 口　　D. Serial

E. Gbit

13. Linux 系统中的用户分类包括(　　)

A. 匿名用户　　B. 超级用户　　C. 普通用户　　D. 系统用户

E. 特权用户

14. Linux 系统中可以用来管理用户账户的命令包括(　　)

A. useradd　　B. chmod　　C. Usermod　　D. userdel

E. deluser

15. 以下哪些是关于/etc/passwd 文件的正确描述(　　)

A. 用于保存用户名称　　B. 用于保存用户密码

C. 保存用户的主目录信息　　D. 保存用户的登录 Shell 信息

E. 保存用户启动信息

16. /etc/shadow 文件包含哪些信息(　　)

A. 用户账号名称　　B. 用户密码　　C. 账号有效期　　D. 用户登录时

E. 用户权限

17. 关于 Linux 系统中的用户权限的说法正确的是(　　)

A. 超级用户拥有最高权限

B. 普通用户只能操作自己所拥有权限的文件和目录

C. 系统用户通常用于运行系统服务,不能登录系统

D. 所有用户都可以修改/etc/passwd 文件

E. 特权用户可以修改系统文件

18. 在创建新用户时可以使用 useradd 命令的选项包括(　　)

A. -u 指定用户的 UID 号　　B. -d 指定用户的主目录

C. -g 指定用户的基本组　　D. -G 指定用户的附加组

E. -r 指定文件权限

19. 在管理用户账户时的可能操作是(　　)

A. 添加新用户　　B. 删除用户　　C. 修改用户密码　　D. 查看用户信息

E. 修改用户文件

20. 以下关于 Linux 系统中用户账户的说法正确的是(　　)

A. 每个用户账户都必须有一个唯一的 UID

B. 用户账户的名称可以是任意字符串

C. 用户账户可以属于多个组

D. 用户账户的密码存储在/etc/passwd 文件中

E. 用户账户的的密码可以为空

第六章　网络与信息安全处置

网络与信息安全事件是指由于自然或者人为以及软硬件本身缺陷或故障等原因，对网络和信息系统或者其中的数据造成危害，进而影响正常运行、损害合法权益、产生不良社会影响的事件。在日常工作生活中，网络与信息安全事件常有发生。本章介绍了常见的网络与信息安全事件、网络攻击手段与防御策略及应对措施，还包括网络系统安全管理、渗透测试与漏洞扫描技术以及目前常见的网络故障诊断工具及它们的使用方法。

6.1　常见的网络故障及系统安全事件

6.1.1　常见的网络故障

网络故障（Network Failure）是指由于硬件的问题、软件的漏洞、病毒的侵入等引起网络无法提供正常服务或降低服务质量的状态。

常见的网络故障可以从不同的角度进行分类。

1. 按故障性质分类

（1）物理故障。又称硬件故障，即涉及网络设备的物理部件出现问题。这包括线路（如光纤、网线）、线缆、连接器件（如插头、插座）、端口、网卡、集线器、路由器、交换机等硬件设备的故障。例如，线路损坏、端口松动或损坏、网卡故障等。

（2）逻辑故障。与网络的配置、协议或软件相关的问题。这包括网络设备配置错误、协议不匹配、软件缺陷、网络操作系统缺陷等。逻辑故障可能导致网络无法正常提供各种服务，如无法接入互联网、无法访问代理服务器等。

2. 按物理位置分类

（1）本地故障。发生在用户端或本地网络的问题，如计算机、打印机等设备的故障。

（2）线路故障。涉及网络连接线路的问题，如线路损坏、电磁干扰等。

（3）路由故障。与路由器或路由协议相关的问题，如路由配置错误、路由环路等。

（4）外网故障。涉及外部网络（如互联网）的问题，如 ISP（互联网服务提供商）故障、DNS 解析问题等。

3. 按故障原因分类

（1）配置故障。由于网络设备配置错误或不当导致的故障。这包括 IP 地址配置错误、子网掩码配置错误、路由配置错误等。

（2）连接故障。由于网络连接问题导致的故障。这包括线路断开、端口故障、连接器件损坏等。

（3）安全故障。由于网络安全问题导致的故障。这包括网络攻击（如DDOS攻击）、病毒感染、恶意软件等。

4. 按故障表现分类

（1）连通性故障。两个计算机之间无法继续通信的故障。这通常由于设备、媒介、电源出现故障，软件配置错误，或兼容性问题导致。

（2）网络性能故障。网络连通性正常，但网络访问速度变慢或网络质量下降的故障。这通常由于网络拥塞、数据不是通过最佳路由到达目的地、路由环路等问题导致。

5. 其他常见网络故障

（1）端口故障。端口设备的故障可以直接通过对应指示灯的情况观察出来，如果某一处的指示灯不亮或者闪烁不稳定，则说明对应的端口设备出现故障。

（2）集线器或路由器故障。集线器和路由器是计算机网络信号传输的途径，其出现故障同样会使得计算机网络出现故障。

（3）主机物理故障。与计算机主机相关的物理故障，如网卡故障、主板故障等。

6.1.2 网络故障影响程度的分类

（1）一般故障。系统部分功能异常，但尚未对通信业务产生直接影响。

（2）严重故障。系统瘫痪或服务能力明显降低，对用户业务造成严重影响，但尚未达到重大故障标准。

（3）重大故障。网络中断、系统瘫痪等严重故障持续到一定时间或影响用户超过规定数量。

6.1.3 常见的系统安全事件

网络系统安全事件是指在网络环境中发生的，可能威胁到网络系统安全、数据保密性、用户个人信息等方面的事件。这些事件可能由人为原因、软硬件缺陷或故障、自然灾害等多种因素引发，对网络和信息系统或者其中的数据造成危害，进而对社会造成负面影响。

常见的网络系统安全事件主要包括以下几类。

1. 有害程序事件

有害程序事件是指通过病毒、木马等恶意程序对系统进行破坏和控制的事件。通常包括以下事件。

（1）计算机病毒事件。如系统感染勒索病毒等，这些病毒会自我复制并传播，对系统造成破坏。

（2）蠕虫事件。蠕虫是一种能够自我复制并通过网络传播的恶意程序，它会占用网络资源并可能导致系统崩溃。

（3）特洛伊木马事件。特洛伊木马是一种伪装成合法软件的恶意程序，它会潜伏在系统中并窃取敏感信息。

（4）僵尸网络事件。僵尸网络是由大量被恶意软件感染的计算机组成的网络，攻击者可以通过控制这些计算机进行各种恶意活动。

（5）混合程序攻击事件。结合多种恶意程序进行攻击的事件。

（6）网页内嵌恶意代码事件。在网页中嵌入恶意代码，以窃取用户信息或破坏系统。

2. 网络攻击事件

网络攻击事件是指通过网络手段对系统进行攻击的事件。通常包括以下事件。

（1）拒绝服务攻击事件。通过攻击手段使系统无法正常提供服务，如系统被 DDOS 攻击后停止对外服务。

（2）后门攻击事件。利用系统中的后门漏洞进行攻击，以获取非法访问权限。

（3）漏洞攻击事件。利用系统中的漏洞进行攻击，如 SQL 注入攻击等。

（4）网络扫描窃听事件。通过网络扫描和窃听手段获取系统信息。

（5）网络钓鱼事件。通过虚假信息诱导用户泄露个人敏感信息。

（6）干扰事件。通过干扰手段影响系统的正常运行。

3. 信息破坏事件

（1）信息破坏事件是指通过网络或其他技术手段，造成信息系统中的信息被篡改、假冒、泄露、窃取等的事件。通常包括以下事件。

（2）信息篡改事件。未经授权将信息系统中的信息更换为攻击者所提供的信息，如网页篡改等。

（3）信息假冒事件。通过假冒他人信息系统收发信息，如网页假冒等。

（4）信息泄露事件。因误操作、软硬件缺陷或电磁泄露等因素导致信息系统中的保密、敏感、个人隐私等信息暴露于未经授权者。

（5）信息窃取事件。未经授权用户利用可能的技术手段恶意主动获取信息系统中的信息。

（6）信息丢失事件。因误操作、人为蓄意或软硬件缺陷等因素致使信息系统中的信息丢失。

4. 信息内容安全事件

信息内容安全事件是指通过网络发布、传播危害国家安全、社会稳定和公共利益等内容的事件。通常包括以下事件。

（1）违反宪法和法律、行政法规的网络安全事件。

（2）形成网上敏感舆论热点的事件：针对社会事项进行讨论、评论，形成一定规模的炒作。

（3）组织串连、煽动集会游行的事件。

5. 设备设施故障

设备设施故障是指由于信息系统自身故障或外围保障设施故障而导致的网络安全事件，以及人为地使用非技术手段有意或无意地造成信息系统破坏而导致的事件。通常包括以下事件。

（1）软硬件自身故障。因硬件设备的自然故障、软硬件设计缺陷或运行环境发生变化等导致的故障。

（2）外围保障设施故障。如机房供电中断等外围设施故障。

（3）人为破坏事故。人为地使用非技术手段有意或无意地造成网络系统破坏。

6. 灾害性事件

灾害性事件是指由于不可抗力对信息系统造成物理破坏的事件。这类事件通常包括水灾、台风、地震、雷击、坍塌、火灾、恐怖袭击、战争等自然灾害或突发事件。

7. 其他网络安全事件

其他网络安全事件是指不能被包含在以上分类中的事件,这些事件可能涉及新的攻击手段或未知的安全漏洞。

网络系统安全事件类型多样,且随着技术的发展和攻击手段的不断变化,新的安全事件类型也可能不断出现。因此,需要持续关注网络安全领域的发展动态,并采取相应的防护措施来保障网络系统的安全。

6.2 常见网络攻击手段与防御策略及应对措施

网络攻击是指未经授权者通过各种技术手段,非法访问、窃取、篡改、禁用或破坏计算机网络、系统或数字设备中的数据、应用程序或其他资产的行为。这些攻击严重威胁到个人隐私、企业安全乃至国家安全。

6.2.1 常见的网络攻击手段

随着信息技术的不断发展,网络攻击的手段也在不断演变,变得更加复杂和隐蔽。以下是一些常见的网络攻击手段。

1. 口令入侵

攻击者通过非法手段获取用户账号和密码,然后登录系统实施进一步攻击。这种攻击方式通常利用暴力破解、字典攻击或钓鱼攻击等手段获取密码。

2. 特洛伊木马

这是一种伪装成合法软件的恶意程序,一旦用户下载并运行,攻击者就可以通过该程序完全控制用户的计算机,窃取敏感信息或进行其他恶意活动。

3. WWW 欺骗

攻击者通过伪造网站或篡改 DNS 记录,使用户在访问目标网站时实际上访问了攻击者控制的网站,从而骗取用户的敏感信息或进行其他欺诈行为。

4. 电子邮件攻击

攻击者通过发送大量垃圾邮件或携带恶意附件的邮件,试图使用户的邮件系统瘫痪或诱导用户下载并运行恶意程序。

5. 节点攻击

攻击者通过控制受害者的计算机,将其作为攻击其他重要网站或系统的跳板,这种攻击方式使得事后调查往往只能追溯到受害者,而攻击者的真实身份难以追踪。

6. 网络监听

攻击者在同一网段内开启某种工作模式,能够接收到传输的所有信息,从而窃取敏感数据或进行其他恶意活动。

7. 黑客软件

这类软件通常具有非法获取用户计算机控制权限的能力,能够执行文件操作、桌面抓图、密码获取等恶意行为。

8. 安全漏洞利用

许多系统都存在安全漏洞，攻击者可以利用这些漏洞获取系统权限、窃取数据或进行其他破坏活动。因此，及时打系统补丁和修复漏洞是防范此类攻击的重要手段。

9. 端口扫描

攻击者通过扫描目标计算机的端口，了解端口的开放状态、提供的服务以及服务中可能存在的缺陷，从而发起进一步的攻击。这种攻击方式通常是发起其他攻击的前奏。

10. DoS 攻击（分布式拒绝服务攻击）

攻击者通过控制大量已感染恶意软件的设备（如僵尸网络）向目标网站发送大量请求，以使其无法正常运行。这种攻击方式能够迅速耗尽目标系统的资源，导致服务中断。

11. SQL 注入攻击

攻击者通过在输入字段中注入恶意 SQL 代码，试图获取或修改数据库中的信息。这种攻击方式通常针对依赖数据库提供服务的网站。

12. XSS 攻击（跨站脚本攻击）

攻击者通过在网站的输入字段中注入恶意脚本，使用户在浏览网站时执行这些脚本，从而窃取用户的敏感信息或进行其他恶意行为。

13. CSRF 攻击（跨站请求伪造攻击）

攻击者通过欺骗用户点击恶意链接或访问含有恶意代码的页面，以在用户登录目标网站后执行恶意请求。这种攻击方式通常利用用户的已登录状态进行攻击。

14. 代码注入攻击

攻击者通过将恶意代码注入到目标网站的代码中，从而执行恶意操作，例如盗取敏感数据或破坏系统功能。

15. 中间人攻击（MITM）

攻击者将自己定位在通信双方之间，窃听或篡改双方之间的通信内容。这种攻击方式通常利用网络安全漏洞进行攻击。

16. 网络钓鱼攻击

攻击者发送看似来自可信来源的电子邮件或消息，诱导用户点击恶意链接或下载恶意附件，从而窃取用户的敏感信息或进行其他欺诈行为。

17. 勒索软件攻击

攻击者通过向目标发送勒索软件，加密目标的工作站或数据，并要求支付赎金以解密数据。这种攻击方式通常利用系统漏洞或社会工程学进行攻击。

6.2.2　常见网络攻击手段的防御策略及应对措施

针对上节中列举的常见网络攻击手段，我们可以采取以下防御策略和应对措施。

1. 口令入侵的防御

使用强密码。确保密码包含大小写字母、数字和特殊字符，且长度不少于 8 位。避免使用生日、电话号码等容易被猜测的信息作为密码。

定期更换密码。定期更换系统登录密码，以减少被猜测或破解的风险。

启用双因素认证。在登录系统时，除了输入用户名和密码外，还需要输入手机验证码或生物识别信息等第二因素,提高登录安全性。

2. 特洛伊木马的防御

谨慎下载和安装软件:只从官方或可信赖的来源下载软件,并在安装前仔细阅读软件说明和系统权限要求。

安装杀毒软件:安装并定期更新杀毒软件,以检测和清除可能存在的恶意程序。

避免运行未知附件:不要随意打开来自不明来源的电子邮件附件或下载链接中的文件。

3. WWW 欺骗的防御

仔细核对网址:在访问网站时,仔细核对网址是否与官方网址一致,避免访问伪造网站。

使用 HTTPS 协议:在访问敏感网站(如银行、购物网站)时,确保使用 HTTPS 协议进行通信,以保护数据传输的安全性。

安装浏览器安全插件:安装浏览器安全插件,以检测和阻止恶意网站的访问。

4. 电子邮件攻击的防御

谨慎处理垃圾邮件:不要随意打开垃圾邮件中的链接或附件,避免下载和运行恶意程序。

设置邮件过滤规则:在邮件客户端中设置邮件过滤规则,将垃圾邮件自动过滤到垃圾邮件箱中。

使用反垃圾邮件服务:启用邮件服务器的反垃圾邮件服务,以减少垃圾邮件的接收量。

5. 节点攻击的防御

加强系统安全配置:定期检查和更新系统安全配置,关闭不必要的端口和服务,减少攻击面。

使用防火墙和入侵检测系统:部署防火墙和入侵检测系统,以监控和阻止恶意流量的入侵。

定期备份数据:定期备份重要数据,以防止数据丢失或被篡改。

6. 网络监听的防御

使用加密通信:在传输敏感数据时,使用加密通信协议(如 SSL/TLS)进行保护。

实施 VLAN 隔离:在局域网中实施 VLAN 隔离,以降低不同网络区域之间的通信和数据暴露风险。

定期检查网络设备:定期检查网络设备的配置和日志,确保没有未经授权的设备接入或异常行为。

7. 黑客软件的防御

安装杀毒软件:安装并定期更新杀毒软件,以检测和清除可能存在的黑客软件。

限制软件安装权限:限制用户安装软件的权限,只允许从官方或可信赖的来源安装软件。

定期更新系统补丁:及时安装系统补丁,以修复可能存在的安全漏洞。

8. 安全漏洞利用的防御

定期扫描系统漏洞:使用漏洞扫描工具定期扫描系统漏洞,并及时修复。

关注安全公告:关注操作系统、应用程序和网络设备的安全公告和更新信息,及时安装安全补丁。

实施安全策略:制定并实施严格的安全策略,包括访问控制、权限管理等。

9. 端口扫描的防御

关闭不必要的端口：关闭系统上不必要的端口，以减少攻击面。

使用防火墙过滤端口：配置防火墙规则，只允许必要的端口进行通信。

定期监控端口状态：定期监控端口状态，及时发现并处理异常端口通信。

使用 CDN 服务：通过 CDN 服务分散流量，减轻 DDoS 攻击对目标服务器的影响。

配置防火墙和入侵检测系统：通过配置防火墙和入侵检测系统来识别和阻止恶意流量。

启用流量清洗服务：启用流量清洗服务，以过滤和清除恶意流量。

10. SQL 注入攻击的防御

对输入数据进行验证和过滤：对用户输入的数据进行严格的验证和过滤，防止恶意 SQL 代码注入。

使用预编译的 SQL 语句：使用预编译的 SQL 语句（如 Prepared Statements）来避免 SQL 注入攻击。

限制数据库操作权限：限制数据库用户的操作权限，实行最小权限原则。

11. XSS 攻击的防御

对用户输入进行编码：对用户输入的数据进行 HTML 编码，防止恶意脚本的执行。

实施内容安全策略：通过实施内容安全策略（CSP）来限制资源的加载和执行。

定期更新和修补应用程序：定期更新和修补应用程序，以防止已知漏洞的利用。

12. CSRF 攻击的防御

使用 CSRF 令牌：在表单或链接中添加 CSRF 令牌，确保请求来自合法用户。

验证请求来源：验证请求的来源地址，确保请求来自受信任的域名。

限制敏感操作：限制敏感操作（如转账、删除数据等）的访问权限和频率。

13. 代码注入攻击的防御

严格输入验证：对用户输入的数据进行严格的验证和过滤，防止恶意代码注入。

使用安全的编程实践：遵循安全的编程实践，如使用参数化查询、避免使用不安全的函数等。

代码审计和测试：定期对代码进行审计和测试，以发现和修复潜在的安全漏洞。

14. 中间人攻击的防御

使用 HTTPS 协议：确保所有敏感通信都使用 HTTPS 协议进行加密。

验证证书的有效性：在建立 SSL/TLS 连接时，验证服务器证书的有效性。

避免使用不安全的网络：避免在公共 Wi-Fi 等不安全的网络上进行敏感操作。

15. 网络钓鱼攻击的防御

提高警惕：对来自不明来源的电子邮件、短信或社交媒体消息保持警惕，不轻易点击其中的链接或下载附件。

验证发件人身份：在回复或点击链接之前，验证发件人的身份和消息的可靠性。

加强员工培训：对员工进行网络安全培训，提高他们对网络钓鱼攻击的辨识能力。

16. 勒索软件攻击的防御

定期备份数据：定期将重要数据备份到离线存储设备或云服务中，确保在数据被加密或损坏的情况下能迅速恢复。严格限制对备份设备和备份数据的访问权限，防止勒索软件横移对备份数据进行加密。

更新操作系统和软件:定期更新操作系统和所有软件,以修补安全漏洞,防止勒索软件利用已知漏洞进行攻击。禁用不必要的服务和端口,减少潜在的攻击面。

使用安全软件:安装可靠的安全软件,如防病毒软件、防火墙等,并保持其更新,以检测和阻止恶意软件的入侵。部署入侵检测系统(IDS)和入侵防御系统(IPS),增强网络防护能力。

网络隔离和访问控制:对网络进行适当的隔离,确保关键系统和数据与公共网络分开。使用网络分段、网络划分等技术实现不同信息设备间的网络隔离。严格限制对重要数据或系统的访问,如无必要关闭所有远程管理端口,若必须开放则使用白名单策略结合防火墙、身份验证等访问控制技术。

应用程序白名单:限制只允许预先批准的应用程序运行,防止未授权的应用程序执行。

强密码策略:使用高强度且无规律的登录密码,包括数字、大小写字母、符号等。定期更换密码,并避免使用与设备信息具有强关联性的密码。

针对不同类型的网络攻击手段,我们可以采取多种防御策略和应对措施来保障网络安全。这些措施包括使用强密码、安装杀毒软件、谨慎处理电子邮件和附件、加强系统安全配置、使用加密通信、实施 VLAN 隔离、定期备份数据等。同时,我们还需要关注安全公告和更新信息,及时修复可能存在的安全漏洞,并定期对代码进行审计和测试,以发现和修复潜在的安全问题。

6.3 渗透测试与漏洞扫描技术

6.3.1 渗透测试

渗透测试 (Penetration Test)是通过模拟恶意黑客的攻击方法,来评估计算机网络系统安全的一种评估方法。这个过程包括对系统的任何弱点、技术缺陷或漏洞的主动分析,这个分析是从一个攻击者可能存在的位置来进行的,并且从这个位置有条件主动利用安全漏洞。渗透测试旨在模拟真实的黑客攻击,以帮助组织发现和修补潜在的安全漏洞,从而提高网络系统的安全性。其目标是识别可能被利用的安全漏洞,防止未经授权的访问、更改或利用系统。

1. 测试流程

明确目标。确定渗透测试的目标和范围,例如特定的网络系统、应用程序、服务器或设备。

信息收集。通过收集有关目标网络的信息来了解其结构、配置和可能存在的漏洞。这包括使用公开可得的信息、网络扫描和端口扫描等技术。

漏洞评估。对目标网络进行系统化的漏洞评估,以确定其中的弱点和潜在漏洞。这可能涉及使用自动化工具或手动方法进行漏洞扫描、漏洞分析和代码审查等。

渗透测试执行。根据确定的目标和漏洞,尝试利用漏洞获取未经授权的访问权限。这可以包括利用身份认证漏洞、缓冲区溢出、跨站脚本(XSS)等常见的安全漏洞。

后渗透测试阶段。在获取访问权限后,进一步探测目标网络的深度,并尝试获取更多敏感信息或行动权限。这可以包括提升特权、水平移动、数据窃取等。

报告和建议。根据渗透测试的结果,编写详细的报告,列出发现的漏洞和建议的修复措施。这将有助于组织修补漏洞并提高其网络安全。

2. 测试类型

网络渗透测试可以分为黑盒测试和白盒测试两种方式。

黑盒测试。测试人员不知道目标系统的具体结构和技术细节,只能通过模拟攻击的方式来发现漏洞。

白盒测试。测试人员已经了解目标系统的技术细节和结构,可以更加深入地测试系统的安全性。

3. 测试工具

进行网络渗透测试时,测试人员可能会使用各种工具来辅助测试,如 Nmap(网络发现和安全审计工具)、SQLMap(用于检测与利用 SQL 注入漏洞的工具)、Burp Suite(用于攻击 web 应用程序的集成平台)等。

4. 注意事项

合法性。网络渗透测试通常被授权且合法进行,以确保系统的安全性和完整性。在进行渗透测试之前,必须获取相关系统和网络的所有者或管理者的许可,并遵循法律和道德准则。

数据安全。在测试过程中,应确保客户的数据安全,避免数据泄露和损坏。

及时修复。对于测试中发现的安全漏洞,应及时采取修复措施,避免被黑客利用。

6.3.2　漏洞扫描技术

漏洞扫描技术是一类重要的网络安全技术。它和防火墙、入侵检测系统互相配合,能够有效提高网络的安全性。通过对网络的扫描,网络管理员能了解网络的安全设置和运行的应用服务,及时发现安全漏洞,客观评估网络风险等级。网络管理员能根据扫描的结果更正网络安全漏洞和系统中的错误设置,在黑客攻击前进行防范。如果说防火墙和网络监视系统是被动的防御手段,那么安全扫描就是一种主动的防范措施,能有效避免黑客攻击行为,做到防患于未然。

目前,主流的漏洞扫描技术主要包括以下几种。

1. 基于特征的匹配技术

这是漏洞扫描器多数采用的技术,通过分析应用程序的源代码、配置文件和相关文档等静态信息,识别潜在的漏洞。

这种方法通常使用自动化工具进行扫描,可以检测出诸如代码注入、跨站脚本攻击(XSS)、跨站请求伪造(CSRF)等常见漏洞。

(1)静态扫描。通过分析应用程序的源代码来检测漏洞,不运行代码。

(2)动态扫描。通过模拟实际的攻击场景,在应用程序运行时检测漏洞。动态扫描可以提供更准确的漏洞检测结果,但也可能引起误报。

(3)混合扫描。结合了静态扫描和动态扫描的优势,通过综合使用静态分析和动态测试来检测漏洞。

通常可以在应用程序开发阶段进行静态扫描,并在应用程序部署后进行动态扫描,以提供更全面的漏洞检测和分析。

2. 黑盒扫描与白盒扫描

黑盒扫描。模拟攻击者的行为,但没有访问应用程序的内部结构和源代码。它通过发送各种测试请求和输入,分析应用程序的响应并检测漏洞。

白盒扫描。可以访问应用程序的内部结构和源代码,进行详细的分析和检测,提供更深入的安全评估和建议。

3. 人工审核

除了自动化扫描技术外,人工审核也是一种重要的漏洞检测方法。安全专家通过手动分析应用程序的代码、配置和漏洞报告,发现潜在的漏洞,并提供更深入的安全评估和建议。

4. 智能扫描

使用 AI 和 ML 技术来提高扫描的准确性和效率。随着技术的发展,智能扫描技术正在逐渐成为漏洞扫描领域的一个重要趋势。

此外,还有一些具体的漏洞扫描技术,如网络扫描(使用自动化工具扫描网络中的设备,以识别开放的端口和运行的服务)、Web 应用扫描[专门针对 Web 应用程序的扫描,检查 SQL 注入、跨站脚本(XSS)等常见的 Web 漏洞]、流量分析(分析网络流量,寻找异常模式或已知的攻击模式)、端口扫描(发送数据包到目标系统的端口,以确定哪些端口是开放的)、服务识别(确定开放端口上运行的服务类型和版本)等。

6.4 常见的网络故障诊断工具及使用

6.4.1 常见的网络诊断工具

在日常工作中常见的网络故障诊断工具多种多样,每种工具都有其特定的用途和优势。以下是一些主要的网络故障诊断工具。

1. Wireshark

功能。开源网络分析器,允许网络工程师在网络上捕捉和分析数据包,从而快速定位和解决网络问题。

支持协议。支持 TCP、UDP、HTTP 等多种常见协议解码。

特点。用途广泛、速度快,提供了广泛的工具和筛选器,可准确识别网络上正在发生的事情。

2. tcpdump

功能。Linux 系统常用的网络数据包嗅探工具,能够抓取网络数据包,实时捕捉网络数据流,并将数据包保存在文件中以便随时查看。

特点。支持数据包过滤,灵活易用,但在数据包解析方面的支持相对较少。

3. ping

功能。命令行工具,用于测试网络连通性。通过向目标系统发送 ICMP 回显信息并接收回复来测试网络连接。

特点。简单实用,可以同时测试多个网络目标,输出测试结果的汇总信息。

4. Tracert/Traceroute

功能。路由跟踪工具,用于检查数据包从源节点发送到目标节点所经过的所有中间路由器。

特点。有助于找出网络中的瓶颈,检查路由是否正常工作。

5. nslookup

功能。命令行工具,用于查询 DNS 服务器上的域名解析信息。

特点。可以获取域名解析器的地址,解析域名的 IP 地址,以及进行反向解析等操作。

6. PSTools

功能。微软开发的工具包,功能齐全,其中的 psping 工具特别受欢迎。

特点。不仅可以进行传统的 ICMP 测试,还可以用于测试带有端口号的 TCP 连接,在制定策略时非常方便实用。

7. Netcat

功能。强大的网络工具,可用于监听和发送 TCP/UDP 连接,测试端口的连通性和响应时间。

特点。灵活易用,是网络调试和故障排除的重要工具。

8. Nmap

功能。扫描网络主机和端口的安全扫描工具,用于识别网络中处于活跃状态的主机和开放的端口。

特点。有助于排查网络安全问题,被称作网络故障排除的“瑞士军刀”。

9. My Traceroute (MTR)

功能。诊断网络问题或探索网络性能的工具,结合了 Ping 和 Traceroute 的优点。

特点。可以同时观察数据包丢失和等待时间,是诊断网络问题或探索网络性能的最佳工具之一。

10. ipconfig/ifconfig

功能。用于查看受影响主机的 IP 配置信息。

特点。Windows 系统使用 ipconfig, Linux/*nix/OSX 系统使用 ifconfig,是排除网络问题时必须完成的步骤之一。

6.4.2　常见网络诊断工具的使用

篇幅所限,本节将介绍在日常工作中常用的 5 款网络诊断工具的使用方法,上节中提到的其他工具使用读者可参考官方帮助文档。

1. Wireshark 的使用

(1)在官网下载并安装 Wireshark(https://www.wireshark.org/),安装完成后启动软件,软件主界面如图 6-1 所示:在 Wireshark 的主界面中,您会看到所有可用的网络接口列表。选择您希望捕获数据包的网络接口(例如 WLAN、以太网等)。

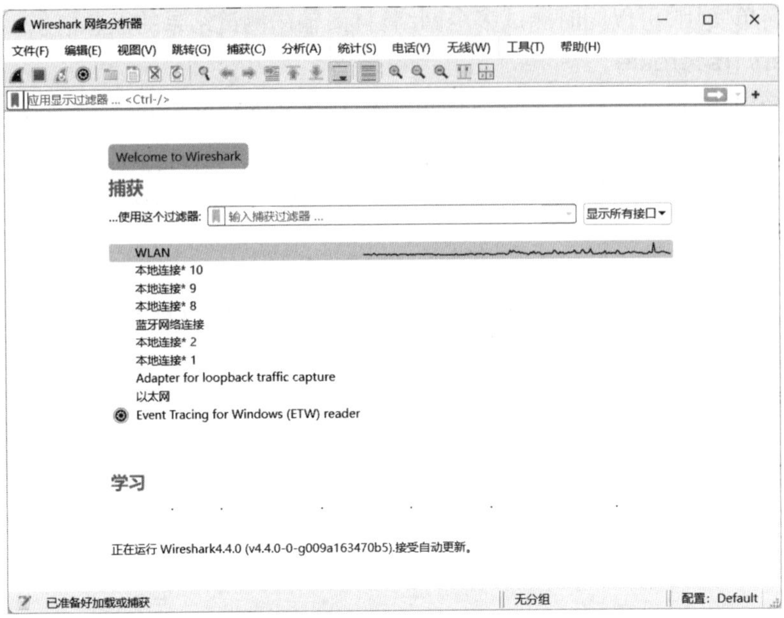

图 6-1 Wireshark 主界面

(2)点击 Wireshark 界面顶部的“开始捕获分组”按钮,开始捕获数据包。也可以在菜单栏中选择“捕获”>“开始”来启动捕获,开始捕获后显示捕获的内容,如图 6-2 所示。

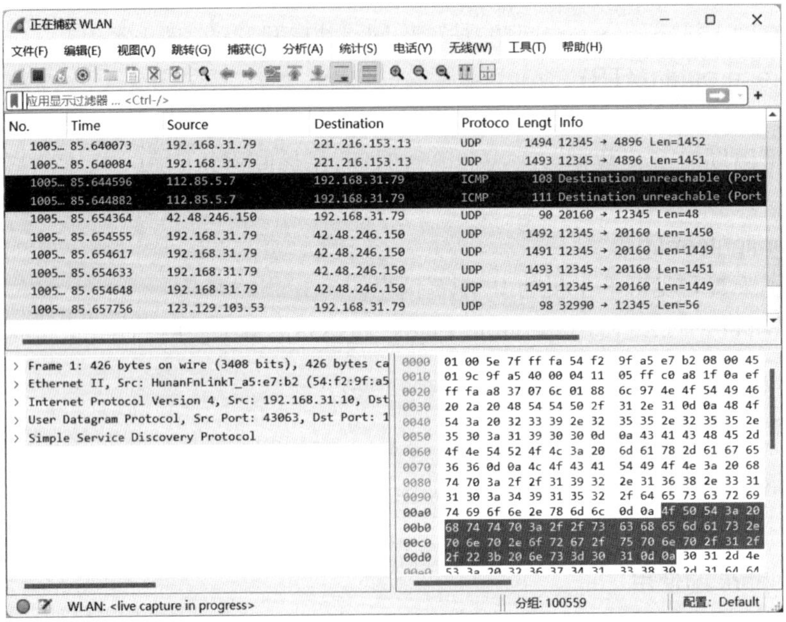

图 6-2 正在捕获窗口

(3)在捕获开始之前,您可以设置捕获过滤器来限制捕获的数据包类型。例如,您可以设置过滤器只捕获 TCP 协议的数据包,如图 6-3 所示。

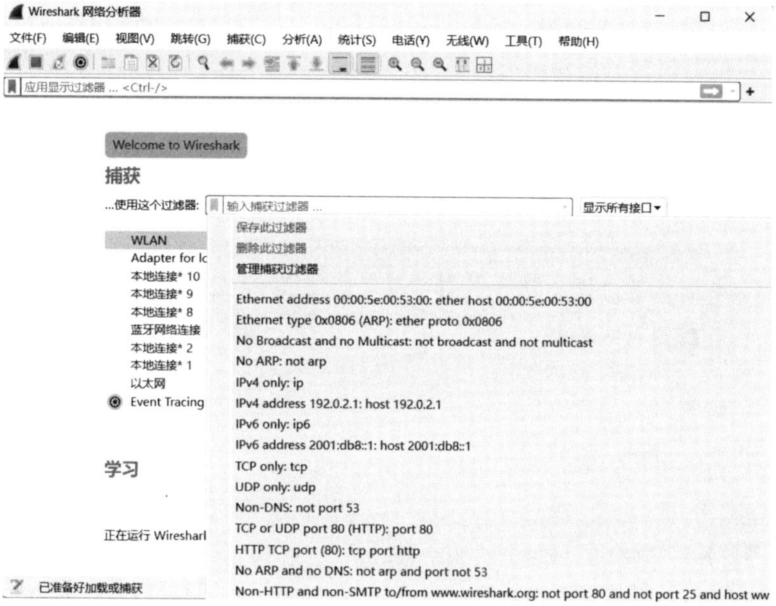

图 6-3　设置过滤器

（4）也可以在捕获过程中设置过滤器，如图 6-4 所示。

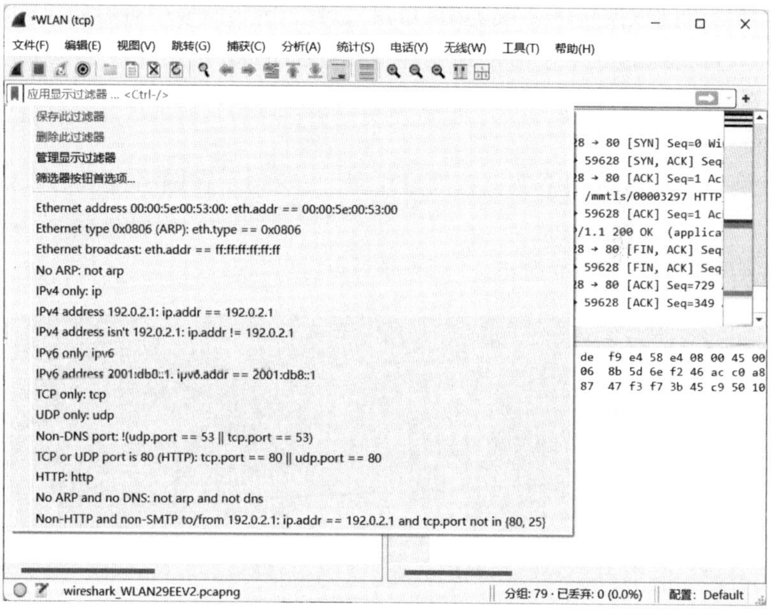

图 6-4　捕获过程中设置过滤器

（5）查看数据包详细信息。在捕获到的数据包列表中，双击感兴趣的数据包，Wireshark 会显示该数据包的详细信息。可以在图 6-5 所示面板中查看数据包的各个字段和值。

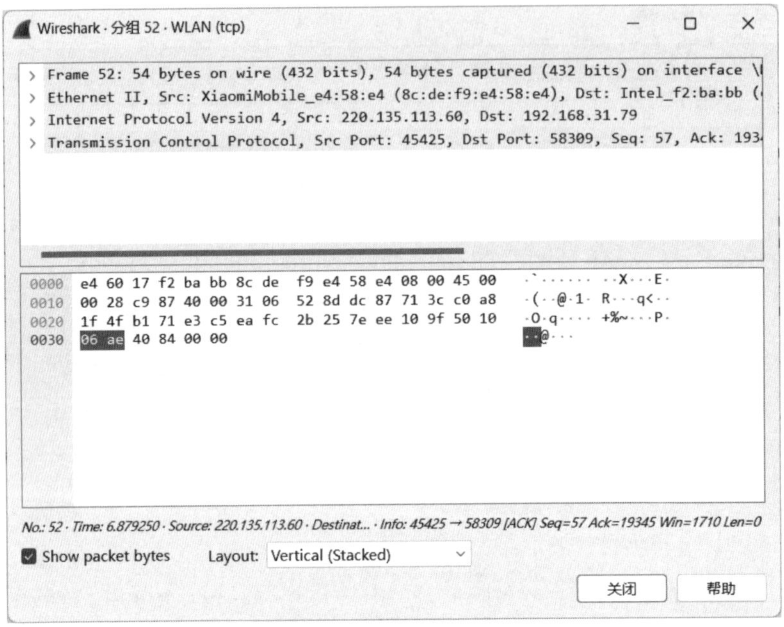

图 6-5 数据包详细信息

（6）Wireshark 能够解码多种网络协议的数据包，包括 TCP、UDP、HTTP、FTP 等。可以在“Protocol”列中看到数据包的协议类型，并在“分组详情”面板中查看协议的具体字段。

（7）可以将捕获到的数据包保存到文件中，以便后续分析。在菜单栏中选择“文件”>“另存为...”，然后选择保存位置和文件名即可。

2.tcpdump 的使用

tcpdump 是一个强大的网络数据包捕获工具，主要用于在网络接口上捕获和分析网络数据包。

tcpdump 基本语法如图 6-6 所示。

```
tcpdump [ -AbdDefhHIJKlLnNOpqStuUvxX# ] [ -B buffer_size ] [ -c count ]
        [ -C file_size ] [ -G rotate_seconds ] [ -F file ]
        [ -i interface ] [ -j tstamp_type ] [ -m module ] [ -M secret ]
        [ -r file ] [ -s snaplen ] [ -T type ] [ -w file ]
        [ -W filecount ] [ -y datalinktype ] [ -z postrotate-command ]
        [ -Z user ] [ expression ]
```

图 6-6 tcpdump 基本语法

常用命令参数示例及用途如下。

1）-i 选项（指定网络接口）

示例。tcpdump -i eth0。这里的 eth0 是网络接口名称，通过指定接口，tcpdump 只会在该接口上捕获数据包。如果不指定接口，它会尝试使用系统默认的网络接口。

用途。当系统有多个网络接口（如以太网接口、Wi - Fi 接口等）时，明确要捕获数据包的接口是很重要的。例如，在一个服务器有多个网卡连接不同网段的情况下，就可以通过这个选项选择特定网段的数据包进行捕获。

2)-c 选项(指定捕获数据包的数量)

示例。tcpdump -c 10 -i eth0。这表示在 eth0 接口上捕获 10 个数据包后就停止捕获。

用途。在只需要通过分析少量数据包来了解网络通信的大致情况时很有用。比如,要查看一次简单的 HTTP 请求和响应过程,捕获几个相关的数据包就可以了。

3)-s 选项(指定捕获数据包的长度)

示例。tcpdump -s 1500 -i eth0。这里 1500 是字节数,它表示捕获每个数据包的前 1500 字节。默认情况下,tcpdump 可能会限制捕获的长度。

用途。可以根据实际需要调整捕获长度。如果要查看数据包的完整内容(如完整的 TCP 或 UDP 头以及数据部分),可能需要设置一个较大的值。但要注意,设置过大的值可能会占用大量的系统资源。

4)-w 选项(将捕获的数据包写入文件)

示例。tcpdump -w capture.pcap -i eth0。这会将在 eth0 接口上捕获的数据包写入到名为 capture.pcap 的文件中。pcap 是一种常用的数据包捕获文件格式,可以使用其他工具(如 Wireshark)进行进一步分析。

用途。方便后续对捕获的数据包进行详细分析,尤其是在捕获过程中可能会对系统性能产生一定影响,先保存数据包,然后在其他时间分析是一种很好的做法。

3.ping 命令的使用

ping 命令是网络中最常用的工具之一,主要用于测试网络连接和诊断网络问题。在大多数操作系统(如 Windows、Linux、macOS)中,ping 命令的基本语法如下:

ping [选项] <目标主机名或 IP 地址>

<目标主机名或 IP 地址>

这是必须要指定的参数。例如,在 Windows 系统中,可以使用 ping 192.168.1.1(IP 地址)或者 ping www.example.com(主机名)。如果是主机名,系统会先通过域名系统(DNS)将主机名解析为 IP 地址,然后再进行 ping 操作。

用途。用于确定要测试连接的目标设备,可以是本地网络中的其他计算机、服务器、网络设备(如路由器),也可以是互联网上的网站服务器等。

[选项]

在日常使用中常用选项有以下几种。

(1)-n(Windows 系统)或 -c(Linux 和 macOS 系统):指定发送数据包的次数。

示例。在 Windows 中:ping -n 4 192.168.1.1,这会向 192.168.1.1 这个 IP 地址发送 4 个 ICMP(Internet Control Message Protocol,互联网控制消息协议)数据包。

在 Linux 或 macOS 中:ping -c 4 192.168.1.1,功能与 Windows 中的-n 选项类似。

用途。当只需要快速测试少量数据包的往返情况时很有用。例如,初步判断网络连接是否通畅,通过发送几个数据包查看响应情况就可以得到一个基本的判断。

(2)-l(Windows 系统)或 -s(Linux 系统):指定发送数据包的大小(字节数)。

示例。在 Windows 中:ping -l 1000 192.168.1.1,这会发送大小为 1000 字节的 ICMP 数据包到 192.168.1.1。

在 Linux 中:ping -s 1000 192.168.1.1,同样是发送 1000 字节的数据包。

用途。用于测试网络在不同数据包大小下的性能。在一些网络故障排查中,通过改变数据包大小可以发现网络中可能存在的链路质量问题或者设备处理能力问题。例如,如果小数据包可以正常 ping 通,但大数据包出现丢包或者延迟过高的情况,可能表示网络链路存在带宽限制或者中间设备(如路由器)的缓存处理能力不足的问题。

(3)-t(Windows 系统)或 -i(Linux 和 macOS 系统):指定发送数据包的时间间隔(以毫秒为单位)。

示例。在 Windows 中: ping -t 500 192.168.1.1,这会每隔 500 毫秒发送一个 ICMP 数据包到 192.168.1.1。

在 Linux 和 macOS 中: ping -i 0.5 192.168.1.1,这里的 0.5 表示 0.5 秒(即 500 毫秒),功能与 Windows 中的-t 选项相同。

用途。可以控制数据包发送的频率,用于更精细地测试网络性能。例如,在一些对网络流量有严格控制的环境中,通过调整数据包发送间隔来模拟实际的网络流量模式,以观察网络设备的响应情况。

(4)-w(Windows 系统)或 -W(Linux 和 macOS 系统):指定超时时间(以毫秒为单位)。

示例。在 Windows 中:ping -w 3000 192.168.1.1,如果在 3000 毫秒(3 秒)内没有收到目标主机的响应,ping 操作就会超时并停止。

在 Linux 和 macOS 中:ping -W 3000 192.168.1.1,同样是设置 3 秒的超时时间。

用途。在网络状况不佳或者目标主机响应可能较慢的情况下,调整超时时间可以避免 ping 操作过早地判断为连接失败。例如,在连接到一些位于远距离或者通过复杂网络环境(如通过 VPN 连接到远程服务器)的主机时,适当延长超时时间可以更准确地判断网络连接情况。

4. Tracert/Traceroute 的使用方法

Tracert(在 Windows 系统中)和 Traceroute(在 Linux、Unix 等系统中)是用于跟踪数据包从源设备到目标设备所经过的网络路径的工具。以下是它们的使用方法。

1)Windows 系统中的 Tracert

基本用法。打开命令提示符窗口,输入 tracert 后跟上目标主机名或 IP 地址。例如: tracert www.baidu.com 或 tracert 192.168.1.1。

常用参数如下。

(1)-d。指定不对计算机名解析地址,只显示 IP 地址,这样可以加快追踪速度。例如: tracert -d www.baidu.com。

(2)-h maximum_hops。指定查找目标的跳转的最大数目。如果不指定,默认最大跳数是 30 跳。例如:tracert -h 10 www.baidu.com,表示只追踪到第 10 跳。

(3)-j host-list。指定松散源路由。该选项允许你指定一个中间主机列表,数据包将按照这个列表的顺序经过这些主机。但这个选项在一般情况下使用较少。

(4)-w timeout。设置等待每个应答的超时时间(以毫秒为单位)。默认超时时间通常是几千毫秒。例如:tracert -w 5000 www.baidu.com,表示等待每个应答的超时时间为 5 秒。

2)Linux 系统中的 Traceroute

基本用法。在终端中输入 traceroute 后跟上目标主机名或 IP 地址。例如: traceroute www.google.com 或 traceroute 10.0.0.1。

常用参数如下。

（1）-n。直接使用 IP 地址而非主机名称进行显示，和 Windows 中的 -d 参数类似，可加快显示速度。

（2）-m max_ttl。设置检测数据包的最大存活数值 TTL 的大小，即最大跳数。例如：traceroute -m 20 www.google.com，表示最多追踪 20 跳。

（3）-p port。设置 UDP 传输协议的通信端口，默认值是 33434。如果目标主机的特定端口被禁止访问，可能需要更改此端口进行测试。例如：traceroute -p 8080 www.example.com，使用 8080 端口进行追踪。

（4）-w timeout。设置等待远端主机回报的时间，单位为秒。例如：traceroute -w 3 www.example.com，等待每个应答的超时时间为 3 秒。

（5）-i interface。指定网络接口，对于多个网络接口的系统有用。比如 -i eth0 指定使用 eth0 网络接口进行追踪。

（6）-s src_addr。设置本地主机送出数据包的 IP 地址。在某些特殊网络环境下，可能需要指定特定的源 IP 地址进行追踪。

5.nslookup 的使用方法

Nslookup 的的基本语法如下：

nslookup [选项] [主机名或 IP 地址]

[主机名或 IP 地址]

在命令提示符（Windows）或终端（Linux、macOS）中输入 nslookup www.example.com，这是最基本的使用方式，用于查询主机名对应的 IP 地址。

[选项]

nslookup 命令常用的选项功能及示例如下。

1）-type

功能。用于指定查询的 DNS 记录类型。DNS 记录类型有多种，如 A 记录（主机地址记录）、AAAA 记录（IPv6 主机地址记录）、MX 记录（邮件交换记录）、NS 记录（域名服务器记录）、PTR 记录（指针记录，用于反向查询）等。

示例如下。

nslookup -type=A www.example.com。查询 www.example.com 的 A 记录，即获取该域名对应的 IPv4 地址。这是最常见的查询方式之一，因为在访问网站等基于 IPv4 的网络服务时，需要知道目标域名的 IPv4 地址。

nslookup -type=AAAA www.example.com。查询 www.example.com 的 AAAA 记录，用于获取该域名对应的 IPv6 地址。随着 IPv6 网络的逐步普及，这种查询对于支持 IPv6 的网站和服务很重要。

nslookup -type=MX example.com。查询 example.com 的 MX 记录。MX 记录用于指定负责接收该域名邮件的邮件服务器。输出结果会显示邮件服务器的优先级（数字越小，优先级越高）和服务器名称，例如 example.com MX preference = 10, mail exchanger = mail.example.com。

nslookup -type=NS example.com。查询 example.com 的 NS 记录，会返回该域名的权威域名服务器的名称。这些服务器是负责维护和管理该域名的 DNS 记录的，例如 example.

com nameserver = ns1.example.com。

nslookup -type=PTR 192.168.1.100（或 nslookup -ptr 192.168.1.100）。进行反向查询，查找 IP 地址对应的域名。如果反向解析配置正确，会返回对应的主机名。

2）-server

功能。指定用于查询的 DNS 服务器的 IP 地址或主机名。这在需要从特定的 DNS 服务器获取信息时非常有用，例如当怀疑本地 DNS 服务器解析出现问题，或者想要从公共 DNS 服务器（如谷歌的 8.8.8.8 或 8.8.4.4）获取更准确的信息时。

示例。nslookup -server 8.8.8.8 www.example.com，此命令使用 IP 地址为 8.8.8.8 的 DNS 服务器来查询 www.example.com 的相关信息。

3）-vc（在某些系统中可用）

功能。使用 TCP 协议进行 DNS 查询，而不是默认的 UDP 协议。通常情况下，DNS 查询使用 UDP 协议，因为它速度快、开销小。但在一些特殊情况下，如查询结果数据量较大（超过 UDP 数据包的大小限制）时，可能需要使用 TCP 协议。

示例。nslookup -vc www.example.com，通过 TCP 协议查询 www.example. com 的信息。

4）-debug

功能。启用调试模式，会显示详细的查询过程信息，包括发送的 DNS 查询请求的内容、从 DNS 服务器收到的响应的详细内容等。这对于深入了解 DNS 查询的工作原理、排查复杂的 DNS 问题很有帮助。

示例。nslookup -debug www.example.com，在查询 www.example.com 的同时，会输出大量的调试信息，如查询请求中的域名、记录类型、DNS 消息头的详细信息，以及响应中的状态码、返回的记录数据等。

5）-retry

功能。指定在查询失败时重试的次数。如果不使用这个选项，nslookup 在遇到查询失败（如无法连接到 DNS 服务器或未收到有效响应）时可能只尝试一次就停止。通过设置-retry 选项，可以让 nslookup 多次尝试查询，以增加获取有效结果的机会。

示例。nslookup -retry 3 www.example.com，表示在查询 www.example.com 时，如果遇到失败情况，最多重试 3 次。

6）-timeout

功能。设置每次查询的超时时间（以秒为单位）。如果在指定的时间内没有收到 DNS 服务器的响应，nslookup 会认为查询失败。默认的超时时间因系统而异，通过设置-timeout 选项，可以根据网络状况和查询需求调整合适的时间。

示例。nslookup -timeout 5 www.example.com，将查询 www.example.com 的每次超时时间设置为 5 秒。

习　题

一、单项选择题

1. 以下选项中属于属于物理故障的是(　　)

A. 网络协议不匹配　　B. 线路损坏

C. 网络配置错误　　D. 软件缺陷

2. 按故障表现分类,网络访问速度变慢的故障属于(　　)

A. 连通性故障　　B. 端口故障　　C. 网络性能故障　　D. 本地故障

3. 通过伪装成合法软件来窃取敏感信息的安全事件是(　　)

A. 计算机病毒事件　　B. 特洛伊木马事件

C. 蠕虫事件　　D. 拒绝服务攻击事件

4. 发生在用户端或本地网络的故障是(　　)

A. 线路故障　　B. 本地故障　　C. 路由故障　　D. 外网故障

5. 因机房供电中断导致的网络安全事件属于(　　)

A. 设备设施故障　　B. 信息破坏事件　　C. 网络攻击事件　　D. 有害程序事件

6. 通过在输入字段中注入恶意 SQL 代码来获取或修改数据库信息的攻击手段属于(　　)

A. XSS 攻击　　B. SQL 注入攻击　　C. CSRF 攻击　　D. 端口扫描攻击

7. 攻击者通过控制受害者的计算机作为攻击其他重要网站或系统跳板的攻击方式是(　　)

A. 节点攻击　　B. 网络监听　　C. 电子邮件攻击　　D. 黑客软件攻击

8. 以下哪种防御策略可以有效应对 WWW 欺骗?(　　)

A. 定期更换密码　　B. 仔细核对网址

C. 限制软件安装权限　　D. 对输入数据进行验证和过滤

9. 为防御 DDoS 攻击,可以分散流量,减轻对目标服务器影响的措施是(　　)

A. 使用防火墙过滤端口　　B. 使用 CDN 服务

C. 启用流量清洗服务　　D. 配置入侵检测系统

10. 通过伪造网站或篡改 DNS 记录来骗取用户敏感信息的攻击手段属于(　　)

A. 网络钓鱼攻击　　B. 电子邮件攻击　　C. 特洛伊木马　　D. WWW 欺骗

11. 渗透测试中,在不知道目标系统具体结构和技术细节的情况下进行测试的方式是(　　)

A. 白盒测试　　B. 黑盒测试　　C. 灰盒测试　　D. 透明盒测试

12. 用于检测与利用 SQL 注入漏洞的工具是(　　)

A. Nmap　　B. Burp Suite　　C. SQLMap　　D. Wireshark

13. 在漏洞扫描技术中,通过分析应用程序源代码来检测漏洞,不运行代码的扫描方式是(　　)

A. 动态扫描　　B. 黑盒扫描　　C. 混合扫描　　D. 静态扫描

14. 在渗透测试的流程中，通过收集有关目标网络的信息来了解其结构、配置和可能存在的漏洞的步骤是(　　)

A. 明确目标　　B. 信息收集　　C. 漏洞评估　　D. 渗透测试执行

15. 多数漏洞扫描器采用的，通过分析静态信息识别潜在漏洞的主流漏洞扫描技术是(　　)

A. 基于特征的匹配技术　　B. 静态扫描与动态扫描

C. 黑盒扫描与白盒扫描　　D. 人工审核

二、判断题

1. 网络故障只由硬件问题引起。
2. 逻辑故障主要是与网络的配置、协议或软件相关。
3. 一般故障不会对通信业务产生任何影响。
4. 特洛伊木马主要是通过伪装成合法软件来进行破坏。
5. 信息篡改事件是指信息系统中的信息丢失的情况。
6. 只要密码足够复杂，就不需要定期更换密码来防御口令入侵。
7. 安装并定期更新杀毒软件可以检测和清除可能存在的特洛伊木马恶意程序。
8. 对于端口扫描这种攻击方式，不需要采取任何防御措施，因为它本身没有危害。
9. 启用双因素认证就可以完全防止口令入侵。
10. 渗透测试是一种主动的评估计算机网络系统安全的方法。
11. 在进行渗透测试时，不需要获取相关系统所有者或管理者的许可。
12. 动态扫描虽然可以提供更准确的漏洞检测结果，但不会产生误报。
13. 白盒扫描可以访问应用程序的内部结构和源代码，进行详细的分析和检测。
14. 漏洞扫描技术只能发现漏洞，不能提供修复建议。

三、双项选择题

1. 以下哪些属于按故障性质分类的网络故障？(　　)

A. 本地故障　　B. 物理故障　　C. 线路故障　　D. 逻辑故障

E. 外网故障

2. 以下哪些安全事件属于有害程序事件？(　　)

A. 拒绝服务攻击事件　　B. 计算机病毒事件

C. 信息窃取事件　　D. 干扰事件

E. 蠕虫事件

3. 按故障表现分类，下列哪些是网络故障的类型？(　　)

A. 连通性故障　　B. 外网故障　　C. 网络性能故障　　D. 配置故障

E. 本地故障

4. 下列哪些属于网络攻击事件？(　　)

A. 网络扫描窃听事件　　B. 僵尸网络事件

C. 后门攻击事件　　D. 信息假冒事件

E. 信息窃取事件

5. 以下哪些属于设备设施故障？（　　）

A. 软硬件自身故障　B. 信息篡改事件

C. 外围保障设施故障　D. 网络钓鱼事件

E. 漏洞攻击事件

6. 以下哪些攻击手段主要是针对用户输入进行恶意操作的？（　　）

A. SQL 注入攻击　B. 代码注入攻击　C. DDoS 攻击　D. 网络钓鱼攻击

E. XSS 攻击

7. 以下哪些防御措施可以用于防御黑客软件和特洛伊木马？（　　）

A. 安装杀毒软件　B. 定期更新系统补丁

C. 使用 CDN 服务　D. 启用流量清洗服务

E. 设备物理隔离

8. 在应对网络监听和中间人攻击时，以下哪些措施是有效的？（　　）

A. 使用加密通信　B. 定期备份数据

C. 验证证书的有效性　D. 实施 VLAN 隔离

E. 启用双因素认证

9. 以下哪些防御策略和应对措施涉及对数据的保护？（　　）

A. 定期备份数据　B. 对输入数据进行验证和过滤

C. 启用双因素认证　D. 实施内容安全策略

E. 仔细核对文档

10. 渗透测试的测试类型包括以下哪两种？（　　）

A. 红盒测试　B. 黑盒测试　C. 白盒测试　D. 绿盒测试

E. 人工测试

11. 以下哪些属于漏洞扫描技术中的扫描方式？（　　）

A. 物理扫描　B. 静态扫描　C. 化学扫描　D. 动态扫描

E. 机器扫描

12. 在渗透测试执行阶段，可能会利用以下哪些常见的安全漏洞？（　　）

A. 身份认证漏洞　B. 硬件故障漏洞

C. 软件更新漏洞　D. 跨站脚本（XSS）

E. 日常管理漏洞

13. 以下哪两种扫描方式在应用程序开发和部署阶段都可以发挥作用？（　　）

A. 黑盒扫描　B. 混合扫描　C. 白盒扫描　D. 人工审核

E. 机器扫描

14. 在渗透测试过程中可能被使用的工具有（　　）

A. Nmap　B. Photoshop　C. SQLMap　D. Excel

E. ping

四、多项选择题

1. 网络故障的原因包括（　　）

A. 硬件问题 B. 软件漏洞 C. 病毒侵入 D. 电磁干扰
E. 收发邮件

2. 常见的网络性能故障的原因有(　　)
A. 网络拥塞 B. 数据未通过最佳路由到达目的地
C. 路由环路 D. 端口故障
E. 线路被破坏

3. 以下选项中属于信息破坏事件的是(　　)
A. 信息篡改事件 B. 信息假冒事件 C. 信息泄露事件 D. 信息误发事件
E. 信息窃取事件

4. 网络系统安全事件包括(　　)
A. 有害程序事件 B. 网络攻击事件
C. 信息内容安全事件 D. 灾害性事件
E. 数据删除事件

5. 按物理位置分类的网络故障包括(　　)
A. 本地故障 B. 线路故障 C. 路由故障 D. 外网故障
E. 网络性能故障

6. 常见的网络攻击手段包括(　　)
A. 口令入侵 B. 特洛伊木马 C. 网络监听 D. 安全漏洞利用
E. 破坏线路

7. 为防御电子邮件攻击,可以采取以下哪些措施?(　　)
A. 谨慎处理垃圾邮件 B. 设置邮件过滤规则
C. 使用反垃圾邮件服务 D. 对邮件内容进行加密
E. 不随意点击链接或下载附件

8. 应对代码注入攻击的有效措施包括(　　)
A. 严格输入验证 B. 使用安全的编程实践
C. 代码审计和测试 D. 限制软件安装权限
E. 使用强口令

9. 涉及系统安全配置方面的防御策略包括(　　)
A. 关闭不必要的端口和服务 B. 实施 VLAN 隔离
C. 限制软件安装权限 D. 定期更新系统补丁
E. 避免运行未知附件

10. 应对勒索软件攻击的有效措施是(　　)
A. 定期备份数据 B. 更新操作系统和软件
C. 使用安全软件 D. 网络隔离和访问控制
E. 定期更换密码

11. 渗透测试的流程包括的步骤有(　　)
A. 明确目标 B. 信息收集
C. 漏洞评估 D. 后渗透测试阶段
E. 专家评审

12. 以下选项中属于主流漏洞扫描技术的是(　　)

A. 基于特征的匹配技术　B. 静态扫描与动态扫描

C. 黑盒扫描与白盒扫描　D. 人工审核

E. 机器扫描

13. 具体的漏洞扫描技术包括(　　)

A. 网络扫描　B. Web 应用扫描　C. 流量分析　D. 端口扫描

E. 安装杀毒原件

14. 渗透测试过程中需要注意的事项有(　　)

A. 合法性　B. 数据安全

C. 及时修复　D. 随意测试

E. 避免人员靠近

15. 以下选项中,在漏洞扫描过程中可以配合使用以提高网络安全性的是(　　)

A. 防火墙　B. 入侵检测系统

C. 漏洞扫描技术　D. 打印机

E. 激光扫描仪

第七章 网络安全相关法律、法规、标准及职业道德知识

本章根据《标准》对于网络与信息安全管理员应该掌握的"相关法律、法规、标准"的基本要求,介绍了网络安全管理策略的有关内容,对一些网络安全法规与标准的主要内容进行了简要解读,说明了网络安全事件响应与处理方法。

7.1 网络安全管理策略

7.1.1 网络安全管理策略的概念

网络安全管理策略是指在网络环境中,为保障网络系统的硬件、软件及其数据安全而采取的一系列管理措施和规章制度。这些策略旨在防止网络受到偶然或恶意原因的破坏、更改或泄露,确保网络服务连续可靠地运行。

7.1.2 网络安全策略

网络安全策略包括以下内容。

(1)物理安全策略。保护计算机系统、网络服务器、打印机等硬件实体和通信链路免受自然灾害、人为破坏和搭线攻击。确保计算机系统有一个良好的电磁兼容工作环境,并建立完备的安全管理制度,防止非法进入计算机控制室和各种偷窃、破坏活动的发生。

(2)访问控制策略。包括入网访问控制、网络权限控制、目录级安全控制、属性安全控制、网络监测和锁定控制、网络端口和结点的安全控制等。目的是保护网络资源不被非法使用和访问。

(3)信息加密策略。信息加密的目的是保障网络传输的信息、存储的信息的安全性和保密性。根据策略不同,网络加密可设在链路级、网络级,也可以设在应用层等。另外,根据策略的不同,可选择不同的加密方式。

(4)安全管理策略。该策略是指在特定环境下,为保证提供一定级别的安全保护所必须遵守的规则。网管安全管理策略不是一经制定就一成不变的,而应随着网络拓扑结构、网络应用以及网络安全技术的不断发展而不断变化。网络的安全管理策略包括:确定安全管理等级和安全管理范围;制定有关网络操作使用规程和人员出入机房的管理制度;制定网络系统的维护制度和应急措施等。

7.1.3　网络安全管理流程

制定网络安全管理流程是为了保护网络系统的安全性和完整性，减少潜在威胁和漏洞对系统的影响。网络安全管理流程主要包括以下步骤。

（1）风险评估和漏洞扫描。通过风险评估和漏洞扫描，识别网络系统中的潜在威胁和脆弱点。这可以通过使用自动化工具来实施，以节省时间和成本。

（2）制定适当的安全策略和规程。根据风险评估的结果，制定密码策略、安全访问控制政策、数据备份政策等。

（3）工具和技术选择与部署。根据安全策略和规程，选择和部署适当的安全工具和技术，如防火墙、入侵检测系统、安全信息和事件管理系统等。以帮助实施安全策略，并监控和响应网络安全事件。

（4）员工培训和意识提升。定期进行员工培训和意识提升活动，教育员工认识到有关网络安全的重要性，并提供必要的安全操作指南。

（5）事件监控和响应。建立有效的安全事件监控和响应机制，及时发现和应对潜在的安全威胁。包括实时监控网络流量、安全日志和事件，以及建立应急响应计划和流程。

（6）审计和持续改进。定期进行网络安全审计，评估网络安全措施的有效性和合规性。根据审计结果，制定改进措施，并持续监测和改善网络安全。

7.2　网络安全相关法律、法规及标准的相关知识

7.2.1　《中华人民共和国网络安全法》

《中华人民共和国网络安全法》（以下简称《网络安全法》）是为了保障网络安全，维护网络空间主权和国家安全、社会公共利益，保护公民、法人和其他组织的合法权益，促进经济社会信息化健康发展而制定的法律。

该法由中华人民共和国第十二届全国人民代表大会常务委员会第二十四次会议于2016年11月7日通过，自2017年6月1日起施行。

该法明确了网络运营者和关键信息基础设施运营者的安全保护义务，规定了网络安全等级保护制度，加强了对个人信息和重要数据的保护，并对网络违法犯罪行为设定了相应的法律责任。

1. 网络运营者的安全保护义务

网络运营者应当按照网络安全等级保护制度的要求，履行相应的安全保护义务，包括但不限于制定内部安全管理制度，采取技术措施防范网络攻击和数据泄露，监测并记录网络运行状态和安全事件，以及实行数据分类和加密等措施。若网络运营者未履行这些义务，将面临警告、罚款等法律责任。

2. 关键信息基础设施的特别保护

对于关键信息基础设施，法律提出了更高的安全保护要求。运营者除履行一般网络运营者的义务外，还需设置专门安全管理机构，对从业人员进行网络安全教育和技术培训，制定网络安全事件应急预案并定期进行演练。同时，关键信息基础设施的运营者在采购网络

产品和服务时，需与提供者签订安全保密协议，明确安全责任。

3. 个人信息和重要数据的保护

网络安全法强调了对个人信息和重要数据的保护。网络产品、服务的提供者不得设置恶意程序，发现其产品或服务存在安全缺陷时，应立即采取补救措施并告知用户。任何个人和组织都不得从事非法侵入他人网络、窃取网络数据等危害网络安全的活动。

4. 法律责任

对于违反网络安全法的行为，法律设定了严格的法律责任。根据违法行为的性质和情节严重程度，相关责任主体可能面临警告、罚款、责令暂停相关业务、停业整顿、关闭网站等行政处罚措施。对于构成犯罪的行为，还将依法追究刑事责任。

《中华人民共和国网络安全法》通过明确网络运营者和关键信息基础设施运营者的安全保护义务，加强个人信息和重要数据的保护，并设定严格的法律责任，为维护我国网络安全提供了有力的法律保障。

学习了解该法更详细的内容，可访问：

https://www.miit.gov.cn/zwgk/zcwj/flfg/art/2020/art_b47f3f954273437d9f3ebe880fd6b0b4.html

7.2.2 《中华人民共和国劳动法》

《中华人民共和国劳动法》是为了保护劳动者的合法权益，调整劳动关系，建立和维护适应社会主义市场经济的劳动制度，促进经济发展和社会进步而制定的法律。

该法 1994 年 7 月 5 日由全国人民代表大会常务委员会第八次会议通过，并于 1995 年 1 月 1 日开始实施。该法律经过多次修订，第一次修订是在 2009 年 8 月 27 日，第二次修订是在 2018 年 12 月 29 日。

《中华人民共和国劳动法》涵盖了劳动者的基本权利、劳动合同的订立与解除、劳动安全与卫生以及监督检查与法律责任等多个方面，为构建和谐稳定的劳动关系提供了坚实的法律保障。该法律的部分解读如下。

1. 劳动者的基本权利

根据《中华人民共和国劳动法》第三条，劳动者享有平等就业和选择职业的权利，这意味着劳动者在就业过程中不受歧视，有权自主选择从事的工作。

劳动者还享有取得劳动报酬的权利，即按照约定的工作量和质量获得相应的薪资报酬。

休息休假的权利也是劳动者的重要权益，确保劳动者在工作之余得到充分的休息，保持身心健康。

劳动者还有权获得劳动安全卫生保护，要求用人单位提供安全的工作环境和必要的劳动保护设施。

2. 劳动合同的订立与解除

《中华人民共和国劳动法》第十八条规定了劳动合同的无效情形，包括违反法律、行政法规的劳动合同以及采取欺诈、威胁等手段订立的劳动合同。这些无效劳动合同自始不具有法律约束力。

《中华人民共和国劳动合同法》第三十六条和第三十七条分别规定了用人单位与劳动

者协商一致解除劳动合同以及劳动者提前通知解除劳动合同的情形。这些规定为劳动合同的灵活解除提供了法律依据。

3. 劳动安全与卫生

依据《中华人民共和国劳动法》第九十二条，用人单位必须确保劳动安全设施和劳动卫生条件符合国家规定，并向劳动者提供必要的劳动防护用品和劳动保护设施。违反这一规定将承担法律责任，包括罚款、责令停产整顿等。

4. 监督检查与法律责任

《中华人民共和国劳动法》第一百零一条赋予了劳动行政部门和有关部门对用人单位进行监督检查的权力。用人单位若无理阻挠这些部门行使监督检查权或打击报复举报人员，将受到法律的制裁，包括罚款和依法追究刑事责任。

7.2.3 《中华人民共和国合同法》

《中华人民共和国合同法》由中华人民共和国第九届全国人民代表大会第二次会议于1999年3月15日通过，自1999年10月1日起施行。

1.《中华人民共和国合同法》的立法宗旨

合同法是规范市场交易的基本法律，是民商法的重要组成部分。新合同法的制定，对于更好地适应建立社会主义市场经济体制的需要，规范市场交易，保障市场经济统一、有序健康的发展，更好地维护合同当事人的合法权益具有十分重要的意义。

2.《中华人民共和国合同法》的适用范围

为了保护合同当事人的合法权益，维护社会经济秩序，促进社会主义现代化建设，制定本法。本法所称合同是平等主体的自然人、法人、其他组织之间设立、变更、终止民事权利义务关系的协议。

3. 合同的订立

当事人订立合同，应当具有相应的民事权利能力和民事行为能力。当事人依法可以委托代理人订立合同。当事人订立合同，有书面形式、口头形式和其他形式。法律、行政法规规定采用书面形式的，应当采用书面形式。当事人约定采用书面形式的，应当采用书面形式。

4. 合同的效力

依法成立的合同，自成立时生效。法律、行政法规规定应当办理批准、登记等手续生效的，依照其规定。

5. 合同的履行

当事人应当按照约定全面履行自己的义务。当事人应当遵循诚实信用原则，根据合同的性质、目的和交易习惯履行通知、协助、保密等义务。合同生效后，当事人就质量、价款或者报酬、履行地点等内容没有约定或者约定不明确的，可以协议补充;不能达成补充协议的，按照合同有关条款或者交易习惯确定。

6. 违约责任

当事人一方不履行合同义务或者履行合同义务不符合约定的，应当承担继续履行、采取补救措施或者赔偿损失等违约责任。当事人一方明确表示或者以自己的行为表明不履行合同义务的,对方可以在履行期限届满之前要求其承担违约责任。当事人一方未支付价款或者报酬的,对方可以要求其支付价款或者报酬。当事人一方不履行非金钱债务或者履行非金钱债务不符合约定的,对方可以要求履行,但有下列情形之一的除外:

(1)法律上或者事实上不能履行:

(2)债务的标的不适于强制履行或者履行费用过高;

(3)债权人在合理期限内未要求履行。

7.2.4 《中华人民共和国民法典》

《中华人民共和国民法典》(以下简称“民法典”)是我国民事法律领域的基石,它于2020年5月28日由中华人民共和国第十三届全国人民代表大会第三次会议通过,并自2021年1月1日起正式施行。民法典的简要解读如下。

1. 民法典的组成与结构

民法典共7编、1 260条,各编依次为总则、物权、合同、人格权、婚姻家庭、继承、侵权责任,以及附则。这一结构体系使得民法典在逻辑上更为严谨,体系上更为完整,从而更有效地发挥其权利保障效用。

2. 民法典的核心理念

民事权利宣言。民法典以“民事权利能力一律平等”的方式赋予人们平等的法律主体地位,并公开宣称“人身自由、人格尊严”以及“私人的合法财产”受法律保护。民法典各编体系的构建均围绕民事权利展开,对民事权利的界定、行使规范、保障方案进行了明确化,鼓励民事主体“勇于维权”。

平等、自愿。民法是调整平等主体之间财产关系和人身关系的法律规范。在民法典中,主体间人格平等,均具有同等的法律地位、权利能力平等。同时,民法典强调意思自治和契约自由,不得“强买强卖”,这体现在“结婚自由”“离婚自愿”等方面。

公平、诚信。民法是调整市场关系的基本法。在民法典中,各行为主体在市场经济交往过程中应恪守公平、诚信理念,不得“以假充真、以次充好”,应当“重合同、守义务”。

3. 民法典的亮点与创新

民法典的主要亮点如下。

1)总则篇亮点

规定了胎儿在涉及遗产继承、接受赠与等利益时的保护,视其具有民事权利能力,但胎儿娩出时为死体的,其民事权利能力自始不存在。

明确了八周岁以上的未成年人为限制民事行为能力人,可以独立实施纯获利益的民事法律行为或者与其年龄、智力相适应的民事法律行为。

确立了居民委员会、村民委员会的基层群众性自治组织法人资格,可以从事为履行职能所需要的民事活动。

加强了对个人信息和网络虚拟财产的保护。

规定了见义勇为者在非重大过失情况下不承担民事责任。

延长了向人民法院请求保护民事权利的诉讼时效期间至三年。

规定了未成年人遭受性侵害的损害赔偿请求权的诉讼时效期间自受害人年满十八周岁

之日起计算。

2)物权篇亮点

新设了添附制度,规定了加工、附合、混合三种添附形式。

明确了住宅建设用地使用权届满自动续期的规则。

完善了业主的建筑物区分所有权制度,降低了业主共同决定事项的表决门槛,并增加了紧急情况下使用维修资金的特别程序。

3)其他篇亮点

合同篇完善了担保合同的范围,明确了融资租赁、保理、所有权保留等非典型担保合同的担保功能。

人格权篇加强了对人格权的保护,包括生命权、身体权、健康权、姓名权、名称权、肖像权、名誉权、荣誉权、隐私权等。

婚姻家庭篇和继承篇对婚姻家庭关系和继承关系进行了全面规范,保护了家庭成员的合法权益和继承人的继承权。

侵权责任篇明确了侵权责任的承担方式和归责原则,为受害人提供了有效的法律救济途径。

4. 民法典的意义与影响

民法典的编纂和施行具有重大而深远的意义。它不仅是对我国现行民事法律制度规范的系统整合和编订纂修,更是对新时代中国特色社会主义发展要求的适应和体现。民法典的出台将更有效地发挥其权利保障效用,为人民群众提供更加全面、更加有力的法律保障。同时,民法典的施行也将推动国家治理体系和治理能力现代化的进程,为全面建设社会主义现代化国家提供坚实的法治保障。

民法典是我国民事法律领域的一部重要法典,它体现了我国民事法律制度的最新成果和发展方向。在未来的司法实践中,民法典将成为我们处理民事纠纷、维护合法权益的重要依据和有力武器。

7.2.5　互联网相关法律法规、管理规定、标准的相关知识

互联网相关法律法规、管理规定和标准,除了《中华人民共和国网络安全法》,主要包括以下几部法律和法规。

(1)《中华人民共和国个人信息保护法》。该法于 2021 年 8 月 20 日通过,自 2021 年 11 月 1 日起施行。其主要目的是保护个人信息权益,规范个人信息处理活动,促进个人信息的合理利用。

该法强调任何组织、个人不得非法收集、使用、加工、传输他人个人信息,更不得非法买卖、提供或公开他人个人信息。特别是禁止从事危害国家安全、公共利益的个人信息处理活动。违反规定的法律责任包括责令改正、给予警告、没收违法所得、责令暂停或终止提供服务等措施。

(2)《中华人民共和国数据安全法》。该法于 2021 年 6 月 10 日通过,自 2021 年 9 月 1 日起施行。它是我国数据领域的基础性法律,也是国家安全领域的重要法律。

该法规定了数据处理者的义务和责任,包括数据收集、存储、使用、加工、传输、提供、公

开等环节的安全保护措施。违反规定的法律责任包括罚款、责令改正等。

（3）《关键信息基础设施安全保护条例》。该条例于 2021 年 4 月 27 日通过，自 2021 年 9 月 1 日起施行。它是我国首部专门针对关键信息基础设施安全保护工作的行政法规，是《网络安全法》的重要配套法规。

该条例规定了关键信息基础设施的认定标准、保护措施和应急处置机制。违反规定的法律责任包括罚款、责令改正等。

（4）《生成式人工智能服务管理暂行办法》。该办法于 2023 年 5 月 23 日通过，旨在规范生成式人工智能服务的管理和应用，保障国家安全和公共利益。

该办法规定了生成式人工智能服务的备案管理、应用管理和社会责任等方面的要求。违反规定的法律责任包括罚款、责令改正等。

除了上述法律法规，还有《电子商务法》《互联网信息服务管理办法》《计算机软件保护条例》《互联网新闻信息服务管理规定》等。这些法律和法规旨在规范互联网活动，保障网络安全，保护用户权益，维护网络秩序，以及打击网络犯罪，促进互联网的健康发展。

7.3 职业道德知识与职业守则

遵纪守法，爱岗敬业；勤奋进取，忠于职守；认真负责，团结协作；爱护设备，安全操作；诚实守信，讲求信誉；勇于创新，精益求精。

7.4 网络安全事件响应与处理

7.4.1 网络安全事件响应与处理方法

网络安全事件响应与处理方法一般包括以下步骤。

（1）事件报告和确认。发现网络安全事件后，应立即向紧急响应领导小组报告，报告内容包括事件类型、发生时间、影响范围和初步判断等。紧急响应工作组对事件进行初步判断，确认事件真实性，并根据事件等级启动相应级别的应急预案。

（2）应急响应团队组建。组建应急响应团队，包括网络管理员、安全工程师、法律顾问等，并为每个团队成员分配角色和责任，提供必要的培训。建立应急响应计划，包括检测威胁、分析威胁、包含威胁、消除威胁、恢复系统和数据以及后续处理。

（3）检测和分析。使用入侵检测系统（IDS）和入侵防御系统（IPS）检测网络流量中的异常模式，如 SYN 洪水攻击或 SQL 注入攻击。使用网络流量分析工具（如 Wireshark）、系统日志分析工具（如 ELK Stack）和恶意软件分析工具（如 Cuckoo Sandbox）来分析威胁的来源、目标、方式和影响。

（4）包含和消除。采取措施阻止威胁的扩散和深化，如使用防火墙和 IPS 阻止攻击源 IP 地址或攻击模式。在检测和分析阶段后，针对不同类型的威胁采取相应的应急措施，如隔离、清除、修复恶意软件，加强用户安全意识教育，进行数据恢复和加密等。

（5）恢复和后续处理。清除恶意软件，修复被破坏的系统和数据，恢复目标系统的正常运行。总结事件经验，改进安全策略和措施，提高系统的安全性和抵御能力。

（6）预防措施。日常管理中进行演练、宣传、培训和重要活动期间的预防措施，确保员工了解并遵守安全规定。建立机构和人员、技术支撑队伍，专家队伍和社会资源，提供技术支撑和物资保障。

7.4.2　网络安全事件应急处理流程

网络安全事件应急响应包括 6 个环节：准备、检测、抑制、根除、恢复和总结。这些环节通常被称为 PDCERF 方法。

（1）准备阶段。这是网络安全事件响应的第一个阶段，主要工作包括建立安全管理体系、部署安全设备、安装防护软件、制定应急预案和进行应急演练等。准备阶段的工作内容还包括对信息网络系统进行初始化快照，建立应急响应工具包，并进行系统安全加固。

（2）检测阶段。在安全事件发生后，检测阶段的主要任务是判断安全事件是否仍在发生，分析事件的原因和对业务的影响程度。常见的安全事件包括病毒攻击、信息泄露和业务服务被破坏等。

（3）抑制阶段。一旦确认安全事件，立即采取措施隔离受影响的系统，防止威胁扩散。这包括切断网络连接、关闭受影响的服务等。

（4）根除阶段。对事件进行深入调查，分析攻击的来源、方法和影响，清除系统中的恶意软件或攻击痕迹。

（5）恢复阶段。恢复受影响的业务系统，确保业务正常运行。

（6）总结阶段。对网络安全事件响应过程进行总结和评估，提出改进措施，提高安全防护能力和应急响应能力。

习　题

一、单项选择题

1. 以防止自然灾害、人为破坏和搭线窃听等攻击为目的的网络安全策略属于(　　)

A. 物理安全策略　　B. 访问控制策略　　C. 信息加密策略　　D. 安全管理策略

2. 网络加密根据不同的策略可以设置在不同的网络层次上，但不包括在(　　)

A. 物理层进行加密　　B. 数据链路层进行加密

C. 网络层进行加密　　D. 应用层进行加密

3. 访问控制策略不包括(　　)

A. 自主访问控制策略　　B. 强制访问控制策略

C. 受限访问控制策略　　D. 基于角色的访问控制策略

4.《网络安全法》正式实施的时间是(　　)

A. 2015 年 6 月 1 日　　B. 2016 年 6 月 1 日

C. 2017 年 6 月 1 日　　D. 2018 年 1 月 1 日

5.《网络安全法》规定，网络运营者收集、使用个人信息应当遵循的原则是(　　)

A. 合法、正当、必要　　B. 合法、合理、必要

C. 合法、正当、明确　　D. 合法、合理、明确

6. 关键基础设施的运营者在中华人民共和国境内运营中收集和产生的，应当在境内存储的数据包括个人信息和(　　)

A. 主要数据　　B. 重要数据　　C. 特殊数据　　D. 全部数据

7. 国家支持企业和高等院校、职业学校等教育培训机构开展网络安全相关教育与培训，采取多种方式培养(　　)

A. 信息安全人才　　B. 通信安全人才　　C. 数据安全人才　　D. 网络安全人才

8. 网络产品、服务的提供者在规定或者当事人约定的期限内，不得终止提供(　　)

A. 运行维护　　B. 安全维护　　C. 管理维护　　D. 信息维护

9. 劳动者解除劳动合同应当通知用人单位的时间是提前(　　)

A. 7 天　　B. 15 天　　C. 30 天　　D. 60 天

10. 个人信息处理者无须取得个人信息主体同意的情况是处理个人信息用于(　　)

A. 维护国家安全　　B. 商业广告推送　　C. 人力资源管理　　D. 疫情防控

二、判断题

1. 物理安全策略也称网络安全管理策略。

2. 网络安全策略中，加密技术是防范网络攻击的唯一手段。

3.《中华人民共和国网络安全法》自 2017 年 6 月 1 日起施行。

4. 存储、处理涉及国家秘密信息的网络的运行安全保护，除应当遵守《网络安全法》外，还应当遵守保密法律、行政法规的规定。

5. 根据《网络安全法》的规定，市级以上地方人民政府有关部门的网络安全保护和监督管理职责，按照国家有关规定确定。

6. 违反网络安全法规定，构成违反治安管理行为的，依法给予行政处罚。

7.《中华人民共和国民法典》自 2021 年 1 月 1 日起正式施行。

8. 我国《劳动法》规定，劳动者加班加点的工资支付标准为正常工资的 1.5 倍。

9. 敏感数据要采取具体的保护措施，例如脱敏、加密、不允许上传至外网，允许任何人因公采集存储等。

10. 根据《数据安全法》，个人信息只能在必要的情况下被收集和使用。

三、双项选择题

1. 网络运营者收集、使用个人信息，应当遵循的原则不包括(　　)

A. 公平　　B. 正当　　C. 合法　　D. 必要

E. 明确

2. 根据我国有关法律、法规的规定，劳动者不必缴纳的保险费有(　　)

A. 养老保险费　　B. 失业保险费　　C. 医疗保险费　　D. 工伤保险费

E. 生育保险费

3.《劳动法》中的特别爱护的群体是指(　　)

A. 女职工　B. 退休职工　C. 未成年工　D. 残疾职工

E. 年满 50 岁的职工

4. 根据《数据安全法》,以下的数据处理行为中,应当得到用户明确授权的是(　　)

A. 处理个人敏感信息　B. 对数据进行脱敏处理

C. 对数据进行常规分析　D. 对数据进行加密处理

E. 向第三方共享个人信息

5. 开展数据处理活动的组织、个人不履行《中华人民共和国数据安全法》第二十七条、第二十九条、第三十条规定的数据安全保护义务,应当(　　)

A. 给予警告　B. 罚款并调离现岗位

C. 由主管部门责令改正　D. 交由网安部门处理

E. 应当处以五万元以上五十万元以下罚款

6. 国家机关按照规定及时、准确地公开政务数据(依法不予公开的除外),应当遵循的原则不包括(　　)

A. 公开　B. 公平　C. 公正　D. 便民

E. 真实

7. 在中华人民共和国境外处理中华人民共和国境内自然人个人信息的活动,不适用《个人信息保护法》的情形是(　　)

A. 以向境内自然人提供产品或者服务为目的

B. 分析、评估境内自然人的行为

C. 以向境外自然人提供产品为目的

D. 法律、行政法规规定的其他情形

E. 以向境外自然人提供服务为目的

8. 国家网信部门负责的个人信息保护工作有(　　)

A. 统筹协调　B. 处理投诉　C. 监督管理　D. 防止滥用

E. 信息保护

9. 按照《电子商务法》的规定,关于电子商务经营者收取或退还押金的说法正确的是(　　)

A. 不得收取押金　B. 不得对押金退还设置任何条件

C. 非特殊服务不得收取押金　D. 收取押金应当明示退还方式和程序

E. 消费者申请退还押金,符合条件应及时退还

10. 电子商务经营者在提供商品或服务时,应当遵循的原则不包括(　　)

A. 公平原则　B. 质优原则　C. 合法原则　D. 优先原则

E. 诚信原则

四、多项选择题

1. 访问控制策略包括(　　)

A. 入网访问控制　B. 属性安全和目录级安全控制

C. 网络权限控制　　D. 网络端口和结点的安全控制

E. 网络监测和锁定控制

2.《网络安全法》所称网络,是指由计算机或者其他信息终端以及相关设备组成的按照一定的规则和程序对信息进行(　　)

A. 存储的系统　　B. 传输的系统　　C. 交换的系统　　D. 处理的系统

E. 收集的系统

3. 我国《劳动法》规定,劳动者的权利包括(　　)

A. 劳动保护权　　B. 劳动报酬权　　C. 处罚申述权　　D. 离职补偿权

E. 工伤补偿权

4.《中华人民共和国数据安全法》明确核心数据包含关系(　　)

A. 国家安全数据　　B. 国民经济命运数据

C. 前沿科技数据　　D. 重大公共利益数据

E. 重要民生数据

5. 个人信息的处理包括个人信息的收集、存储、使用和(　　)

A. 加工　　B. 传输　　C. 提供　　D. 公开

E. 删除

第八章 技能训练

本章聚焦于网络与信息安全管理中的核心技能训练，涵盖网络地址规划、设备配置、安全防护、故障诊断以及数据备份等多个关键内容，旨在为读者提供系统的知识讲解与实践指导。

8.1 网络地址规划及交换机路由器接口信息的配置

网址规划是网络设计中的关键步骤，它涉及 IP 地址的分配和管理。本节重点介绍如何使用子网划分来优化网络结构，并将深入探讨交换机和路由器的基本配置，包括接口配置、VLAN 设置和基本的安全配置，如访问控制列表（ACLs）和密码保护。

8.1.1 网络地址规划

网络地址规划是网络设计和管理的基础，它涉及 IP 地址的分配和管理。良好的地址规划可以提高网络的可扩展性、可管理性和安全性。IP 地址规划包括公有 IP 地址和私有 IP 地址的分配，以及如何通过子网划分来优化网络结构。

1. IP 地址和子网划分

（1）IP 地址分类。IP 地址分为 A、B、C、D 和 E 五类。其中 A、B、C 类是常用的，D 类用于多播，E 类用于实验和未来使用。

（2）私有 IP 地址。根据 RFC 1918，私有 IP 地址范围包括 10.0.0.0 至 10.255.255.255、172.16.0.0 至 172.31.255.255、192.168.0.0 至 192.168.255.255。

（3）子网划分。子网划分是将一个较大的网络划分为多个较小的网络，以提高网络的效率和安全性。子网划分通过借用 IP 地址的一部分作为子网掩码来实现。

2. 子网掩码和 CIDR

（1）子网掩码。子网掩码用于确定 IP 地址中网络部分和主机部分的边界。例如，255.255.255.0 表示前 24 位是网络地址，后 8 位是主机地址。

（2）CIDR（无类别域间路由）。CIDR 是一种用于高效使用 IP 地址空间的技术，它通过在 IP 地址后面添加斜线和位数来表示子网掩码，如 192.168.1.0/24。

3. 地址规划的最佳实践

（1）合理分配地址空间。根据网络规模和需求合理分配 IP 地址空间，避免地址浪费。

（2）使用 VLAN 隔离不同网络。通过 VLAN 技术将网络划分为多个逻辑上的广播域，以提高安全性和性能。

（3）保留地址。为网络设备（如路由器、交换机）和特殊用途（如 DHCP 服务器、DNS 服务器）保留固定的 IP 地址。

（4）地址池管理。使用 DHCP 服务动态分配 IP 地址，同时设置地址池以管理 IP 地址的分配。

4. 基础安全配置

（1）访问控制列表（ACLs）。在路由器和交换机上配置 ACLs 来控制网络流量，只允许授权的用户和服务访问网络资源。

（2）密码保护。为网络设备配置强密码，以防止未授权访问。

（3）更改默认配置。更改网络设备的默认用户名和密码，关闭不必要的服务，以减少安全风险。

5. 实施步骤

（1）需求分析。分析网络的规模、业务需求和安全要求。

（2）地址分配。根据需求分配 IP 地址，包括静态和动态地址。

（3）子网设计。设计子网结构，确定子网掩码和 CIDR。

（4）配置网络设备。在路由器和交换机上配置接口信息和安全设置。

（5）测试和验证。测试网络连通性和安全性，确保配置正确无误。

（6）文档记录。记录网络地址规划和配置信息，便于管理和故障排查。

通过以上步骤，可以实现一个高效、安全且易于管理的网络地址规划。这不仅有助于网络的稳定运行，也为未来的网络扩展和维护打下坚实的基础。

8.1.2 交换机路由器接口信息配置

交换机和路由器是网络通信的核心设备，它们的接口配置直接影响网络的连通性和性能。本节将详细介绍如何配置交换机和路由器的接口信息，并包括基础的安全配置。

1. 接口配置基础

（1）接口识别：每个接口都有一个标识符，如 GigabitEthernet0/0 或 FastEthernet0/1 等。

（2）接口配置：通过命令行接口（CLI）配置接口的 IP 地址、子网掩码、VLAN 等信息。

（3）接口状态：可以配置接口为启用（up）或禁用（down）状态。

2. 交换机接口配置

（1）VLAN 配置：在交换机上配置 VLAN 接口，以实现不同网络的隔离。

（2）端口安全：限制接入端口的 MAC 地址数量，防止非法设备接入。

（3）端口镜像：配置端口镜像以监控网络流量，用于故障排查和安全监控。

3. 路由器接口配置

（1）接口 IP 配置：为路由器的每个接口分配 IP 地址和子网掩码。

（2）路由协议配置：配置静态路由或动态路由协议（如 RIP、OSPF）以实现路由信息的交换。

（3）接口封装：在串行接口上配置封装协议，如 PPP 或 HDLC。

4. 基础安全配置

（1）访问控制列表（ACLs）：在路由器上配置 ACLs，控制进出接口的流量。

（2）SSH 访问：禁用 Telnet，启用 SSH 来安全地远程管理设备。

（3）密码策略：设置强密码策略，防止暴力破解。

（4）SNMP 安全：配置 SNMP 版本和社区字符串，限制管理访问。

（5）日志记录：启用系统日志记录，记录配置更改和系统事件。

8.1.3　配置示例

1. 基本的配置命令示例

1）交换机接口配置示例

```
Switch> enable
Switch# configure terminal
Switch(config)# interface GigabitEthernet0/1
Switch(config-if)# switchport mode access
Switch(config-if)# switchport access vlan 10
Switch(config-if)# spanning-tree portfast
Switch(config-if)# end
```

2）路由器接口配置示例

```
Router> enable
Router# configure terminal
Router(config)# interface GigabitEthernet0/0
Router(config-if)# ip address 192.168.1.1 255.255.255.0
Router(config-if)# no shutdown
Router(config-if)# end
```

3）路由器 ACL 配置示例

```
Router(config)# access-list 100 permit ip 192.168.1.0 0.0.0.255 any
Router(config)# access-list 100 deny ip any any
Router(config)# interface GigabitEthernet0/0
Router(config-if)# ip access-group 100 in
Router(config-if)# end 配置验证
```

配置完成后，应通过以下命令验证配置是否正确。

① show interfaces：显示接口状态和配置信息。

② show ip interface brief：显示接口的 IP 地址和状态。

③ show access-lists：显示 ACL 的详细信息。

2. 配置备份

（1）配置保存：定期保存配置到启动配置寄存器，以便在设备重启后保持配置。

（2）配置备份：将配置备份到 TFTP 服务器或 USB 设备，以防止配置丢失。

通过以上步骤，可以确保交换机和路由器的接口配置正确，并且具备基本的安全防护。这有助于提高网络的稳定性和安全性，为网络的正常运行提供保障。

8.2 无线网络设备的配置

无线网络设备配置是确保无线网络稳定运行和安全的关键步骤。本节将详细介绍无线网络设备的配置流程,包括基础配置、安全设置以及网络管理和监控。

8.2.1 基础配置

(1)网络拓扑结构规划。根据网络需求和场地特点,规划网络拓扑结构、设备数量、布局和安装位置。

(2)设备选购。根据规划结果,选购合适的 WiFi 路由器、交换机、无线接入点(AP)、电缆等设备。

(3)设备安装。按照规划结果,在合适的位置安装设备,包括路由器、交换机、无线接入点、电缆等。

(4)网络配置。按照设备厂商提供的说明书,对设备进行配置,包括网络名称(SSID)、密码、IP 地址、DNS 等。

8.2.2 无线接入点(AP)配置

(1)VLAN 配置。在交换机上为不同服务创建 VLAN,并配置 AP 加入相应的 VLAN。

(2)IP 地址分配。为 AP 分配静态 IP 地址或通过 DHCP 服务器自动获取。

(3)SSID 和 VAP 配置。配置 SSID 模块、安全模块、VAP 模块,并绑定 VAP 到 SSID 和安全模块。

(4)AP 组关联。将 VAP 关联到 AP 组,以便统一管理。

8.2.3 基础安全配置

(1)强密码策略:为无线网络设置强密码,防止未授权访问。

(2)加密协议:使用 WPA2 或 WPA3 等加密协议保护无线通信的安全性。

(3)访问控制:配置 MAC 地址过滤,仅允许已知设备的接入。

(4)隐藏 SSID:隐藏无线网络的 SSID,避免未授权用户发现网络。

8.2.4 网络管理和监控

(1)网络管理系统:建立网络管理系统,用于监控和管理整个无线网络。

(2)定期监测和维护:对基站节点和客户端设备进行定期的监测和维护,检查其状态和性能。

(3)固件更新:定期更新设备固件,以修复安全漏洞和提升性能。

(4)可靠性。

①多路径传输:考虑采用多路径传输和自动切换机制,提高网络的可靠性和容错能力。

②信号覆盖优化:根据测试结果,调整设备位置、信道设置、信号增强等操作,以优化网

络覆盖范围。

8.2.5 配置步骤示例

以下是华为 WLAN(AC+AP)的简单配置步骤示例。

1. 基础配置

```
<Huawei>sys
[Huawei]sys lsw1
[lsw1]un in en
[lsw1]vlan batch 10 20 30 40
[lsw1]int g0/0/1
[lsw1-GigabitEthernet0/0/1]port link-type trunk
[lsw1-GigabitEthernet0/0/1]port trunk allow-pass vlan 10 20 30 40
[lsw1-GigabitEthernet0/0/1]port trunk pvid vlan 10
[lsw1-GigabitEthernet0/0/1]quit
```

2. VLAN 接口配置

```
[lsw1]int vlan 10
[lsw1-Vlanif10]ip add 192.168.10.254 24
```

通过以上步骤,可以完成无线网络设备的基础配置和安全设置,确保无线网络的稳定运行和数据安全。

8.3 防火墙的配置与防病毒软件的安装

8.3.1 防火墙配置

防火墙是网络安全的第一道防线,其配置对于保护网络资源至关重要。

1. 操作系统防火墙配置

操作系统通常自带防火墙,可以通过控制面板进行配置。例如,在 Windows 系统中,可以通过“控制面板”中的“Windows 防火墙”进行设置,选择“启用或关闭 Windows 防火墙”并允许特定应用或功能通过防火墙。

2. 路由器防火墙配置

路由器防火墙的配置通常通过浏览器访问路由器的管理界面进行。输入路由器的 IP 地址,登录后找到“防火墙设置”,根据需要开启或关闭防火墙,并设置相应的安全规则。

3. 自定义脚本防火墙

对于高级用户,可以编写自定义防火墙脚本,监听网络数据包,并根据预设的安全规则进行过滤和拦截。脚本应部署到需要保护的电脑上,并进行测试和调试。

4. 防火墙规则配置

配置防火墙时,需要开放必要的服务端口,如 HTTP 和 HTTPS 端口。例如,使用 firewall-cmd 命令在 Linux 系统中开放服务:

```
sudo firewall-cmd --permanent --add-service=http
sudo firewall-cmd --permanent --add-service=https
sudo firewall-cmd --reload
```

确保防火墙服务已启动并启用，使用 systemctl status firewalld 检查服务状态。如果规则未生效，尝试重新加载防火墙配置。

8.3.2 防病毒软件安装

防病毒软件是保护系统不受恶意软件侵害的重要工具。

1. 选择防病毒软件

选择一款适合的防病毒软件，如 Avira 免费杀毒软件，它提供实时防护，检测和拦截恶意软件，并包含软件更新和浏览器安全功能。

2. 安装防病毒软件

根据软件要求，确保系统满足操作系统、磁盘空间、CPU 和浏览器的最低要求。安装过程中需要管理员权限、Internet 连接和 Web 浏览器。

3. 保持防病毒软件更新

防病毒软件需要定期更新，以获取最新的病毒定义和安全补丁。使用 Vulnerability Manager Plus 等工具可以帮助自动扫描端点是否存在防病毒，并确保防病毒软件保持最新。

8.4 系统审核功能启动

系统审核功能可以帮助监控和记录系统事件，对于安全事件的响应和取证非常重要。

1. 配置系统审核策略

在操作系统中配置审核策略，启用对关键系统操作的审核，如账户登录、文件访问和系统更改等。

2. 审核日志管理

定期检查和分析审核日志，以便及时发现异常行为和安全威胁。

3. 响应安全事件

一旦检测到安全事件，立即采取响应措施，如隔离受影响系统、更新安全策略和通知相关人员。

8.4.1 Windows 系统审核功能启动和配置

1. 启动审核策略

（1）在 Windows 系统中，可以通过组策略来启动审核功能。首先，按下“Win + R”键，打开“运行”对话框，输入“gpedit.msc”并回车，打开本地组策略编辑器。

（2）在本地组策略编辑器中，依次展开“计算机配置”->“Windows 设置”->“安全设置”->“本地策略”->“审核策略”。

例如，若要审核账户登录事件，双击“审核账户登录事件”，在弹出的属性对话框中，选择“成功”和“失败”选项，这样系统就会记录账户登录成功和失败的情况。这对于检测可能的非法登录尝试非常有用，比如当有外部攻击者尝试猜测用户密码时，失败的登录记录会被保存下来，方便管理员进行后续的安全检查。

2. 配置高级审核策略（适用于 Windows 高级版本）

（1）同样在组策略编辑器中，展开“计算机配置”->“Windows 设置”->“安全设置”->“高级审核策略配置”。

（2）这里提供了更详细的审核类别。例如，在“账户登录”类别下，可以进一步配置“审核 Kerberos 身份验证服务”。如果开启了“成功”和“失败”审核，系统会记录 Kerberos 认证过程中的详细信息。这在企业环境中，当使用基于 Kerberos 的身份验证来访问网络资源时，可以帮助管理员排查认证相关的问题。

3. 事件查看器中的审核日志查看

（1）配置好审核策略后，审核事件会记录在事件查看器中。通过按下“Win + R”键，输入“eventvwr.msc”并回车打开事件查看器。

（2）在事件查看器中，“Windows 日志”->“安全”部分会包含审核记录。例如，一个成功的用户登录事件会显示登录的用户账户名、登录时间、登录的计算机名称等信息，而失败的登录事件会提供尝试登录的账户和失败原因（如密码错误等）。

8.4.2 Linux 系统审核功能启动和配置（以 auditd 为例）

1. 安装和启动 auditd 服务

（1）在许多 Linux 发行版中，如 CentOS、RHEL，首先需要安装 auditd 软件包。对于 CentOS，可以使用命令“yum install auditd”进行安装。

（2）安装完成后，使用命令“systemctl start auditd”来启动 auditd 服务。这个服务会开始收集系统的各种审计信息。

2. 基本配置文件修改（/etc/audit/auditd.conf）

例如，修改“max_log_file”参数可以设置单个审计日志文件的最大大小。如果设置为“max_log_file = 5”（单位是 MB），当审计日志文件达到 5 MB 时，会根据“max_log file_action”参数的设置进行处理，如“rotate”（轮转，创建新的日志文件）。

3. 定义审计规则（/etc/audit/rules.d/）

可以通过编辑规则文件来定义具体要审计的内容。例如，要审计所有对“/etc/passwd”文件的访问，可以创建一个规则文件（如“audit.rules”），在其中添加一行“-w /etc/passwd -p rwxa”。这里“-w”表示监控文件的访问，“/etc/passwd”是要监控的目标文件，“-p rwxa”表示对文件的读（r）、写（w）、执行（x）和属性修改（a）操作都进行审计。

4. 查看审计日志

审计日志通常存储在“/var/log/audit/audit.log”文件中。可以使用命令“ausearch -f /etc/passwd”来搜索与“/etc/passwd”文件相关的审计记录。它会显示诸如哪个用户（UID）、在什么时间（timestamp）、使用了什么命令对该文件进行了何种操作等详细信息，帮助管理员追踪系统中关键文件的使用情况。

8.4.3 Windows 系统防火墙启动和配置

1. 启动防火墙

在 Windows 操作系统中，防火墙通常是默认开启的。如果由于某些原因被关闭，可以通过以下步骤开启。首先，打开“控制面板”，在搜索框中输入“Windows 防火墙”，然后选择“Windows 防火墙”选项。在打开的窗口中，点击“启用或关闭 Windows 防火墙”选项，在“专用网络设置”和“公用网络设置”下选择“启用 Windows 防火墙”，然后点击“确定”即可开启防火墙。

2. 基本配置——允许或阻止程序

例如，当安装了一个新的网络应用程序（如文件传输软件）后，可能需要配置防火墙来允许该程序通过防火墙进行通信。在“Windows 防火墙”窗口中，点击“允许应用或功能通过 Windows 防火墙”选项。在这里，可以看到已经列出的程序和功能，并且可以通过勾选程序旁边的复选框来允许或阻止其通过防火墙。如果要添加新的程序，点击“更改设置”按钮（需要管理员权限），然后点击“允许另一个应用”来浏览并添加程序。

3. 高级配置——入站和出站规则

（1）对于更复杂的网络安全需求，可以配置入站和出站规则。例如，假设要限制特定 IP 地址对本地计算机某个端口（如 80 端口用于 Web 服务）的访问。可以通过以下步骤配置入站规则：在“Windows 防火墙”窗口中，点击“高级设置”，打开“高级安全 Windows 防火墙”窗口。在左侧导航栏中选择“入站规则”，然后在右侧操作栏中点击“新建规则”。在新建规则向导中，选择“端口”选项，点击“下一步”，然后选择“TCP”并指定端口号为“80”。接着选择“阻止连接”选项（如果要限制访问），点击“下一步”，然后按照向导完成规则的设置，包括给规则命名和添加描述等。

（2）出站规则的配置类似。例如，如果要防止本地计算机上的某个应用程序（通过进程名称识别）向特定网段（如 192.168.1.0/24）发送数据，可以创建一个出站规则，在向导中选择“程序”，指定应用程序的路径，然后选择“自定义”来指定远程 IP 地址范围为“192.168.1.0/24”，并设置“阻止连接”选项。

8.4.4 Linux 系统防火墙启动和配置（以 iptables 为例）

1. 启动 iptables 服务（在基于 systemd 的系统中）

在许多 Linux 发行版（如 CentOS、Ubuntu 等）中，iptables 服务可以通过 systemctl 命令启动。例如，在 CentOS 系统中，如果 iptables 没有运行，使用命令“systemctl start iptables”来启动 iptables 服务。注意，在一些较新的 Linux 发行版中，可能默认使用 firewalld 而不是 iptables，但是可以切换回来使用 iptables。

2. 基本配置——允许或阻止特定端口访问

（1）例如，要允许外部主机访问本地 Web 服务器（通常使用 80 端口），可以使用以下 iptables 命令：“iptables -A INPUT -p tcp --dport 80 -j ACCEPT”。这里“-A INPUT”表示在 INPUT 链（用于处理进入本机的数据包）添加一条规则，“-p tcp”表示协议为 TCP，“--dport 80”指定目标端口为 80，“-j ACCEPT”表示接受符合条件的数据包。

（2）相反，如果要阻止对某个端口（如 23 端口，用于 Telnet 服务）的访问，可以使用命令

“iptables -A INPUT -p tcp --dport 23 -j DROP”。这会丢弃所有试图访问本地 23 端口的 TCP 数据包,从而提高系统安全性,因为 Telnet 协议是明文传输的,存在安全风险。

3. 高级配置——基于 IP 地址的访问控制

(1)假设要允许来自特定 IP 地址(如 192.168.1.100)的主机访问本地的 SSH 服务(端口 22),可以使用命令“iptables -A INPUT -s 192.168.1.100 -p tcp --dport 22 -j ACCEPT”。这里“-s 192.168.1.100”表示源 IP 地址为 192.168.1.100。

(2)同时,还可以配置规则来阻止某个 IP 网段的访问。例如,要阻止来自 192.168.2.0/24 网段的主机访问本地的任何服务,可以使用命令“iptables -A INPUT -s 192.168.2.0/24 -j DROP”。这会丢弃来自该网段的所有进入本机的数据包,有效防止潜在的恶意攻击。

4. 保存 iptables 规则(不同发行版保存方式略有不同)

在 CentOS 系统中,使用命令“service iptables save”来保存当前的 iptables 规则,这样在系统重启后,规则仍然有效。在 Ubuntu 系统中,可以使用“iptables - save > /etc/iptables/rules.v4”(对于 IPv4 规则)来保存规则。

通过上述操作,可以有效地配置防火墙,安装防病毒软件,并启动系统审核功能,从而提高整个网络环境的安全性。

8.5　常见应用服务的配置及基本防护的启动

8.5.1　常见应用服务配置

在配置常见应用服务时,我们需要确保服务的安全性和稳定性。以下是一些常见应用服务的配置步骤。

1.Web 服务器配置(以 Apache 为例)

(1)使用专门的账户和组来运行 Apache 服务,以降低权限过大带来的安全风险。

(2)只监听必要的端口,例如 80 端口用于 HTTP,443 端口用于 HTTPS。

(3)禁用不必要的模块,如 status_module、info_module 等,以减少潜在的安全漏洞。

(4)启用 TLS,配置 SSL 证书和私钥,以确保数据传输的安全。

具体配置步骤如下。

1)安装 Apache

在不同的操作系统上,安装 Apache 的方式有所不同。在基于 Debian 或 Ubuntu 的系统中,可以使用命令“sudo apt - get update”更新软件包列表,然后通过“sudo apt - get install apache2”命令安装 Apache。在基于 Red Hat 或 CentOS 的系统中,首先需要安装 EPEL(Extra Packages for Enterprise Linux)仓库(如果尚未安装),然后使用“yum install httpd”命令来安装 Apache(这里 httpd 是 Red Hat/CentOS 系统中 Apache 的软件包名称)。

2)基本配置文件 - httpd.conf 或 apache2.conf

①主配置文件位置。在 Red Hat/CentOS 系统中, Apache 的主配置文件是“/etc/httpd/conf/httpd.conf”,而在 Debian/Ubuntu 系统中,主配置文件是“/etc/apache2/apache2.conf”。这

些文件包含了 Apache 服务器的基本设置。

②设置服务器根目录(DocumentRoot)。例如,在 httpd.conf 文件中,可以找到“DocumentRoot”指令。默认情况下,在 CentOS 系统中,它可能被设置为“/var/www/html”。这意味着当用户通过浏览器访问服务器的 IP 地址或域名时, Apache 会从这个目录中查找并提供网页文件。可以根据需要修改这个目录,例如将其更改为“/var/www/mysite”,同时需要确保 Apache 用户(通常是“apache”用户或“www - data”用户,取决于系统)有对新目录的访问权限。

③监听端口设置。在配置文件中,还可以找到“Listen”指令。默认情况下,Apache 通常在端口 80 监听(用于 HTTP 协议)。如果要让 Apache 同时监听其他端口或者更改监听端口,可以修改这个指令。例如,“Listen 8080”会让 Apache 也监听在 8080 端口,这样用户就可以通过“http://服务器 IP:8080”来访问网站。不过,需要注意的是,如果更改了默认的 80 端口,可能需要在防火墙中开放相应的端口才能让外部用户访问。

3)虚拟主机(Virtual Host)配置

①创建虚拟主机文件。在 Debian/Ubuntu 系统中,虚拟主机配置文件通常存放在“/etc/apache2/sites - available”目录下,通过创建一个新的配置文件(例如“mysite.conf”)来配置虚拟主机。在 CentOS 系统中,虚拟主机配置文件一般放在“/etc/httpd/conf.d”目录下。

②基本虚拟主机设置。以一个简单的虚拟主机配置为例,在“mysite.conf”文件中,可以添加以下内容。

a)<VirtualHost *:80>

b)ServerName mysite.com(这里“mysite.com”是自定义的域名,需要确保域名已经正确解析到服务器的 IP 地址)

c)DocumentRoot /var/www/mysite(设置这个虚拟主机对应的网站根目录)

d)ErrorLog /var/log/apache2/mysite - error.log(设置错误日志文件的位置)

e)CustomLog /var/log/apache2/mysite - access.log combined(设置访问日志文件的位置)

f)</VirtualHost>

配置好虚拟主机文件后,在 Debian/Ubuntu 系统中,需要使用命令“a2ensite mysite.conf”来启用这个虚拟主机配置,然后使用“service apache2 reload”重新加载 Apache 配置。在 CentOS 系统中,使用命令“service httpd reload”来重新加载配置,使虚拟主机生效。

4)模块配置

①启用和禁用模块。Apache 有许多模块可以扩展其功能。在 Debian/Ubuntu 系统中,可以使用“a2enmod”和“a2dismod”命令来启用和禁用模块。例如,要启用“rewrite”模块(用于 URL 重写),可以使用命令“a2enmod rewrite”。在 CentOS 系统中,可以在“/etc/httpd/conf.modules.d”目录下通过编辑配置文件或者使用“httpd - M”命令来查看和管理已加载的模块。

②模块配置文件。一些模块有自己的配置文件。例如,对于“ssl”模块(用于启用 HTTPS),在 CentOS 系统中,配置文件是“/etc/httpd/conf.d/ssl.conf”。可以在这个文件中设置 SSL 证书的路径、加密算法等内容,以实现安全的网站访问。在 Debian/Ubuntu 系统中,SSL 相关配置文件通常在“/etc/apache2/sites - available”目录下的虚拟主机配置文件中添加相关的 SSL 配置部分。

2. 数据库应用配置

只安装必要的数据库应用，减少系统的攻击面。

定期更新数据库和相关的库，以获取最新的安全补丁。

使用最小权限原则来管理数据库账户和权限，避免使用高权限账户运行应用。

1）安装 MySQL

①系统依赖安装。在 Linux 系统（以 CentOS 为例）中，首先要确保系统满足安装要求。通常需要安装一些基础的依赖包，如"yum -y install wget gcc -c++ cmake make"。这些依赖包用于支持 MySQL 的编译和安装过程中的各种工具需求。

②下载和安装包获取。可以从 MySQL 官方网站 https://dev.mysql.com/downloads/mysql/下载适合自己系统的安装包。对于 CentOS，也可以使用官方的 Yum 仓库进行安装。添加仓库的命令为"yum -y install　https://dev.mysql.com/get/mysql80 -community -release -el7 - 5.noel7.x86_64.rpm"（以 MySQL 8.0 为例），然后使用"yum -y install mysql -community –server"进行安装。

③启动 MySQL 服务。在安装完成后，使用命令"systemctl start mysqld"启动 MySQL 服务。对于首次启动，MySQL 会自动初始化，生成初始的 root 用户密码并记录在日志文件中。可以通过命令"grep 'temporary password' /var/log/mysqld.log"来获取这个临时密码。

2）基本配置 - my.cnf 文件

①配置文件位置。在 Linux 系统中，MySQL 的主配置文件通常是"/etc/my.cnf"。在 Windows 系统中，配置文件一般是"C:\ProgramData\MySQL\MySQL Server 8.0\my.cnf"（以 MySQL 8.0 为例）。

②基础设置修改。

a）字符集设置。为了确保数据库存储和处理字符数据的一致性，可以设置字符集。在"my.cnf"文件中，添加或修改"[mysqld]"部分的内容，如"character -set -server=utf8mb4"来将服务器字符集设置为 UTF8 - MB4，它可以支持更多的 Unicode 字符，包括表情符号等。同时，在"[client]"部分可以设置"default -character -set=utf8mb4"，以保证客户端和服务器之间字符集的匹配。

b）缓存设置。例如，通过调整"query_cache_size"参数来设置查询缓存的大小。如果设置为"query_cache_size = 16M"，表示为查询缓存分配 16 MB 的内存空间。合理的查询缓存设置可以提高数据库性能，对于频繁执行的相同查询，可以直接从缓存中获取结果，减少数据库的处理负担。

3）用户管理和权限配置

①登录 MySQL。使用获取到的临时密码登录 MySQL，命令为"mysql -u root -p"，然后输入临时密码。登录后，建议立即修改 root 用户密码，命令为"ALTER USER 'root'@'localhost' IDENTIFIED BY 'new_password';"（将"new_password"替换为新的强密码）。

②创建用户。例如，要创建一个名为"app_user"，密码为"app_password"的用户，用于应用程序访问数据库，可以使用命令"CREATE USER 'app_user'@'%' IDENTIFIED BY 'app_password';"。这里"%"表示允许该用户从任何主机访问数据库，如果只想限制在特定主机访问，可以将"%"替换为具体的主机 IP 地址或主机名。

③权限分配。为了让"app_user"能够对某个数据库（如"app_database"）进行操作，可以

授予相应的权限。例如，授予该用户对“app_database”的查询、插入、更新和删除权限，命令为“GRANT SELECT, INSERT, UPDATE, DELETE ON app_database.* TO 'app_user'@'%';”。同时，为了使权限设置生效，需要执行“FLUSH PRIVILEGES;”命令。

3. 邮件应用配置

配置邮件服务器，如 Postfix 或 Sendmail，确保只开放必要的端口，如 SMTP（25 端口）和 IMAP/POP3（143 端口）。

启用 SPF、DKIM 和 DMARC 记录，以防止邮件伪造和提高邮件的可信度。

1）安装 Sendmail

①操作系统依赖安装。在 Linux 系统中，不同发行版的安装方式略有不同。以 CentOS 为例，首先要确保系统是最新的，可使用命令“yum -y update”更新软件包。然后使用命令“yum -y install sendmail sendmail -cf”进行安装。安装过程中，系统会自动解决依赖关系并完成 Sendmail 及其配置文件（sendmail.cf）的安装。

②启动 Sendmail 服务。安装完成后，使用命令“systemctl start sendmail”启动 Sendmail 服务。同时，可以使用“systemctl enable sendmail”命令设置服务在开机时自动启动。

2）基本配置 - sendmail.cf 文件（复杂且不建议直接修改）

①配置文件位置和概述。在 CentOS 系统中，sendmail.cf 文件通常位于“/etc/mail”目录下。这个文件的语法比较复杂，它控制着 Sendmail 的各种行为，如邮件的传输方式、邮件头的格式等。一般不建议直接修改这个文件，除非你是非常熟悉 Sendmail 配置的高级用户。

②使用 m4 宏处理器配置（推荐）。更推荐的方式是使用 m4 宏处理器来配置 Sendmail。在“/etc/mail”目录下，有一个名为“sendmail.mc”的文件，这是一个用于生成 sendmail.cf 文件的模板。可以通过修改这个文件来配置 Sendmail。例如，要启用 SMTP 认证，需要在 sendmail.mc 文件中添加以下行：

```
TRUST_AUTH_MECH(
'EXTERNAL DIGEST - MD5 CRAM - MD5 LOGIN PLAIN'
)
define(
'confAUTH_MECHANISMS',
'EXTERNAL DIGEST - MD5 CRAM - MD5 LOGIN PLAIN'
)
```

这些配置行告诉 Sendmail 启用哪些认证机制，以便用户在发送邮件时可以进行身份验证。

3）配置邮件域和主机名

①设置邮件域。在 sendmail.mc 文件中，通过修改“MASQUERADE_AS”宏来设置邮件域。例如，如果你的邮件服务器域名是“example.com”，可以添加或修改以下行：

```
MASQUERADE_AS(
'example.com'
)
FEATURE(
masquerade_envelope)
```

FEATURE(
masquerade_entire_domain)

这些配置可以确保邮件在发送时,发件人的地址看起来是来自“example.com”这个域。

②主机名配置。正确的主机名对于邮件服务器的正常运行非常重要。可以通过编辑“/etc/hosts”文件来确保主机名的正确配置。例如,在“/etc/hosts”文件中添加一行“127.0.0.1 mail.example.com”(假设主机名为“mail.example.com”),这样可以让 Sendmail 正确识别本地主机的名称。

4)用户和认证配置

①用户账户配置。Sendmail 本身依赖系统用户账户来发送邮件。例如,在 Linux 系统中,每个用户都可以有一个对应的邮件账户。可以使用“useradd”命令创建新用户,如“useradd -m newuser”(创建一个名为“newuser”的用户,并为其创建家目录)。这些用户可以通过 Sendmail 发送邮件,并且邮件可以发送到他们在系统中的邮件目录(通常是“/var/spool/mail/用户名称”)。

② SMTP 认证配置(与外部认证系统结合)。为了增强邮件服务器的安全性,通常需要配置 SMTP 认证。这可以通过与外部认证系统(如 Cyrus - SASL)结合来实现。首先需要安装 Cyrus - SASL 软件包(在 CentOS 中可以使用“yum -y install cyrus - sasl cyrus - sasl - plain”命令安装)。然后在 sendmail.mc 文件中添加以下配置来启用与 Cyrus - SASL 的集成:

```
INPUT_MAIL_FILTER(
'auth',
'S=envfrom_rcptto, R=auth - filter, E=\nT=application/x - cyrus - sasl - plain'
)
define('confINPUT_MAIL_FILTERS',
'auth')
```

这些配置使得 Sendmail 在接收邮件时可以通过 Cyrus - SASL 进行认证。

5)测试邮件发送

①使用命令行测试。可以使用“mail”命令来测试邮件发送。例如,以“root”用户身份发送邮件,命令为“mail -s 'Test Mail' recipient@example.com”(这里“-s”是邮件主题,“recipient@example.com”是收件人地址)。在输入命令后,会进入一个文本输入模式,你可以输入邮件内容,输入完成后,按“Ctrl + D”结束输入,邮件就会被发送。

②检查日志文件。当发送邮件后,可以检查 Sendmail 的日志文件来查看邮件发送的情况。在 CentOS 系统中,日志文件通常位于“/var/log/maillog”。可以通过查看这个日志文件来查找邮件发送过程中可能出现的问题,如认证失败、邮件传输错误等。例如,如果邮件发送失败,日志文件中可能会显示类似“Relaying denied”的错误信息,这可能是因为 SMTP 认证未正确配置或者发件人的权限问题。

8.5.2　基本防护措施

(1)最小化安装:只安装必要的应用,减少系统的攻击面。

（2）更新和补丁：定期更新应用和相关的库，以获取最新的安全补丁。

（3）账户和权限：使用最小权限原则来管理应用的账户和权限，避免使用高权限账户运行应用。

（4）安全配置：配置应用的安全设置，例如启用 CSRF 保护，配置安全的密码策略，以及限制应用的访问。

8.5.3 应用服务防护启动步骤

（1）创建应用分组：在云安全中心控制台中创建应用分组，以便对应用分组内的 Web 业务进程提供安全防护。

（2）自动接入或手动接入：根据应用的运行环境，选择自动接入或手动接入应用防护。

（3）设置防护策略：在观察告警无误后，设置“防护”模式，为应用分组内的业务进程配置统一的防护策略。

（4）配置白名单规则：如果出现误告警，可以通过配置白名单规则，屏蔽产生误拦截的检测类型。

通过上述步骤，可以确保常见应用服务的安全配置，并启动基本的防护措施，从而提高整个网络环境的安全性。

8.6 VLAN 的划分、交换机和路由器的远程管理

8.6.1 VLAN 的划分

VLAN（Virtual Local Area Network）技术可以将一个物理局域网划分为多个逻辑局域网，以提高网络的安全性和效率。以下是 VLAN 划分的基本步骤。

（1）创建 VLAN。在交换机上执行 vlan <vlan-id>命令来创建 VLAN。例如，在华为交换机上可以一次性创建多个 VLAN：

```
Vlan batch 10 20 30
```

这将在交换机上创建 VLAN10、VLAN20 和 VLAN30。

（2）配置 Access 接口并划分 VLAN。在交换机上创建了相应的 VLAN 后，需要配置 Access 端口。在接口视图下配置端口为 Access 类型，并分配到相应的 VLAN。

例如：

```
[SW1]int g0/0/1
[SW1-GigabitEthernet0/0/1]port link-type access
[SW1-GigabitEthernet0/0/1]port default vlan 10
[SW1]int g0/0/2
[SW1-GigabitEthernet0/0/2]port link-type access
[SW1-GigabitEthernet0/0/2]port default vlan 20
```

这将 G0/0/1 端口划分到 VLAN10，G0/0/2 端口划分到 VLAN20。

（3）基于不同条件划分 VLAN。VLAN 可以基于不同的条件进行划分，如端口、MAC

地址、IP 子网、协议类型等。例如，基于 MAC 地址划分 VLAN 时，需要网络管理员提前配置网络中的主机 MAC 地址和 VLAN ID 的映射关系。

8.6.2 交换机的远程管理

交换机的远程管理允许网络管理员通过网络对交换机进行配置和监控。

（1）配置管理 IP 和默认网关。为交换机配置管理 IP 地址和子网掩码，使其能够在网络上通信。如果需要跨网段管理，还需要配置默认网关。

例如：

```
Switch0(config)#interface vlan 1
Switch0(config-if)#ip address 192.168.1.10 255.255.255.0
Switch0(config-if)#no shutdown
```

并设置默认网关：

```
Switch0(config)#ip default-gateway 192.168.1.1
```

（2）启用远程登录：配置交换机允许远程登录，并设置登录密码。

例如：

```
Switch0(config-line)#password 123
Switch0(config-line)#login
```

8.6.3 路由器的远程管理

路由器的远程管理与交换机类似，但路由器通常具有更多的远程管理功能。

（1）配置管理接口：为路由器的接口配置 IP 地址，以便进行远程管理。

例如：

```
Router0(config)#interface gigabitEthernet 0/1
Router0(config-if)#ip address 192.168.1.254 255.255.255.0
```

（2）启用 SSH：为了安全地远程管理路由器，应启用 SSH 并禁用不安全的远程管理协议，如 Telnet。配置 SSH 密钥和用户认证：

```
Router(config)#crypto key generate rsa
Router(config)#ip ssh version 2
```

并为用户设置 SSH 密钥认证：

```
Router(config)#username admin privilege 15 secret <password>
```

通过上述步骤，可以有效地划分 VLAN 并实现交换机和路由器的远程管理，从而提高网络的安全性和可管理性。

8.7 常见网络工具的使用

8.7.1 常见网络故障诊断工具的使用

网络故障诊断工具是网络工程师排查和解决网络问题的重要武器。以下是一些常用的网络故障诊断工具及其使用方法。

1. Ping

Ping 是最基础的网络诊断工具,用于测试网络连通性和主机是否可达。它通过发送 ICMP 回显请求消息来检测目标主机,并根据返回的 ICMP 回显应答消息来判断网络连通性。使用方法如下:

ping <目标 IP 地址或域名>

例如,ping 192.168.1.1 可以检查本地网络中的路由器是否可达。

2. Tracert/Traceroute

Tracert(在 Windows 中)和 Traceroute(在 Unix/Linux 中)用于显示数据包从源到目标主机所经过的路由路径。它们通过发送 TTL(Time to Live)递增的 ICMP 回显请求数据包来实现,每经过一个路由器,TTL 减 1,直到到达目标或 TTL 为 0。使用方法如下:

tracert <目标 IP 地址或域名> # Windows

traceroute <目标 IP 地址或域名> # Unix/Linux

例如,tracert www.example.com 可显示到达目标网站所经过的路由器路径。

3. Pathping

Pathping 是一个结合了 ping 和 tracert 功能的命令行工具,它可以显示数据包经过的每跳延迟,并统计丢包率。Pathping 对于诊断网络延迟和丢包问题非常有用。使用方法如下:

pathping <目标 IP 地址或域名>

将显示到达目标的路径以及每跳的延迟和丢包情况。

4. MTR

MTR(My Traceroute)是一个网络诊断工具,它结合了 ping 和 traceroute 的功能,可以显示数据包在网络路径上每跳的往返时间(RTT),帮助识别网络中的性能问题。使用方法如下:

mtr <目标 IP 地址或域名>

MTR 会持续输出数据,显示每跳的 RTT,对于实时监控网络性能非常有帮助。

5. Wireshark

Wireshark 是一个网络协议分析器,可以捕获和分析网络上的数据包。它支持多种协议,并能提供详细的数据包信息,是诊断复杂网络问题的重要工具。使用方法如下。

(1)打开 Wireshark,选择要捕获的网络接口。

(2)开始捕获数据包,并根据需要过滤数据包。

(3)分析捕获的数据包,查找错误或异常行为。

6. Fiddler

Fiddler 是一款网络调试代理工具,用于分析和调试 HTTP 和 HTTPS 请求。它可以拦截、修改网络请求和响应,检测网络性能,适用于 Web 应用程序分析。

7. Nagios/Zabbix

Nagios 和 Zabbix 是网络监控工具,可以实时监控网络设备和服务状态,提供报警和通知。Zabbix 还可以收集和分析网络性能数据,生成图表和报告。

通过使用这些工具,网络工程师可以快速定位网络故障,分析故障原因,并采取相应的解决措施。这些工具的使用是网络故障诊断中不可或缺的一部分,能够帮助工程师提高故障处理效率，确保网络的稳定性和性能。

8.7.2 数据备份工具的使用

数据备份是确保数据安全和业务连续性的重要措施。在面对硬件故障、数据丢失、灾难或其他意外情况时，良好的数据备份策略和工具的使用可以挽救企业，使企业免受重大损失。以下是一些常用的数据备份工具及其使用方法。

1. rsync

rsync 是一个快速、多功能的文件复制工具，可以通过 SSH 等加密协议在本地或远程服务器之间同步文件。它适用于备份和镜像，能够复制文件和目录，保持原有的权限和属性。

使用方法：

```
rsync -avz /path/to/source user@remote_host:/path/to/destination
```

这个命令会将本地的/path/to/source 目录同步到远程主机的/path/to/destination 目录，-a 表示归档模式，保留权限和属性，-v 表示详细模式，-z 表示压缩数据。

2. tar

tar 是一个用于打包和压缩文件的工具，常与 gzip、bzip2 等压缩工具结合使用，创建压缩包以节省存储空间。

使用方法：

```
tar -czvf archive_name.tar.gz /path/to/directory
```

这个命令会创建名为 archive_name.tar.gz 的压缩包，包含/path/to/directory 目录下的所有文件和子目录。

3. Duplicity

Duplicity 是一个备份工具，它加密并备份文件到本地驱动器或远程服务器。它支持增量备份，只备份自上次备份以来发生变化的文件，节省存储空间和时间。

使用方法：

```
duplicity --fullifneeded -v3 /path/to/source file:///path/to/destination
```

这个命令会将/path/to/source 目录备份到本地的/path/to/destination 位置，--fullifneeded 表示如果自上次备份以来有变化，则执行全备份。

4. Bacula

Bacula 是一个网络备份解决方案，用于备份文件到存储介质，如磁带库、光盘库或网络存储。它支持目录、文件和数据库的备份，并提供灾难恢复功能。

使用方法：

Bacula 通常需要配置一个 Director、一个 Storage Daemon 和一个 File Daemon。备份任务通过 Director 调度，通过 Storage Daemon 管理存储介质，通过 File Daemon 负责文件的备份和恢复。

5. Veeam Backup & Replication

Veeam 是一个专为虚拟化环境设计的备份和复制解决方案，支持 VMware vSphere 和 Microsoft Hyper-V。它提供快速备份、复制和恢复虚拟机的功能。

使用方法：

通过 Veeam Backup & Replication 管理界面，可以设置备份作业，选择要备份的虚拟机，配置备份存储位置，并执行备份和复制任务。

6. Acronis True Image

Acronis True Image 是一个个人和企业级的磁盘克隆和镜像软件，支持全盘备份和文件级备份，提供灵活的恢复选项。

使用方法：

用户可以通过图形界面选择要备份的磁盘或文件，设置备份计划，并执行备份任务。Acronis 还提供云存储选项，方便远程备份。

7. Amanda

Amanda（Advanced Maryland Automated Network Disk Archiver）是一个开源的备份解决方案，用于自动化备份 Linux 和 Unix 服务器到磁带或磁盘存储。

使用方法：

Amanda 需要配置一个主服务器和多个备份客户端。通过编辑配置文件，设置备份策略，然后使用 Amanda 命令执行备份和恢复任务。

通过使用这些数据备份工具，企业和个人可以有效地保护关键数据，确保在任何情况下都能快速恢复业务。正确选择和使用备份工具，结合良好的备份策略，是数据保护工作的重要组成部分。

8.7.3 恶意代码的检测（与防病毒工具的使用）

恶意代码的检测和防病毒工具的使用是网络安全中的重要组成部分。以下是一些关键技术和工具的详细介绍。

1. 恶意代码检测技术

（1）特征值检测技术。通过识别恶意软件的特征值（如特定的字节序列或模式）来检测病毒。这种方法依赖于病毒数据库中的特征值签名，适用于已知病毒的检测。

（2）校验和检测技术。利用文件的校验和（如 MD5、SHA-1）来检测文件是否被篡改。如果文件的校验和与原始值不匹配，可能表明文件已被恶意修改。

（3）启发式扫描技术。通过分析程序的行为和结构特征来检测未知恶意软件。启发式扫描不依赖于具体的病毒特征值，而是通过分析程序的可疑行为来预测其恶意性。

（4）虚拟机检测技术。在一个隔离的虚拟环境中执行可疑文件，监测其行为。这种方法可以检测那些需要执行才能展现恶意行为的恶意软件。

（5）主动防御技术。通过实时监控系统和网络活动，主动防御技术可以在恶意软件造成损害前进行拦截和清除。

（6）云查杀技术。利用云端的病毒数据库和分析能力，对可疑文件进行检测和分析，提供快速的检测结果和防御措施。

2. 防病毒工具的使用

（1）ClamAV。ClamAV 是一个开源的防病毒软件，提供多线程守护程序、命令行扫描程序和自动更新病毒库的工具。它可以用来扫描单个文件或整个目录，并与邮件服务器集成，扫描传入和传出的电子邮件。使用 clamdscan 命令可以扫描文件和目录，而 freshclam 用于更新病毒数据库。

（2）Maldet（Linux Malware Detect）。Maldet 是一个第三方工具，可以增强 ClamAV 的恶意软件检测能力。它专注于提高对 Linux 恶意软件的检测能力。

（3）自定义病毒签名。ClamAV 允许用户创建自定义的病毒签名，以检测特定的恶意软件。用户可以创建并添加自定义签名到 ClamAV 的病毒数据库中。

（4）实时监控和定期扫描。防病毒软件通过实时监控文件系统的变化和定期系统扫描来检测并阻止潜在的恶意代码执行。一旦发现威胁，软件会立即隔离或删除这些文件。

（5）集成防火墙和网络安全保护。现代的防病毒软件常常集成了防火墙功能和网络安全保护，以防止网络钓鱼和其他网络欺诈行为。

上述技术和工具的使用，可以有效地检测和防御恶意代码，保护计算机系统和用户数据的安全。

实训练习

实训 1

某公司申请到了一个 C 类网络地址 202.113.10.0/24，公司有以下部门需要分配 IP 地址：

- 市场部有 30 台计算机。
- 技术部有 50 台计算机。
- 财务部有 20 台计算机。
- 行政部有 10 台计算机。

要求对该 C 类网络进行子网划分，满足各部门的 IP 地址需求，并写出每个子网的网络地址、子网掩码、可用 IP 地址范围和广播地址。

实训 2

某公司搭建了一个小型局域网，网络内有 200 台 PC 机，网络中配置一台 Linux 服务器作为 Internet 接入服务器，Linux 服务器 E0 网卡的 IP 地址为 192.168.1.1，E1 网卡 IP 地址为 202.100.20.30，该网络结构如图 8-1 所示。

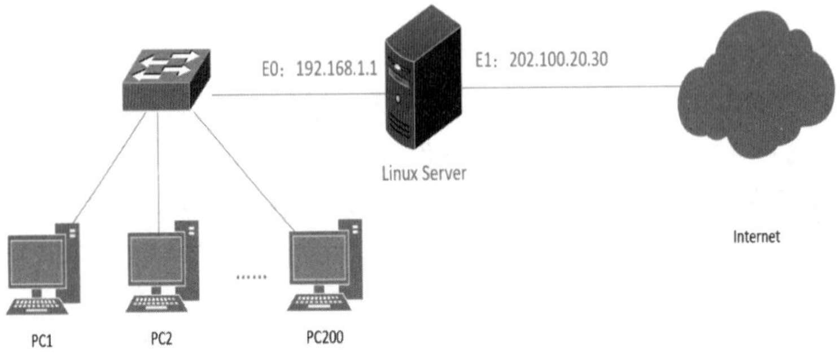

图 8-1　某网络拓扑图

为了方便局域网 IP 地址管理，决定在 Linux Server 中配置 DHCP 服务，要求 DHCP 服务的配置满足几个条件：

①考虑今后扩展需求，当前只能使用从 192.168.1.1 到 192.168.1.201 的 IP 地址；

② PC100（MAC 地址为 00:A0:78:8E:9E:AA）作为内部文件服务器，需要使用固定 IP 地址 192.168.1.100；

③在 Linux Server 上配置 DHCP 服务。

（1）根据题目要求补充完成 DHCP 服务器配置文件 dhcpd.conf 的配置项。

default-lease-time 1200;
max-lease-time 9200;
option subnet-mask 255.255.255.0;
option broadcast-address ＿＿①＿＿;
option routers ＿＿②＿＿;
option domain-name-servers ＿＿③＿＿;
subnet ＿＿④＿＿ netmask ＿＿⑤＿＿;
{
range ＿＿⑥＿＿ ＿＿⑦＿＿;
}
Host fixed{
hardware ethernet ＿＿⑧＿＿;
fixed-address ＿＿⑨＿＿;
}

（2）依据 DHCP 协议约定和问题（1）中的配置，DHCP 客户端 PC1 从获取 IP 地址后经过＿＿⑩＿＿分钟需要到 DHCP 服务器申请租用更新。此时 PC1 发送到 DHCP 服务器的消息是＿＿⑪＿＿，如果 DHCP 服务器同意租约更新，响应的消息是＿＿⑫＿＿，如果 DHCP 服务器不同意租约更新，响应的消息是＿＿⑬＿＿。

（3）在 DHCP 客户端还可以通过 Windows 命令＿＿⑭＿＿来立即释放申请到的 IP 地址，通过命令＿＿⑮＿＿来立即重新申请租约。

实训 3

某主机的 MAC 地址为 00-15-C5-C1-5E-28，IP 地址为 10.2.128.100（私有地址）。图 8-2 是网络拓扑，图 8-3 是该主机进行 Web 请求的 1 个以太网数据帧前 80 个字节的内容。

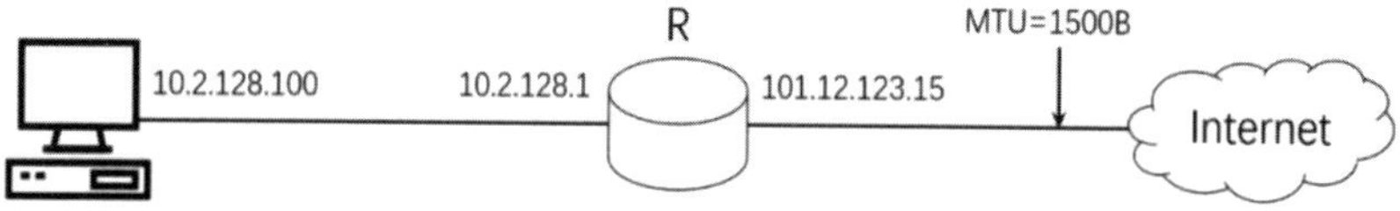

图 8-2　网络拓扑

```
0000  00 21 27 21 51 ee 00 15  c5 c1 5e 28 08 00 45 00   .!|!Q... ..^(..E.
0010  01 ef 11 3b 40 00 80 06  ba 9d 0a 02 80 64 40 aa   ...:@... .....d@.
0020  62 20 04 ff 00 50 e0 e2  00 fa 7b f9 f8 05 50 18   b ...P.. ..{...P.
0030  fa f0 1a c4 00 00 47 45  54 20 2f 72 66 63 2e 68   ......GE T /rfc.h
0040  74 6d 6c 20 48 54 54 50  2f 31 2e 31 0d 0a 41 63   tml HTTP /1.1..Ac
```

图 8-3　以太网数据帧（前 80 字节）

请结合图 8-4 以太网帧结构，图 8-5 IP 分组头结构，根据图 8-3 中的数据回答以下问题。

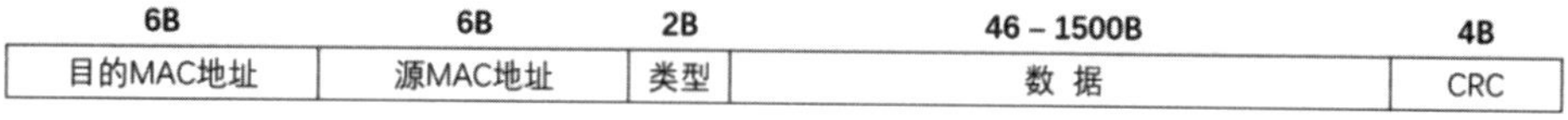

图 8-4　以太网帧结构

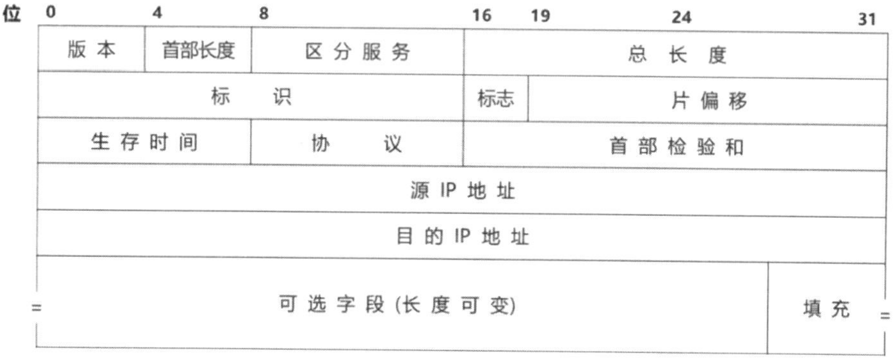

图 8-5　IP 分组头结构

（1）Web 服务器的 IP 地址是__①__，该主机默认网关的 MAC 地址是__②__。

（2）该主机在构造图 8-3 的数据帧时，使用__③__协议确定目的 MAC 地址？封装该协议请求报文的以太网帧的目的 MAC 地址是__④__。

（3）假设 HTTP/1.1 协议以持续的非流水线方式工作，一次请求-响应时间为 RTT，rfc.

html 页面引用了 5 个 JPEG 小图像，则从发出图 3-2 中的 Web 请求开始到浏览器收到全部内容为止，需要 ⑤ 个 RTT。

（4）该帧所封装的 IP 分组经过路由器 R 转发时，需修改 IP 分组头中的哪些字段。 ⑥ （给出字段名称即可）

实训 4

某公司采用 100M 宽带接入 Internet，公司内部有 15 台 PC 机，要求都能够上网。另外有 2 台服务器对外分别提供 Web 和 E-mail 服务，采用防火墙接入公网，拓扑结构如图 8-6 所示。

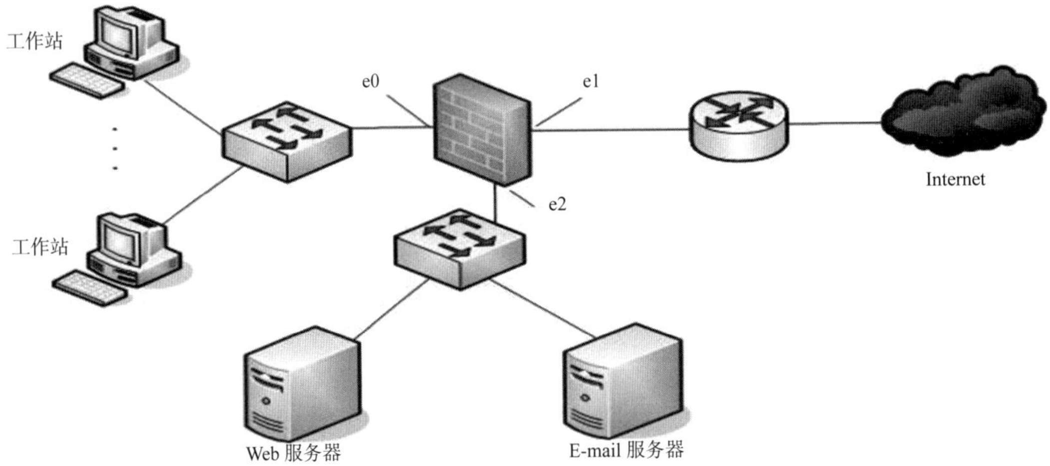

图 8-6 网络拓扑结构

（1）如果防火墙采用 NAPT 技术，则该单位至少需要申请 ① 个可用的公网地址。

（2）下面是防火墙接口的配置命令：

fire(config)# ip address outside 202.134.135.98 255.255.255.252

fire(config)# ip address inside 192.168.46.1 255.255.255.0

fire(onfig)# ip address dmz 10.0.0.1 255.255.255.0

根据以上配置，写出图 8-6 中防火墙各个端口的 IP 地址：

e0：	②
e1：	③
e2：	④

（3）ACL 默认执行顺序是 ⑤ ，在配置时要遵循 ⑥ 原则、最靠近受控对象原则、以及默认丢弃原则。

⑤、⑥的备选项：

A. 最大特权　　B. 最小特权　　C. 随机选取　　D. 自左到右

E. 自上而下　　F. 自下而上

(4)要禁止内网中 IP 地址为 198.168.46.8 的 PC 机访问外网，正确的 ACL 规则是__⑦__。

A. access-list 1 permit ip 192.168.46.0 0.0.0.255 any
   access-list 1 deny ip host 198.168.46.8 any

B. access-list 1 permit ip host 198.168.46.8 any
   access-list 1 deny ip 192.168.46.0 0.0.0.255 any

C. access-list 1 deny ip 192.168.46.0 0.0.0.255 any
   access-list 1 permit ip host 198.168.46.8 any

D. access-list 1 deny ip host 198.168.46.8 any
   access-list 1 permit ip 192.168.46.0 0.0.0.255 any

(5)下面是在防火墙中的部分配置命令，请解释其含义。

global (outside) 1 202.134.135.98-202.134.135.100

____________________⑧____________________。

conduit permit tcp host 202.134.135.99 eq www any

____________________⑨____________________。

access-list 10 permit ip any any

____________________⑩____________________。

习题参考答案

习题参考答案请扫描二维码。

参考文献

[1] 朱文球. 大学计算机基础[M]. 北京：北京大学出版社，2024.

[2] 窦立莉. 现代信息技术基础（信创版）[M]. 北京：北京理工大学出版社，2024.

[3] 管会生. 大学信息技术导论[M]. 北京：高等教育出版社，2008.

[4] 刘功申. 计算机病毒与恶意代码：原理、技术和实践[M]. 北京：清华大学出版社，2019.

[5] 希赛教育软考学院. 网络工程师考试辅导教程. 北京：电子工业出版社，2015.

[6] 方园,董东野,孙秀娟,等. 路由交换技术[M]. 重庆：重庆大学出版社,2024.

[7] 康晓凤,鲍蓉. 信息与网络安全技术实践教程[M]. 南京：南京大学出版社,2023.

[8] 於岳.Linux 实用教程[M]. 北京：人民邮电出版社,2023.

[9] 何欢. 数据备份与恢复[M]. 北京：机械工业出版社,2022.